U0352957

三峡工程勘察技术总结丛书

坚硬裂隙岩体大型洞室块体工程地质勘察与研究

长江三峡勘测研究院有限公司（武汉） 著

主 编 陈又华 王家祥

武汉理工大学出版社

·武 汉·

内 容 提 要

本书以三峡工程地下电站为工程背景和实践支撑，系统地阐述了坚硬裂隙性岩体大型洞室围岩稳定主要问题——不利稳定块体的工程地质勘察研究的创新思路与技术方法，内容主要包括：①勘察期主厂房坚硬裂隙性围岩稳定大型块体控制理念与系统论证；②施工期大型洞室仪测成像可视化地质编录方法和三维岩石块体自动搜索与稳定性分析系统研发与应用；③主厂房开挖卸荷条件下围岩变形稳定和典型块体稳定性三维数值（$FLAC^{3D}$、3DEC）模拟研究，并提出二次应力法洞室块体稳定性评价方法；④施工过程以块体研究为核心的动态施工地质研究工作流程等。

本书可供水利水电、地下核能和国防军工等行业涉及大型地下洞室工程勘察研究的工程技术人员、相关专业的高等院校师生阅读参考。

图书在版编目(CIP)数据

坚硬裂隙岩体大型洞室块体工程地质勘察与研究/陈又华，王家祥主编. —武汉：武汉理工大学出版社，2019.9

ISBN 978-7-5629-6082-9

Ⅰ.①坚…　Ⅱ.①陈…　②王…　Ⅲ.①坚硬岩石-裂缝(岩石)-岩体-地下洞室-工程地质勘察-研究　Ⅳ.①TU929

中国版本图书馆 CIP 数据核字(2019)第 214158 号

项目负责人：张淑芳　　**责任编辑**：张淑芳
责 任 校 对：张莉娟　　**排　　版**：芳华时代
出 版 发 行：武汉理工大学出版社
地　　址：武汉市洪山区珞狮路 122 号
邮　　编：430070
网　　址：http://www.wutp.com.cn
印 刷 者：湖北恒泰印务有限公司
经 销 者：各地新华书店
开　　本：787×1092　1/16
印　　张：14.5
字　　数：365 千字
版　　次：2019 年 9 月第 1 版
印　　次：2019 年 9 月第 1 次印刷
定　　价：198.00 元

凡购本书，如有缺页、倒页、脱页等印装质量问题，请向出版社发行部调换。
本社购书热线：027-87515778　87515848　87785758　87165708(传真)

序

岩体中存在不同类型、不同规模的结构面，这使得岩体区别于其他材料，工程开挖后易于出现岩石块体稳定问题。

国内外各种规范、手册和专业著作中的各种洞室围岩分类与相应的评价处理原则，主要源于一般规模的工程隧洞，其洞径一般小于10m或为10m左右，对于跨度在15m以上的洞室，块体规模、影响和处理工作量将随跨度与边墙高度的增大而成倍增加，成为工程成功的关键与难点。

三峡地下电站的勘察始于1993年，2005年3月主厂房洞室开挖，2012年7月全部建成发电。主厂房顶拱开挖跨度达32.6m，最大高度达87.3m，长度达311.3m，该厂房规模是同期国内外已建和拟建水电工程之最，即便在当前其跨度与高度两项指标仍居世界前列。地下厂房位于三峡大坝右岸白岩尖低矮山体内，其上、下游分别受茅坪溪沟、茅坪溪防护工程泄水箱涵所夹持，上覆岩体较单薄，厂房位置调整余地不大，岩体为古老的前震旦系花岗岩体，经历多期构造的作用，多组陡倾断层较发育，具有构成万方级大型块体的地质条件。

因此，在施工前对大型块体的勘察和预判，通过厂房位置方案的比较和调整，规避大型块体或减小块体的规模和处理难度；施工过程中，为更好地定位、分析、解决块体问题，研发应用了大型洞室仪测成像可视化地质编录方法和三维岩石块体自动搜索与稳定性分析系统（GeneralBlock），探索性地研究应用二次应力洞室关键块体稳定性评价方法，结合厂房分层分部开挖过程建立了围绕块体动态预测预报的标准化施工地质工作流程。这些关键技术的研究应用为三峡地下电站顺利建设提供了重要技术支撑，具有坚硬裂隙岩体大型洞室块体工程地质勘察研究工作的代表性和技术先进性。

三峡地下厂房开挖施工单位中国水利水电第十四工程局是水电地下工程施工的“王牌”队伍，他们的技术权威曾经感言，在地下洞室施工中第一次如此及时精确地得到地质预报，避免了施工中的风险，使他们可以精心施工，把三峡地下工程“雕刻”成精品工程，甚至被业界专家称之为艺术品。

地下洞室的地质勘察工作者和设计、施工人员可以从本书中获益。

薛果夫

2019年5月18日

前　言

地下工程岩体在长期地质构造运动过程中，经历过多期构造变动，岩体内包含大量断层、裂隙、层理面、不整合接触面等不连续结构面，且其发育往往具有多组性特征，将岩体完全或不完全切割成规模不等、形态各异的空间镶嵌体。当洞室开挖临空后，那些具备从开挖面内侧母岩中完全脱离的块状岩体可能产生滑移、坠落等跨塌失稳，不但影响施工安全，规模较大块体的失稳还会危及洞室围岩的整体稳定，构成洞室稳定的关键因素。众多工程实践经验也表明，硬质裂隙性围岩的失稳破坏主要表现为规模不等岩石块体的变形破坏。

三峡地下电站主厂房洞室规模巨大，顶拱跨度达 32.6m，最大高度达 87.3m，长度 311.3m，厂房规模是同期国内外已建和拟建工程之最，因此，大型洞室围岩稳定至关重要。围岩虽为坚硬、块状结构花岗岩与闪长岩体，但断层、裂隙较发育，成组性明显，属于典型"裂隙性"岩体。根据先期开工建设的永久船闸高边坡等工程经验，地下电站洞室围岩的稳定主要是块体稳定问题，特别是主厂房洞室由一些长大断层构成、规模可达万方级的大型块体，将对工程总体布置和围岩稳定产生重大影响。

三峡地下电站勘察工作始于 1993 年 8 月，2005 年 3 月主厂房洞室开挖，2012 年 7 月全部建成发电。基于同期国内外仍以围岩类别与整体稳定研究为重点、块体问题还是作为局部稳定问题的传统观点、大型洞室"皮尺＋花杆"常规施工地质编录精度难以满足块体准确定位且不具可视化问题、块体分析软件主要是基于边坡及 1～5 种固定模式的非三维自动搜索和稳定性判别且不适用于洞室顶拱与复杂洞型、洞室围岩二次应力状态下块体单纯考虑自重条件下的计算结果往往与实际情况偏差较大等技术背景或技术制约，自 1993 年以来的地下电站工程地质勘察期，到 2005 年 3 月地下电站主厂房正式开挖建设的施工期，长江三峡勘测研究院有限公司（武汉）单独或与成都理工大学黄达、宋肖冰博士及中国地质大学（北京）于青春教授等达成技术合作，一直致力于以坚硬裂隙性岩体大型地下洞室不利稳定块体为核心的勘察研究及相关工程地质关键技术的研发与应用，形成了系列创新思路和技术方法，包括勘察期主厂房坚硬裂隙性围岩稳定大型块体控制的技术理念与系统论证、施工期大型洞室仪测成像可视化地质编录技术、三维岩石块体自动搜索与稳定性分析系统（GeneralBlock）的研究应用、主厂房开挖卸荷条件下围岩变形稳定和典型块体稳定性三维数值（$FLAC^{3D}$、3DEC）模拟研究，并提出二次应力法洞室块体稳定性评价方法、施工过程中以块体研究为核心的动态施工地质研究工作流程等技术内容。勘察研究工作及时有效地解决了三峡地下电站以块体稳定特别是主厂房大型块体稳定为核心的关键地质问题，为工程设计和施工提供了可靠依据，保障了洞室围岩长久稳定及施工过程顺利和安全，节省了工程投资，为创新铸就举世瞩目的精品工程贡献了智慧和力量，经济和社会效益显著。

本书第 1 章综述了国内外水电工程大型地下洞室发展概况、地下洞室围岩稳定性分析方法、块体问题在大型地下洞室布置的常规作用以及三峡地下电站工程特点、技术难点及勘察研究技术要点等内容；第 2 章概述了三峡地下电站工程基础地质条件；第 3 章阐述了大型洞室坚硬裂隙性围岩稳定大型块体控制勘察的系统研究和论证，强调了大型洞室整体稳定大型块体控制的勘察理念，在工程地质测绘基础上，通过采用勘察手段来合理、全空间布置勘探平洞动态追踪研究大型块体边界条件，在块体构造模式方面有创新见解；第 4 章介绍了大型洞室仪测成像可视化地质编录方法的研发及应用情况；第 5 章重点介绍了三维岩石块体自动搜索与稳定性分析系统程序 GeneralBlock 软件的工程应用，它是各类工程岩石块体搜索、分析预报的先进工具，为块体的处理提供了依据；第 6 章介绍了二次应力场作用下大型洞室围岩变形稳定和典型块体稳定性三维数值模拟探索性研究内容，为提出二次应力法洞室块体稳定性评价方法提供了依据，可为大型顶拱边墙联合块体节省支护工程量；第 7 章介绍了三峡地下厂房块体动态分析预报与追踪研究工作流程和过程，归纳了块体规律性特征、工程处理和围岩应力、应变监测评价。

本书由长江三峡勘测研究院有限公司(武汉)陈又华、王家祥担任主编，由薛果夫、满作武、舒华波主审。具体的编写分工如下：第 1、4 章由陈又华、王家祥编写，第 2 章由王家祥编写，第 3 章由王家祥、王德阳编写，第 5 章由王家祥、陈又华、于青春编写，第 6 章由黄达、宋肖冰编写，第 7 章由王家祥、赵克全编写。

本书是对三峡地下电站工程勘察关键技术与主要研究应用情况的技术总结，是三峡院勘察人近二十年的智慧结晶，期待能对类似大型地下洞室工程的勘察研究提供参考和借鉴。随着工程遥测技术、数码成像技术、计算机分析处理技术和岩石力学理论的发展与进步，相关技术与方法还有拓展与发展的空间，希望同行们以此为平台进一步深化研究，为大型地下洞室关键工程地质技术的科技进步做出积极贡献。

限于我们的水平和经验，本书错误和疏漏之处在所难免，恳请读者批评指正。

作　者

2019 年 5 月

目　　录

1 综　述

1.1 水电工程大型地下洞室发展概况

大型地下洞室一般是指跨度大于 20m 的地下洞室，以水电工程地下厂房最具代表性。水电工程地下厂房因其发电设备布置于地下，具有工程占地少、与挡水泄水建筑物相对独立、抗震性能良好、环境和谐友好、工程造价经济等优点，特别是狭窄河谷地段，基本采用地下厂房方案。

欧美、日本等发达国家，其水电开发主要集中在 20 世纪 40—80 年代，先后建成了大批大型地下厂房工程，且其总体水电开发程度较高。虽然我国水力资源十分丰富，但同期因经济技术落后，水电开发建设艰难起步、曲折发展，且规模较小。改革开放后，随着经济社会全面快速发展，特别是西部大开发战略的实施，我国水电工程建设呈现迅猛发展之势，水利水电工程建设取得了举世瞩目的伟大成就。

据不完全统计，国内已建和在建的大中型地下电站达 100 多座，其中常规水电站地下厂房已超过 90 座，大型抽水蓄能电站地下厂房超过 25 座。我国地下水电站装机规模已远超世界上地下电站数量最多的国家挪威，位列世界第一。随着水电工程建设的大量实践和相关科学技术的发展进步，电站单机容量、总装机规模与地下厂房开挖尺寸越来越大，一大批跨度超过 20m 的大型地下厂房相继建成或在建之中（表 1.1-1），如已建成的拉西瓦、小湾、溪洛渡、向家坝、三峡地下电站，在建的乌东德、白鹤滩水电站等，其单机容量达 700～1000MW（白鹤滩水电站），总装机规模达 4200～16000MW，地下厂房洞室的跨度达 31～34m，最大高度达 75～90m。

表 1.1-1　国内外部分已建或在建跨度大于 20m 水电站地下厂房统计

序号	水电站（抽水蓄能）名称	机组台数及装机容量（MW）	地下厂房开挖尺寸（长×宽×高，m）	建成年份
1	刘家峡	2×225＝450	86.1×31.0×59.0	1974
2	龚嘴	3×100＝300	106.0×24.5×55.0	1978
3	白山	3×300＝900	121.5×25.0×54.3	1986
4	广蓄（一）	4×300＝1200	146.0×21.0×44.5	1994
5	十三陵	4×200＝800	145.0×27.5×46.6	1995
6	东风	3×170＝510	105.5×21.5×52.0	1995
7	太平驿	4×65＝260	156.0×21.0×46.0	1995

续表 1.1-1

序号	水电站(抽水蓄能)名称	机组台数及装机容量(MW)	地下厂房开挖尺寸(长×宽×高,m)	建成年份
8	明潭	6×275＝1650	149.0×20.7×44.6	1995
9	天荒坪	6×300＝1800	198.7×22.4×47.73	1997
10	广蓄(二)	4×300＝1200	146.0×21.0×44.5	2000
11	二滩	6×550＝3300	280.29×30.7×65.38	2000
12	小浪底	6×300＝1800	251.53×26.2×61.44	2001
13	棉花滩	4×150＝600	129.5×21.9×52.2	2001
14	大朝山	6×225＝1350	223.94×26.8×67.7	2001
15	索风营	3×200＝600	135.5×24.0×58.4	2001
16	宜兴	4×250＝1000	155.3×22×52.4	2006
17	宝泉	4×300＝1200	91×21.5×47.52	2006
18	张河湾	4×250＝1000	150.1×23.4×48.3	2006
19	琅琊山	4×200＝800	157.0×21.5×46.2	2006
20	桐柏	4×300＝1200	182.7×25.9×56	2006
21	彭水	5×350＝1750	252×30.0×84.5	2007
22	泰安	4×250＝1000	141.1×25.2×52	2007
23	龙滩	9×700＝6300	388.5×30.7×75.6	2008
24	惠州	4×300＝1200	145.0×21.0×45.0	2009
25	西龙池	4×300＝1200	149.3×23.5×49.0	2009
26	水布垭	4×460＝1840	168.5×23.0×66.9	2009
27	白莲河	4×300＝1200	146.4×21.9×50.9	2009
28	黑麋峰	4×300＝1200	136.0×27.0×52.7	2009
29	拉西瓦	6×700＝4200	316.75×31.5×74.90	2009
30	瀑布沟	6×600＝3600	202×32.1×66.68	2009
31	小湾	6×700＝4200	298.1×30.7×79.88	2010
32	构皮滩	5×600＝3000	230.45×27×80.62	2011
33	蒲石河	4×300＝1200	161.8×22.70×51.1	2011
34	锦屏一级	6×600＝3600	276.99×28.90×68.80	2013
35	官地	4×600＝2400	243.4×31.1×76.8	2013

续表 1.1-1

序号	水电站(抽水蓄能)名称	机组台数及装机容量(MW)	地下厂房开挖尺寸(长×宽×高,m)	建成年份
36	糯扎渡	9×650=5850	418×29×77.77	2014
37	溪洛渡	18×770=13860	439.74×31.90×75.60	2014
38	锦屏二级	8×600=4800	352.4×28.3×72.20	2014
39	向家坝	8×800=6400	255.4×33.40×85.20	2015
40	三峡地下电站	6×700=4200	311.3×32.60×87.30	2015
41	大岗山	4×650=2600	226.58×30.80×73.78	2015
42	溧阳	6×250=1500	219.9×23.5×55.05	2017
43	乌东德	12 ×850=10200	333.00×32.50×89.80	在建
44	白鹤滩	16×1000=16000	453×34×88.7	在建
45	铁门水利枢纽(罗南)	2050	26×25×75.8	1972
46	约翰迪(美国)	20×135=2700	549×33×61	1972
47	诺斯菲尔德山(美国)	4×270=1080	100×21.3×47.2	1973
48	丘吉尔瀑布(加拿大)	11×475=5225	300×25×50	1974
49	瓦尔德克(德国)	4×220=880	105.0×34.0×50.0	1975
50	高濑川(日本)	4×320=1280	163×27×54.5	1977
51	锡马(挪威)	1120	200×20×40	1981
52	海尔姆斯(美国)	3×402=1206	102.4×25.9×43.9	1984
53	迪诺威克(英国)	6×300=1800	179.25×23.5×51.3	1984
54	邦德里(美国)	4×152+2×196=1000	145×23×52	1986
55	卡博拉巴萨(莫桑比克)	10×415=4150	220×29×57	1988
56	今市(日本)	3×350=1050	160×33.5×51	1988
57	希拉塔(印度尼西亚)	4×250=1000	256×35×50	1988
58	拉格朗德二级(加拿大)	22×333=7326	483.4×26.5×47.3 221.5×25.3×34.5	1992
59	塞拉达梅萨(巴西)	3×431=1293	137.0×28.0×64.0	1998
60	马斯吉德苏莱曼(伊朗)	4×250=1000	154.4×30×47.5	2001

当前我国水电工程开发建设主要集中于西南诸河高地震烈度与高山峡谷区域,地下厂房方案基本成为首选,并总体朝着单机容量大、洞室跨度与高度大、洞室群规模大的方向发展,大跨度、高边墙地下厂房洞室围岩稳定性成为水电工程建设的关键技术问题之一。

1.2 地下洞室围岩稳定性分析方法

1.2.1 影响围岩稳定的主要因素

影响围岩稳定的主要因素包括岩石(体)强度、结构面与岩体完整性、地下水、地应力以及工程因素等。

(1)岩石(体)强度

岩石(体)强度主要取决于岩石的矿物成分、组织结构、胶结程度和风化与卸荷程度等。

(2)结构面与岩体完整性

岩体是否完整,岩体中各种节理、片理、断层等结构面的发育程度,对洞室围岩稳定性影响很大。着重考虑三方面的因素:①结构面的组数、密度、规模;②结构面的产状、组合形态及其与洞周壁的关系;③结构面性状。

(3)地下水

地下水的长期作用将降低岩石(特别是软岩或软弱夹层)强度、加速岩石风化,对软弱结构面的软化起润滑作用,会促使岩块坍塌,如遇软岩的膨胀挤压、膨胀岩的膨胀变形、增加围岩压力等。地下水位很高时还会有静水压力、渗流压力作用等,均对洞室稳定不利。

(4)地应力

隧洞开挖前,岩体一般处于天然应力平衡状态,称为原岩应力场或初始应力场。而当洞室开挖之后,便破坏了这种天然应力的平衡状态,使岩体内能量得到释放,从而引起围岩一定范围内地应力的重新分布,形成新的应力状态,称之为二次应力或围岩应力。地下洞室应考虑地应力量级和主应力方向与隧洞轴向的关系。

(5)工程因素

洞室的埋深、几何形态、跨度、高度,洞室群立体组合关系及间距,开挖爆破方法,围岩暴露时间及衬砌类型等。

1.2.2 围岩稳定性分析评价方法[1]

地下洞室稳定性属于非线性力学问题,其特征包括变形的非均匀性、非连续性和大位移等。天然地质条件、工程因素是影响围岩稳定性的主要因素,稳定性分析可从定性、定量和可靠度等方面考虑,主要包括洞室的整体稳定性分析和局部块体稳定性分析。近年来,随着岩石力学理论和测试技术的发展,计算机技术和有限元法、有限差分法等的推广与应用,以及广大科技工作者的不懈努力,不断涌现出新的研究方法,在研究岩体构造和力学特性、地下工程围岩失稳机理和支护结构受力机理及探讨新的设计理论和方法等方面取得了许多可喜成果,为围岩稳定性评价提供了更多的途径。但作为地下工程根本问题之一的围岩稳定性分析,目前并没有形成统一的理论和标准,对围岩稳定性的评价大多仍停留在定性水平或经验性水平,主要是结合具体地质条件和工程情况要求,采用多种方法综合评价。

1.2.2.1 洞室整体稳定性分析评价方法

1)经验类比法

主要包括成因的历史分析法、工程地质类比法(张倬元等,1994;杨志法等,1997;葛华等,

2006)、专家系统法等方法,采用这些方法进行洞室稳定性分析与设计是一个定性研究过程,其结论是一种比较客观的评价标准,同时也为定量分析提供了判定依据。

工程地质类比法是根据拟建地下洞室的工程地质条件、岩体特性和动态观测资料,结合具有类似条件的已建工程,从工程地质角度对围岩的各种差异进行概括、简化和归纳,然后加以分类,从而结合工程特征定性地判断工程区岩体的稳定性,取得相应的资料进行稳定性计算。

由大量工程实践总结出来的各类围岩分类标准,其类别明确、便于使用,能够体现已有的工程经验和认识。目前国内外已有百余种围岩分类方法,常用的主要有 RQD 分类(Deere,1964)、RMR 分类(Bieniawsk,1973)、岩体质量 Q 系统(N. Barton,1974)、弹性波速 v_p 分类(日本,1983)、《工程岩体分级标准》BQ 法(中国,1994)、公路隧道围岩分类(中国,1998)、铁路隧道围岩分级(中国,2001)、水利水电围岩工程地质分类(中国,1999)等,都是工程地质类比法在地下洞室稳定性评价的具体应用,部分围岩分类标准随着工程实践经验总结进行了适时更新。这些分类系统可以对不同类型围岩直接定量地给出其山岩压力值以及支护衬砌的形式和厚度,对于一般性工程隧洞实现地下工程(结构)设计标准化起到了重要的作用,也是工程地质工作者的基本方法之一。

2)定量分析方法

地下洞室围岩稳定性定量分析基于应力、变形、塑性区等具体特征数据,应用力学原理和方法对洞室围岩稳定性做出定量评价。适用于围岩整体稳定性评价的方法有基于理论解的方法和基于数值解的方法,适用于围岩局部稳定性评价的方法主要有基于刚体极限平衡的 K 法。

(1)基于理论解的稳定性评价方法(对均质圆形、椭圆形洞室)

当前应用解析法在求解有关洞室围岩稳定性问题时,通常采用弹性和弹塑性(也有黏弹性)两种方法进行,且均按平面问题的极坐标进行解答。首先,在研究洞室稳定性问题时,一般情况下将围岩体假设为各向同性的连续性介质,且洞室的延伸要远远大于洞室断面尺寸,按平面应变问题进行考虑,同时假设洞室围岩处于静力状态,这样可以利用应力微分平衡、变分原理,推求一些形状比较规则的地下洞室(圆形、矩形、椭圆形等)围岩的二次应力及变形特征方程。

解析法虽然不能准确地描述围岩的失稳、破坏过程,但大致上仍能对成洞条件做出评价,对各种洞型方案及处理措施进行对比分析。另外,解析法具有精度高、分析速度快和宜于进行规律性研究等优点,所以在工程实践中仍不失为一种基本的围岩稳定分析方法。但在岩体的应力-应变超过峰值应力和极限应变,围岩进入全应力-应变曲线峰后段的刚体滑移和张裂状态时,解析法便不再适用了。另外,由于解析法在研究洞室稳定性问题时所做的种种假设,与工程实际中经常遇到的多孔、不均质及各向异性等相矛盾,所以,解析分析法可以解决的实际工程问题比较有限,但是通过对解析方法及其结果的分析,往往可以获得一些规律性的认识,这是非常重要和有益的。

(2)基于数值解的稳定性评价方法

数值模拟方法在研究洞室围岩应力以及围岩变形和破坏的发展,进而定量评价围岩稳定性方面具有重要的作用。因为该方法不仅可以解决各种非均质、非线性、含有软弱结构面以及具有流变特性和复杂洞形的围岩应力-应变分析问题,而且还可以模拟各种支护方案的有效性以及不同施工程序对围岩稳定性的影响等。常用的数值方法有以下几种:

①有限元法(FEM)

该方法是目前应用最广泛的数值计算方法。1966年,布莱克(W. Blake)最先应用FEM解决地下工程岩石力学问题。经过几十年的发展,有限元已经成为一种相当成熟的数值分析技术,可用于求解线弹性、弹塑性、黏弹塑性、黏塑性等问题,是地下工程岩体应力、应变分析最常用的方法。

该方法的优点是可以部分地考虑地下结构岩体的非均质、非连续特征,可以给出岩体的应力、变形大小和分布,并可近似地依据应力-应变规律去分析地下结构的变形破坏机制。为了模拟岩体中存在的断层、节理、裂隙等结构面,考虑其非连续性,可按结构面的特征采用不同的处理方法,可以避免将岩体视为刚体、过于简化边界条件的缺点,能够非常直观地模拟岩体的变形和破坏过程。其不足之处是:数据准备工作量大,原始数据易出错,不能保证某些物理量在整个区域内的连续性。

②边界元法(BEM)

该方法又称为边界积分方程法,由英国学者Brebbia总结提出,并从20世纪60年代开始在工程计算中得到应用。该法只在求解区域的边界上进行离散化(剖分单元),把域内未知量化为边界未知量来求解,能使数值计算维数降低一维,二维问题可以用一维的单元,而三维问题可用二维的单元,这就使得自由度数目大大减少。另外,由于基本解本身的奇异性特点,使得边界元法在解决奇异问题时计算精度高,应力和位移具有同样的精度。当仅需要知道物体内部个别点的解时,有限元仍不得不剖分整个物体才能确定个别点的解;而边界元则可以在已知边界上的解后,根据需要去求物体内部预知点的解,可以比有限元大大节省计算量和费用。

但边界元法最后形成的系数矩阵是非对称满阵,远比有限元刚度矩阵(带状稀疏阵)结构复杂。对于面体比较大的薄壁结构等物体,边界元法就不如有限元法优越,而且边界元法对奇异边界难以处理。另外,边界元法对变系数、非线性等问题较难适应,且它的应用是基于所求解的方程有无基本解,因此限制了边界元法在更广泛领域的应用。

③离散元法(DEM)

离散元法是一种适用于模拟离散介质的数值模拟方法。自1971年由Cundall提出以来,这一方法在工程中的应用不断深入。该方法特别适用于节理岩体及其与锚杆(索)的应力分析。离散元法的一个突出功能是它在反映块体之间接触面的滑移、分离与倾翻等大位移的同时,又能计算块体内部的变形与应力分布。因此,任何一种岩体材料都可以引入模型中,例如弹性、黏弹性或断裂等。采用该方法分析边坡及裂隙发育地区工程的塌方和支护等仍是十分有效的,但当岩体并未被结构面切割成块体的集合时,该方法就不太适合。

④快速拉格朗日分析法(FLAC)

FLAC是连续介质快速拉格朗日差分分析方法(Fast Lagrangian Analysis of Continuum)的英文缩写,主要用于模拟由岩土体及其他材料组成的结构体在达到屈服极限后的变形破坏行为。FLAC的基本原理类同于离散元法,但它能像有限元法那样适用于多种材料模式与边界条件的非规则区域的连续问题求解。在求解过程中,FLAC又采用了离散元的动态松弛法,无须求解大型联立方程组,便于在微机上实现。该方法适用于模拟地质材料在达到强度极限或屈服极限时发生的破坏和塑性流动的力学行为,也适用于模拟地质材料的大变形、失稳、动力流变、支护与加固、建造及开挖等问题,同时还可以模拟渗流场和温度场对岩土工程的影响。作为新型数值方法之一,FLAC方法已与离散元法、不连续变形分析法和半解析元法等一起,成为分析岩土力学问题强有力的工具，得到了广泛的应用。其缺点是同有限元法一样，计算边界、单元网格的划分有很大的随意性。

⑤不连续变形分析法(DDA)

不连续变形分析法 DDA(Discontinuous Deformation Analysis)由石根华博士首创。DDA 方法是分析不连续变形的一种新的离散型数值计算方法，它兼具了有限元与离散元两种方法的部分优点，此法将每个块体作为一个单元，块体与块体间通过接触机构进行连接，通过分析单个块体或块体系统的动态平衡来求解块体的受力和运动参数。该方法可以反映岩体连续和不连续的具体部位，考虑了变形的不连续性和时间因素，既可计算静力问题，又可计算动力问题，既可计算破坏前的小位移，也可计算破坏后的大位移。由于岩体种类繁多，性质复杂，计算时步的大小对结果影响较大，计算方法还有待提高。

(3)可靠度、破坏概率稳定性分析方法

通过引进概率论、随机理论来评价洞室稳定性，避免了安全系数的绝对性，只要破坏概率在许可范围内，达到人们可以接受的程度，即为稳定。

影响地下洞室围岩稳定性的因素主要为地层岩性及其产状、构造结构面组合形态、地应力状态以及水的赋存情况等，这些因素具有很大的不确定性。传统分析方法用一个笼统的安全系数来考虑众多不确定性的影响。虽然某些参数(如材料强度等)取值时也用数理统计方法找出其平均值或某个分位值，但未能考虑各参数的离散性对安全度的影响。数理统计和概率方法在结构设计中的成功应用，鼓励和启发了隧道工作者寻求用概率方法研究地下工程中各种不确定性并估计其影响。目前的分析方法主要有随机有限元法、蒙特卡罗法(Monte Carlo Method)和响应面法(Response Surface Method)(王思敬等，1984；李世辉，1991；牟瑞芳，1996)。虽然可靠度分析方法应用已很广泛，但是仍然受到一些岩土工作者的反对和质疑，原因在于岩土工程本身的机理比较复杂，有些问题还未充分认识。岩土工程概率分析方法还处于发展阶段，不少概念还很不明确，计算方法也不够简便。这些困难也促使一些岩土工作者潜心钻研，吸收建筑结构概率分析的成果，针对地下工程的特点展开专题研究，虽未完全解决技术上的关键问题，但也取得了许多可喜成果。研究表明，概率和可靠度分析方法对不确定性越严重的问题，越能显示其活力。

(4)物理模型试验和现场监测方法

物理模拟必须遵循相似性原则，无论是设计与原型相似的模型，还是将模型试验的结果推展到实际工程应力状态的判定，都必须按照相似性原则进行。但在实际工作中要想做到物理模拟的全面相似几乎是不可能的，也是不必要的，只要能满足研究所需要的主要特征，解决主要矛盾就可以了。也就是说，在设计相似模型时，抓住关键的几项相似性也就达到了解决实际问题的要求。

地下工程信息化施工主要是以现场监测为手段的一种设计、施工方法，这种方法的最大特点是可在施工时一边进行隧道围岩变形及受力状态的各种量测，一边把量测的结果反馈到设计、施工中，从而最终确定施工方法、开挖顺序和支护参数，使设计、施工更符合现场实际。对于地下工程稳定性的监测与预报是保证工程设计、施工科学合理和安全生产的重要措施。

1.2.2.2 局部块体稳定性分析评价方法

局部块体稳定性分析方法主要有岩体结构分析法、块体稳定性赤平投影分析法、实体比例投影分析法、块体结构矢量解析方法、基于刚体极限平衡的 K 法(关键块体理论)等定性与定量方法。

1)岩体结构分析法

岩体结构分析法的理论基础是赤平极射投影和实体比例投影。将赤平极射投影和实体比例投影相结合,既可以通过作图方法求得不稳定块体在岩体中的具体分布位置、几何形状、体积和重量,确定其滑动方向、滑动面及面积,也可以进行空间共点力系的合成和分解,对结构体在自重力和工程力作用下的稳定性进行分析计算。由于该方法较其他分析法显得简单、直观,且易于在计算机上实现,因此,在岩体工程中应用很广泛。

2)块体稳定性赤平投影分析法

赤平(极射)投影是一种球面投影。利用这种投影方法可以很方便地表达空间线状或面状物体的方向和相互之间的角度关系,20 世纪 60 年代以后该方法才逐渐被引入工程地质研究领域用来解决岩体结构问题。早期主要应用于岩体结构面的统计和结构面的表达,后来陆续提出了结构体形态和结构面组合关系的赤平投影分析。由于赤平投影图本身只表示物体的空间几何要素的方向、角距,而不表达它们之间的尺寸大小及具体位置,因此,在岩体结构和岩体稳定分析中,赤平投影法不能确定结构体规模的大小及其在工程中的具体出露部位,不能反映工程作用力和结构面的抗剪强度大小。

3)实体比例投影法

实体比例投影法是研究直线、平面以及由平面围成的块体在一定比例尺的平面图上构成影像的规律和作图的一种图解法。它应用正投影(垂直投影)的原理和方法,并与赤平投影相配合,根据野外填图或地质断面实测的结构面产状和分布位置,通过作图来求取结构面的组合交线、组合平面,以及由组合平面和直线围成的结构体的几何形状和规模、分布位置和方向等,用平面投影表示块体立体几何关系。实体比例投影法与赤平投影法相结合,可以通过作图方法求出结构体在工程岩体中的具体分布位置、几何形状、体积和重量,确定其滑动方向、滑动面及其面积;也可以进行空间共点力系的合成和分解,对结构体在自重力和工程力作用下的稳定性进行分析计算。

4)块体结构的矢量解析法

块体理论矢量运算法是分析岩质边坡稳定性的有效方法。该方法通过分析结构面的空间位置关系和相应块体的几何参数和物理参数,可准确地寻找目标块体和其可能的滑动方向,这为岩质边坡的加固设计提供了可靠的依据。基于块体理论的某些假定,在工程应用中,可结合场地条件和岩体的自身变形等因素进行综合评价。

5)基于刚体极限平衡的 K 法(关键块体理论)

(1)块体理论概述

块体理论是由石根华博士于 20 世纪 70 年代提出,并于 80 年代初逐步完善起来的。1985 年,R. E. Goodman 与石根华出版了 *Block Theory and Its Application to Rock Engineering*[2]一书,标志着块体理论的创立。1988 年,刘锦华等[3]为工程实践提供了理论依据,正式将块体理论引入我国,自此以后,块体理论以其鲜明的特点在各项工程中得到广泛应用。

块体理论认为岩体被结构面切割成各种类型的空间镶嵌块体,在自然状况下,这些块体处于静力平衡状态。当进行工程开挖或施加新的荷载后,暴露在临空面上的某些块体就会首先失稳,接着产生连锁反应,造成其他块体的松动、滑移,进而影响整个工程的安全,这类首先失稳的块体被称为“关键块体(keyblock)”。块体理论的目的就是通过搜索关键块体,分析其稳定性来研究工程岩体的稳定状况和工程处理措施。在进行分析时,块体理论做了四个方面的假设:①结构面为无限大的平面;②结构面贯穿研究的岩体,即不考虑岩石块体本身的强度破坏;③结构体为刚体,不考虑块体的自身变形和结构面的压缩变形;④岩体失稳是岩体在各种荷载作用下沿着结构面产生剪切滑移。具体的分析方法有矢量运算法和作图法。其中,矢量运算法是将空间的平面和力系以矢量表示,通过矢量运算给出分析结果,而作图法则是应用全空间赤平投影方法直接作图求解。

块体理论首先将结构面和开挖临空面看成空间平面,块体是由空间平面构成的几何凸体,将各种作用荷载看成空间向量,应用几何方法(拓扑学和集合论)研究在各空间平面已知的条件下,岩体内可构成多少种块体类型及其可动性,然后通过静力平衡计算,求出各类失稳块体的滑动力,为工程加固措施提供设计依据。构成块体的结构面产状和出露位置具有很大的随机性和隐蔽性,具体位置只有在揭露后通过及时的施工地质编录予以确定。据此,将块体分为定位块体、半定位块体与随机块体。定位块体是由已知岩体中结构面产状、出露位置和开挖面切割形成的;半定位块体是由已知岩体中结构面产状、出露位置(如断层、岩脉)和开挖面与随机分布的节理面切割形成的;随机块体是由地质勘察阶段位置不能确定的裂隙或裂隙面与岩体开挖面切割形成的。块体理论是以刚体极限平衡理论为基础的评价方法,但不能评价块体以及构成块体的结构面的变形,国内外学者又在利用有限元等方法来评价块体的稳定性。

(2)块体分析主要计算机软件

①Unwedge 程序[4]

Unwedge 程序是加拿大多伦多大学 E. Hoek 等依据石根华块体理论开发研制的,该程序是一种分析在坚硬岩体中开挖所形成的块体稳定性的应用分析软件,具有友好的界面,使用方便,可进行交互式操作,既可以根据不连续面组合出块体并进行稳定性分析,直观地显示出其空间几何形状,而且还可以对不稳定块体施加锚杆予以加固。此程序假定块体为四面体,分析时主要考虑块体重力及结构面的力学性质;假定结构面为平面,结构体为刚体,岩体的变形仅为结构面的变形,结构面贯穿研究区域,每次参与组合的结构面为三组。Unwedge 程序会自动生成最大楔形块体,当认为最大楔形块体不可能形成时,可根据结构面的实际出露情况进行筛选和进一步的尺寸分析,以确定最符合实际的楔形块体。Unwedge 程序能快速得到块体的各项参数和安全系数,为块体支护设计提供指导。

Unwedge 程序功能较为强大,界面友好、操作简单,但由于仅考虑块体的重力作用,不考虑地应力场及地震、爆破等作用对块体稳定性的影响,且考虑的块体形态简单,使得该程序的应用受到较大的限制,只能粗略地进行块体稳定性评价。在工程实践中,所遇到的块体不都是四面体,还有五面体甚至六面体,虽然五面体、六面体可拆分成若干四面体,但这增加了分析难度;Unwedge 程序不能准确地确定块体的出露位置,只能定出相对出露位置。由于 Unwedge 程序存在以上缺陷,在应用中特别要注意将结构面进行分段研究,并仔细分析结构面之间的相互交切关系,在野外还需对所得的块体进行校对。

②块体稳定分析系统(KT)

块体稳定分析系统(KT)由长江三峡勘测研究院有限公司(武汉)廖立兵等人基于块体理论及在三峡工程永久船闸开挖高边坡的生产实践中研究开发,该软件根据永久船闸开挖高边坡块体组合常见类型,归纳建立了 5 种固定的包括坡面和结构面的四面体到六面体模式,失稳方式包括单滑面和双滑面,计算中选定一种块体类型,然后输入对应结构面和临空面的产状

(倾向、倾角)、指定交棱线的长度、结构面的抗剪强度参数 C、φ 值及岩体容重,程序便可自动计算得到块体体积、稳定系数和块体空间面、线、点参数及块体立体示意图等分析内容,其界面友好(图 1.2-1)、操作简单,块体稳定性计算目前只考虑自重条件,边坡只考虑一级边坡类型。

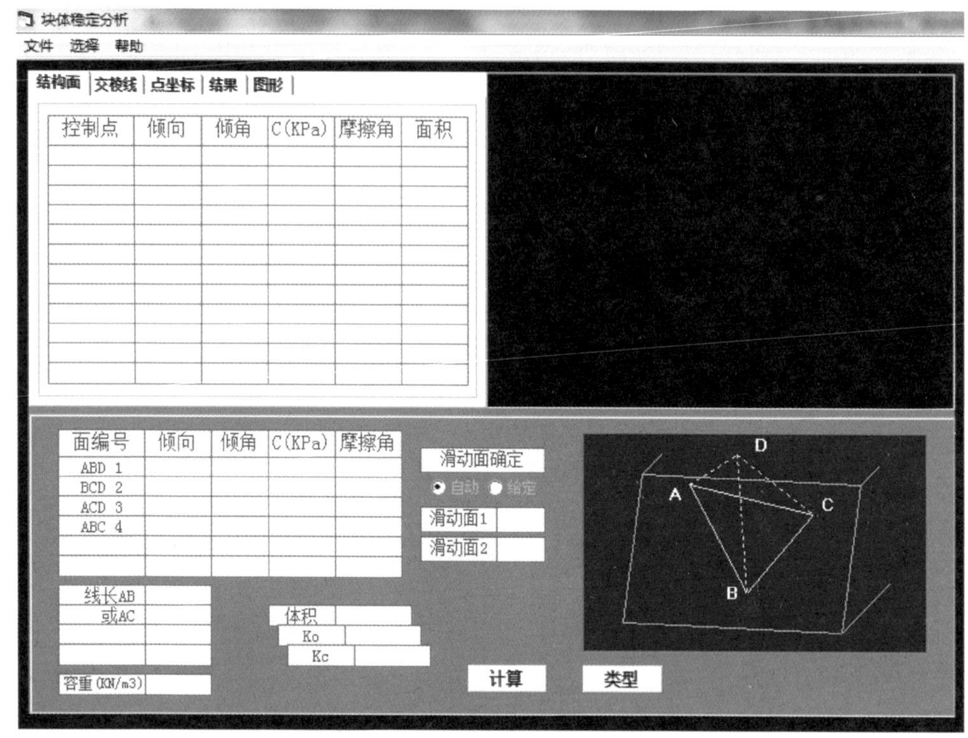

图 1.2-1 块体稳定分析系统(KT)界面

该软件已成功应用于三峡工程、乌东德水电站等边坡和地下洞室边墙块体的稳定性分析。

③边坡岩体块体稳定性分析系统(SASW 1.2)

边坡岩体块体稳定性分析系统(Stability Analysis of Slope Wedge Version 1.2),是以块体理论为基础,采用独创的空间块体几何建模方法,分析和评价任意形状空间楔形体稳定性的软件系统,由成都理工大学"地质灾害防治与地质环境保护"国家重点实验室与长江三峡勘测研究院有限公司(武汉)联合开发。

该程序仅需输入各结构面的产状和位置,以及结构面的抗剪强度参数等,软件系统自动建立块体几何模型,块体三维几何模型可用线条图和颜色图两种方式显示,还可单独显示块体、块体滑落前后的坡体,图形直观、立体感强。滑动面和滑动方式通过系统自动判定,可分析地下水、爆破、地震以及这些因素任意组合条件下块体的稳定性分析以及相应的加固处理方案设计,并可做上述各因素与稳定性系数间的敏感性分析。该程序提供了动力分析法和等效静力法两种方法考虑地震作用对块体稳定性的影响,动力分析法中提供了强大的地震波模拟功能。计算完成后该程序将以报表形式自动输出块体几何参数、稳定性系数、滑面及滑动方式等有用信息。

该软件系统已成功地应用于三峡工程永久船闸高边坡和地下厂房洞室围岩、攀枝花矿山开挖高陡边坡等工程的块体稳定性分析。

④三维岩石块体自动搜索与稳定性分析系统(GeneralBlock)

基于一般块体理论的三维岩石块体自动搜索与稳定性分析系统 GeneralBlock,由中国地质大学(北京)于青春教授与长江三峡勘测研究院有限公司(武汉)合作开发,是在三峡地下电站主厂房等洞室工程应用中逐渐完善形成的。一般块体理论解决了关键块体理论中因假设裂隙无限大所引起的系列问题,主要步骤包括研究区域的离散化、无效裂隙的去除、块体的识别和块体稳定性分析,能够进行块体的空间定位、稳定计算、三维显示和锚固设计(图 1.2-2)。该系统建立了任意大小岩石裂隙(包括随机模拟和确定性裂隙)、任意岩体形状(包括各种形状边坡和地下洞室)条件下三维岩石块体的识别及稳定性评价的通用方法,是一款真实三维块体自动搜索分析软件,为本项目关键技术成果之一,应用前景广阔,已成功应用于乌东德、旭龙等大型水电站工程。目前,该系统软件块体稳定性计算只考虑自重条件,块体计算流程如图 1.2-3 所示。

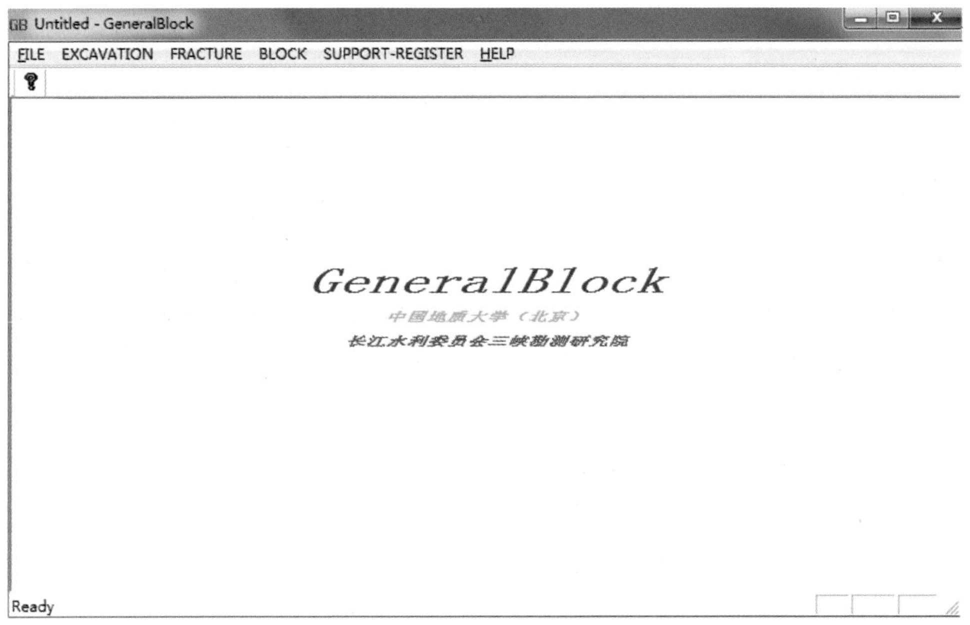

图 1.2-2 GeneralBlock 系统软件界面

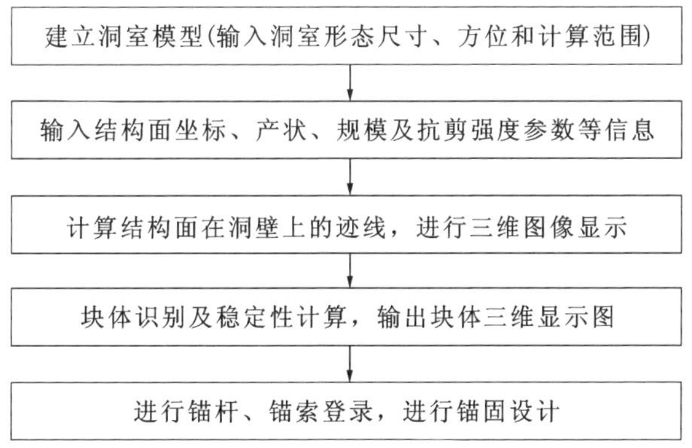

图 1.2-3 GeneralBlock 程序计算流程

1.2.2.3 围岩稳定性研究发展趋势

洞室围岩稳定性分析是多学科理论方法、专家经验、监测量与计算机技术综合集成的科学。洞室失稳是一个极其复杂的力学过程，在实际工程中更是受到了许多因素的影响，通常伴随着非均匀性、非连续性变形和大位移，是一个高度非线性的问题（郑颖人等，1996；郑治，2001）。20 世纪 70 年代以后发展起来的非线性理论，如分叉、分形、突变理论等正成为解决非线性问题的有力工具。

近年来，有关岩石破坏、失稳、突变的分叉与混沌研究，也为围岩失稳分析提供了新的理论方法。随着计算科学及相关学科的进一步发展，其理论计算结果将更具有实际意义。要对洞室围岩稳定性问题有比较全面、深入的认识，就必须依照实际情况，从专业的思维定势中解脱出来，用系统的方法加以研究。因此，在进行地下洞室稳定性判断时，必须参考既有洞室稳定性判据的实践经验，同时结合实际工程中各量测值随时间变化的规律，才能做出正确的判断。

1.3 块体问题在大型地下洞室布置中的常规作用

大型地下洞室的布置主要是其位置和轴向的选择，涉及洞室运行条件、围岩稳定性、支护形式以及施工安全，也是影响工程量和工程造价的主要因素，甚至关系到工程的成败。

因此，大型地下洞室布置遵循的基本原则为：山体宽厚稳定，洞周都有足够的岩体厚度，但也不宜埋置过深；微新岩带以坚硬岩石为主；地质构造较简单，无区域性断裂，岩体以较完整至完整为主；水文地质条件简单，地下水量不丰，可溶岩区岩溶不发育；隧洞轴向与区域构造线、岩层走向、优势节理裂隙走向垂直或大角度相交，高地应力区洞轴向与最大主应力方向近平行或呈小锐角相交；围岩类别以Ⅰ～Ⅲ类围岩为主。

根据搜集有关文献资料，表 1.3-1 统计了国内部分大型地下厂房围岩基本特性，这些大型地下洞室的布置基本遵循上述原则，围岩以坚硬、块状结构的花岗岩、正长岩、闪长岩、玄武岩、中厚至厚层状花岗片麻岩、灰岩、白云岩、大理岩、砂岩、砾岩等为主，其类别以Ⅱ、Ⅲ类围岩为主，除少量隧洞外上覆岩体厚度基本在 3 倍洞跨以上，围岩基本岩体质量和整体稳定条件较好。

表 1.3-1 国内部分已建或在建大型地下厂房基本特征统计

水电站名称	修建状态	装机容量（MW）	主厂房尺寸（长×宽×高）(m)	围岩特征	上覆岩体厚度(m)
三峡地下电站	已建	6×700	311.3×32.60×87.30	闪云斜长花岗岩、闪长岩包裹体为主；Ⅰ、Ⅱ类围岩为主	45～89
乌东德	在建	12 ×850	333.00×32.50×89.80	中厚及厚层灰岩、白云岩及大理岩；Ⅱ、Ⅲ类围岩为主	160～540
白鹤滩	在建	16×1000	453×34×88.70	中厚及厚层灰岩、白云岩和石英岩为主；Ⅱ、Ⅲ类围岩为主	260～540
溪洛渡	已建	18×770	439.74×31.90×75.60	玄武岩；Ⅱ、Ⅲ类围岩为主	340～480
向家坝	已建	8×800	255.4×33.40×85.20	厚至巨厚层砂岩为主；Ⅱ、Ⅲ类围岩为主	110～220

续表 1.3-1

水电站名称	修建状态	装机容量(MW)	主厂房尺寸(长×宽×高)(m)	围岩特征	上覆岩体厚度(m)
拉西瓦	已建	6×700	316.75×31.5×74.90	花岗岩,块状结构为主,性脆硬;Ⅱ、Ⅲ类围岩为主	230～460
锦屏一级	已建	6×600	276.99×28.90×68.80	中至厚层状大理岩夹杂绿片岩及石英片岩;Ⅲ类围岩为主	180～350
锦屏二级	已建	8×600	352.4×28.3×72.20	大理岩为主;Ⅲ类围岩为主	180～320
二滩	已建	6×550	280.29×30.7×65.38	主要为正长岩、辉长岩;Ⅱ、Ⅲ类围岩为主	300～400
大朝山	已建	6×225	223.94×26.8×67.7	玄武岩夹角砾熔岩、凝灰岩;Ⅱ、Ⅲ类围岩为主	69～220
龙滩	已建	9×700	388.5×30.7×75.6	厚层砂岩、泥板岩互层;Ⅲ类围岩为主	100～280
小湾	已建	6×700	298.1×30.7×79.88	黑云母花岗片麻岩、角闪斜长片麻岩;Ⅰ、Ⅱ类围岩为主	300～400
瀑布沟	已建	6×600	202×32.1×66.68	花岗岩;Ⅱ、Ⅲ类围岩为主	220～360
糯扎渡	已建	9×650	418×29×77.77	花岗岩;Ⅱ、Ⅲ类围岩为主	160～230
构皮滩	已建	5×600	230.45×27×80.62	中至厚层状灰岩;Ⅱ、Ⅲ类围岩为主	237～355
彭水	已建	5×350	252×30.0×84.5	灰岩、白云岩及少量页岩;Ⅱ、Ⅲ类围岩为主	130～200
水布垭	已建	4×460	168.5×23.0×66.9	中厚层灰岩夹软弱夹层;Ⅱ、Ⅲ类围岩为主,软弱夹层为Ⅳ、Ⅴ类	105～185
大岗山	已建	4×650	226.58×30.80×73.78	黑云二长花岗岩;Ⅱ、Ⅲ类围岩为主	390～520
小浪底	已建	6×300	251.53×26.2×61.44	钙质、硅质砂岩;Ⅲ类围岩为主	70～100
刘家峡	已建	2×225	86.1×31×59	云母石英片岩及角闪片岩;Ⅱ、Ⅲ类围岩为主	约 55
鲁布革	已建	4×150	125×19×39.4	中厚层状(角砾状)灰质白云岩、白云质灰岩;Ⅱ、Ⅲ类围岩为主	约 300
泰安	已建	4×250	141.1×25.2×52	混合花岗岩;Ⅲ类围岩为主	210～300
宜兴	已建	4×250	155.3×22×52.4	岩屑砂岩夹泥质粉砂岩;Ⅲ～Ⅳ类围岩	310～370

续表 1.3-1

水电站名称	修建状态	装机容量(MW)	主厂房尺寸(长×宽×高)(m)	围岩特征	上覆岩体厚度(m)
宝泉	已建	4×300	91×21.5×47.52	花岗片麻岩；Ⅰ、Ⅱ类围岩为主	430～540
桐柏	已建	4×300	182.7×25.9×56	花岗岩；Ⅱ、Ⅲ类围岩为主	约 200
广蓄	已建	8×300	146×21×44.5	黑云母花岗岩；Ⅱ、Ⅲ类围岩为主	约 300
天荒坪	已建	6×300	198.7×22.4×47.73	含砾流纹质熔凝岩；Ⅰ、Ⅱ类围岩为主	160～200
十三陵	已建	4×200	145×27.5×46.6	巨厚层状砾岩；Ⅱ、Ⅲ类围岩为主	200～300

正如地下洞室围岩稳定性分析方法所述，一直以来，块体问题都是作为局部稳定问题来考量的，大型地下洞室在总体布置时，往往通过控制隧洞轴线方向与优势结构面方向近垂直或大角度相交来减少高边墙块体数量及其稳定问题。根据文献资料不完全统计，除三峡地下厂房外，国内其他大型地下厂房洞室的块体问题均作为局部稳定问题(表 1.3-2)，也未发现大型不利稳定块体，块体体积为数立方米至数百立方米，勘察期一般对随机块体或半定位块体进行规律性的分析预测，为系统锚杆深度或预留随机锚杆工程量等提供依据，少量洞室分析预测发育有较大规模定位块体，如水布垭电站地下厂房[5]，勘察查明主厂房顶拱发育 7 个块体，体积为 365～5257m^3，但未对洞室整体布置起控制性作用，施工期采取预应力锚索进行加固处理。

表 1.3-2　国内部分大型地下厂房围岩块体特征统计

水电站名称	主要岩性特征	块体发育特征(勘察期分析预测或施工期揭露)
水布垭	中厚层灰岩夹软弱夹层	顶拱上发育 7 个主要块体，体积 365～5257m^3，均存在变形或失稳的可能。施工中结合系统支护有针对性地采取预应力锚索进行加固处理
构皮滩	中至厚层状灰岩	施工期主厂房揭露共发育不稳定块体 14 处，多由裂隙组合、裂隙与层面组合、交叉洞室以及岩溶所造成，规模较小，主要采用锚杆随机支护等工程处理
乌东德	中厚及厚层灰岩、白云岩及大理岩	主要为裂隙与层面组合形成的随机块体，因裂隙多短小，块体数量虽较多但方量较小，以 100m^3 以下为主，少部分 100～500 m^3，少量 500～1000 m^3，块体埋深多较浅，受开挖爆破及松弛影响，稳定性较差
溪洛渡	玄武岩	利用 Unwedge 程序对地下厂房存在的块体做了分析，典型块体质量 9.57～1845.88t
百色水利枢纽	辉绿岩	随机块体规律性分析预报，块体体积 4.74～213.7m^3

续表 1.3-2

水电站名称	主要岩性特征	块体发育特征(勘察期分析预测或施工期揭露)
糯扎渡	花岗岩	结构面组合块体以半确定性块体和随机块体占绝大部分,确定性块体极少,体积一般为数十方至数百方,对局部不稳定块体在系统锚杆基础上进行随机支护
泰山抽水蓄能	混和花岗岩	随机块体体积为数方至数百方,稳定性较差
拉西瓦	花岗岩	拱顶厂右 0+80~厂右 0+110 可构成 12 个块体,其中 3 个块体是关键块体,在围岩中延伸深度 0~15m,在开挖面上暴露面积分别为 76~231m^2。在系统支护基础上采用长、短锚杆和预应力锚索相结合进行锚固处理
西龙池抽水蓄能	水平薄层状灰岩	随机块体规律性研究,块体体积大多小于 50 m^3,且以小于 30 m^3的小规模块体为主,稳定性总体较差
功果桥	变质砂岩、砂质板岩夹灰白色石英砂岩	利用块体分析软件(Unwedge)对各组结构面随机组合进行不确定性块体的搜索,分析主要块体 7 个,体积 42~427m^3,及时采取了有效的支护处理
杨房沟	花岗闪长岩	利用 Unwedge 软件对地下厂房块体进行分析,拱顶及边墙主要半定位块体体积为 3.38~68.01m^3
锦屏一级	中-厚层状大理岩	以随机小块体为主,厂房第 1 层开挖揭露块体体积一般为数方至十余方
大岗山	黑云二长花岗岩	利用块体理论找出对岩体稳定性起控制作用的关键块体,并对关键块体做稳定性分析,典型四面体的体积小于 10m^3
深圳抽水蓄能	黑云母花岗岩	使用 Unwedge 软件总共搜索 46 个块体,其中边墙有 6 个确定性块体、15 个半确定性块体、11 个随机性块体;顶拱有 5 个确定性块体、4 个半确定性块体、5 个随机性块体。顶拱几个关键块体可能发生直接坠落,施工时应重点处理
瀑布沟	花岗岩	利用 Unwedge 程序对地下厂房存在的不稳定块体做了统计分析,部分不稳定块体体积均小于 40m^3
龙滩	砂岩和泥板岩互层	围岩为陡倾角的层状岩体,层面、层间错动和节理等陡倾角软弱结构面较发育,由结构面与洞周开挖面的组合在两侧边墙形成多个较大的潜在不稳定块体,最大块体体积约 4000m^3,楔体高度为 12~16m

1.4　三峡地下厂房特点与勘察研究技术要点

1.4.1　工程概况

三峡工程是1992年4月3日经第七届全国人大第五次会议通过决定兴建的国家特大型重点工程,右岸地下电站是三峡水利枢纽工程的重要组成部分。

三峡地下电站布置于右岸白岩尖山体内,左侧紧邻三峡工程大坝及右岸电站坝后厂房,地下厂房轴线与大坝轴线平行布置,但其位置自地面厂房轴线向下游移动20m,厂房共安装6台700MW水轮发电机组,总装机容量为4200MW。

地下电站主要由引水渠及进水塔、引水隧洞、主厂房、母线洞(井)、尾水洞、尾水平台及尾水渠、进厂交通洞、通风及管道洞、电缆及交通廊道、地面500kV升压站等建筑物组成,主要建筑物顺输水管道分布,如图1.4-1所示。其中引水隧洞共6条,单机单洞垂直厂房轴线布置,洞形为圆形,开挖洞径15.50m;主厂房洞室断面为直墙曲顶拱形,跨度吊车梁以上为32.60m,吊车梁以下为31.00m,厂房最大高度为87.30m,主厂房全长为311.30m;尾水隧洞为变顶高尾水洞方案,单机单洞平行布置,洞形为椭圆形及圆拱直墙形,尺寸为(17.40～21.00)m×(14.29～23.00)m(底宽×高)。

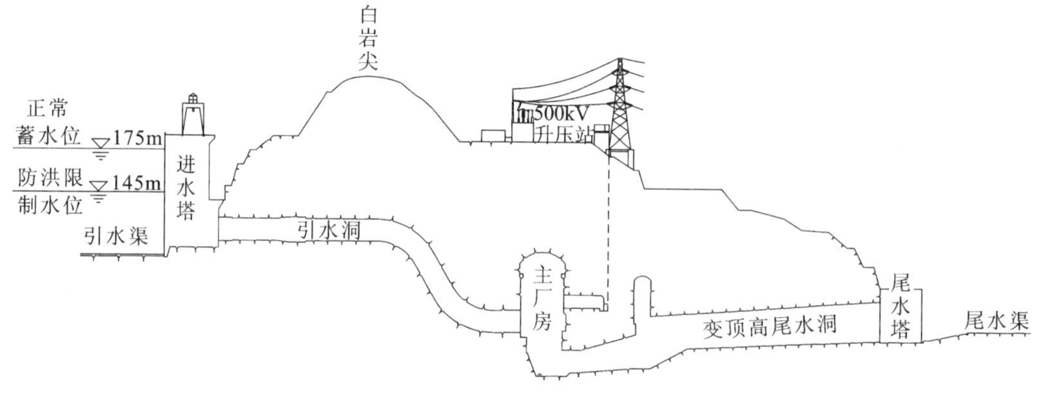

图1.4-1　地下电站输水管道纵剖面示意图

1.4.2　地下厂房特点与同期勘察技术背景

三峡地下电站主厂房洞室规模巨大,是同期国内外已建和拟建最大地下厂房,洞室围岩稳定至关重要。

洞室围岩虽为以坚硬、块状结构为主的花岗岩与闪长岩体,但断层、裂隙较发育,属典型"裂隙化"岩体。根据三峡永久船闸高边坡等工程经验,洞室围岩稳定主要是块体的稳定问题,特别是由一些长大断层构成的大型块体,将对工程总体布置和围岩稳定产生重大影响。

而另一方面,三峡地下电站勘察与施工期,大型地下洞室围岩块体相关工程地质勘察与研究技术还存在诸多不足和制约,主要表现为:

(1)在如何研究厘定主要工程地质问题,突破传统(含规程规范)的以围岩类别为研究重点的勘察思路,建立硬质裂隙岩体条件下大型关键块体控制论,并查明关键结构面空间展布及与大型洞室组合关系,建立大型洞室关键块体构成与评价地质模式等方面尚无系统工程经验。

(2)大型地下洞室几何形态复杂、施工场地狭小、照明编录条件差,以及边开挖边喷护、暴露时间短等特点。传统的施工地质编录往往精度较差,很难建立准确的地质模型,特别是关键块体边界的准确定位问题,因而从根本上制约了后续分析成果的准确性,同期地下洞室可视化地质编录还处于理论分析和小洞室试验性研究阶段,因此,如何在常规地质编录方法基础上研发操作性强、精度可靠、可应用于大规模生产的可视化地质编录技术是一个关键难题。

(3)如何适应各种洞形、进行任意多结构面条件下三维岩石块体自动搜索和稳定性分析仍是洞室工程重要的制约技术,同期块体分析软件主要是基于边坡工程及1~5种固定块体模式以及单级边坡条件下的块体稳定性计算,非三维状态下快速自动搜索和稳定性判别与计算,除能较方便地应用于边墙块体分析外,对于顶拱块体或边顶联合块体均无能为力。

(4)在地下洞室围岩块体稳定性计算中,目前一般沿用边坡块体计算,即仅考虑自重条件的常规算法。对于在围岩中埋藏较深、规模较大的块体而言,仅考虑自重是不合适的,原因是块体稳定性受自重、残余构造应力以及施工开挖形成的二次应力场的综合作用和影响,特别是顶拱范围,单纯考虑自重应力条件下的计算结果往往与实际情况偏差较大,如何在这方面有所突破,在块体稳定性计算中考虑地应力作用代表当前洞室块体稳定计算方面的一个发展方向。

(5)大型洞室往往采用分层分部开挖,且施工速度较快,开挖面暴露时间较短,如何在这种动态开挖过程中建立适宜本工程、动态的地质研究、预报、再研究、再预报的信息化施工地质工作流程,为工程动态设计及施工安全提供技术保障。

1.4.3 地下厂房勘察研究技术要点

基于前述工程特点与技术背景,自1993年以来的地下电站工程地质勘察期,到2005年3月地下电站主厂房正式开挖建设的施工期,长江三峡勘测研究院有限公司(武汉)单独或与成都理工大学、中国地质大学(北京)进行技术合作,一直致力于以坚硬裂隙化围岩大型地下洞室块体为核心的勘察研究及相关工程地质技术的研发与应用,不但及时有效地解决了地下电站以块体稳定特别是以主厂房大型块体稳定为核心的关键工程地质问题,为工程设计和施工提供了可靠地质依据,同时形成了大型地下洞室以"块体"勘察研究为核心的成套创新技术思路与工程地质方法及技术组合(图1.4-2),主要技术要点有:

(1)在基本工程地质条件勘察研究基础上,突破以围岩类别为研究重点的传统观念,创新提出主厂房硬质裂隙围岩稳定大型块体控制论,围绕对工程布置和工程安全等有重大影响的大型块体,合理、动态、全空间布置勘察技术手段,查明了大型块体空间分布及其稳定性,为合理调整主厂房位置(下移20m)和选定工程设计与施工方案提供了关键地质依据。

(2)通过研发专用激光标点器,整合常规施工地质编录、高清数码成像技术、免棱镜激光遥测技术和计算机自动处理技术,成功研发了大型地下洞室仪测成像可视化地质编录方法,并应用于主厂房等大型洞室施工地质编录,解决了"皮尺+花杆"传统施工地质编录精度较差且不具可视化问题。这是国内外首次真正大规模应用于生产的可视化地质编录,可形成完整、高清晰、含地质界线的洞室开挖面影像图,其成图精度高,资料便于永久保存和综合利用。

(3)与中国地质大学(北京)合作,基于"裂隙岩体一般块体理论",研究任意大小岩石裂隙(包括随机模拟和确定性裂隙)、任意岩体形状(包括各种形状边坡和地下洞室)条件下三维岩

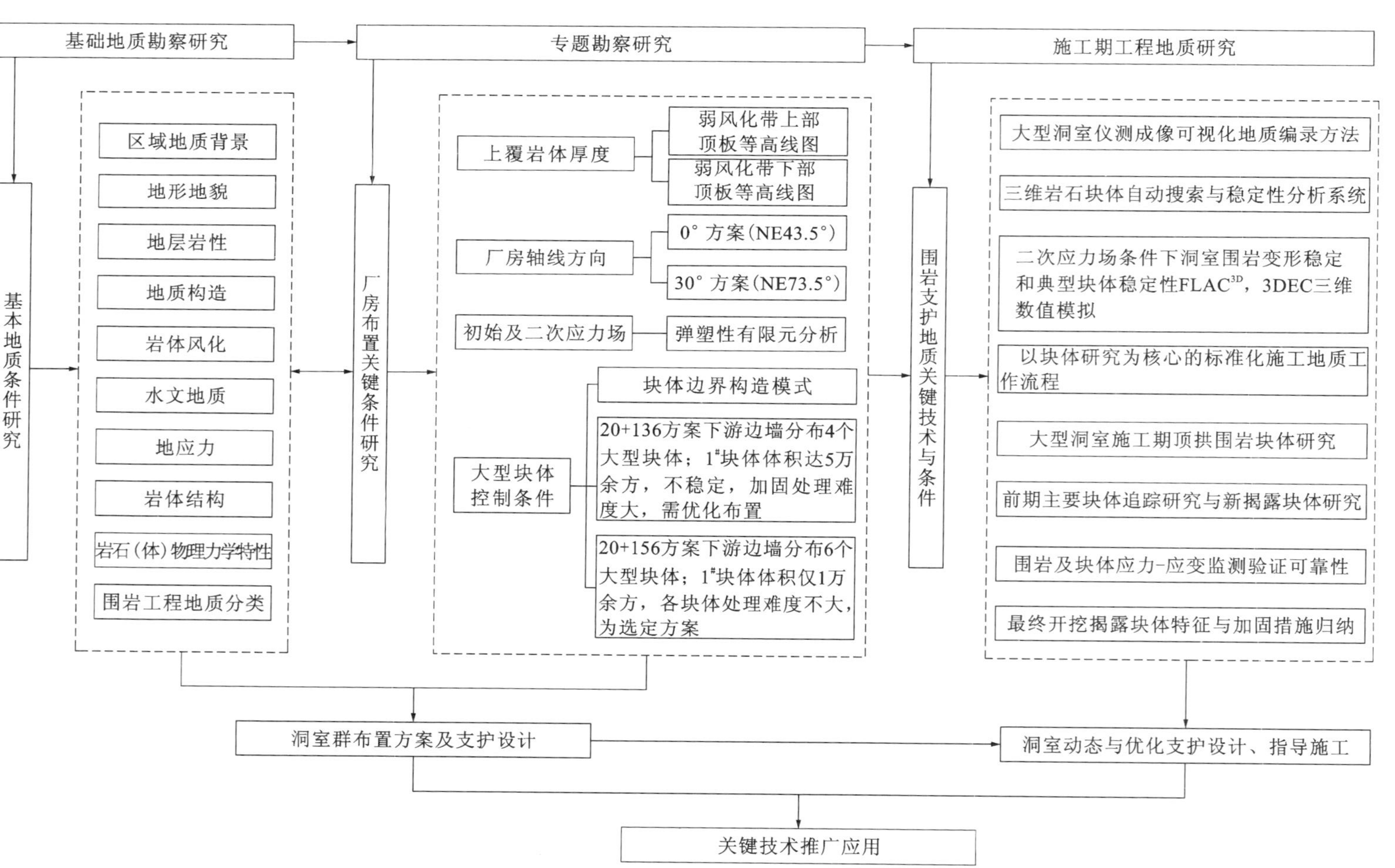

图1.4-2　三峡地下电站主厂房工程地质勘察与研究技术框图

石块体的识别及稳定性评价问题的通用方法，开发了块体搜索与计算程序 GeneralBlock，并应用于地下电站洞室及边坡围岩块体动态预测、预报。施工期地下电站隧洞及边坡工程总计预报主要块体 304 处，其中主厂房预报主要块体 105 处，总体积近 $15\times10^4 m^3$。

(4)与成都理工大学合作，应用三维弹塑性有限差分法($FLAC^{3D}$)及离散单元法(3DEC)等先进数值模拟和岩石力学理论，动态模拟主厂房分层开挖应力-应变特征和变形稳定，对典型块体、关键块体二次应力场作用下的稳定性及边界应力场特征进行三维数值模拟和探索性研究，同时在利用可视化地质编录成果进行关键结构面起伏度及其对结构面强度影响研究的基础上，提出了顶拱块体"二次应力法"稳定性分析评价方法建议，指导围岩支护和优化支护设计，其中主厂房 18、19 号顶拱边墙联合大型块体的加固处理上节约大量支护措施，工程设计更为经济合理。

(5)从勘察期到施工期，随工程进度充分研究和动态修正各类地质控制条件，及时预测预报确定性块体和半确定性块体。结合主厂房中导洞超前、分层分部开挖过程，依托研发的仪测成像可视化地质编录方法+洞室围岩块体三维搜索及稳定性计算程序，实现从围岩块体动态搜索、预测、预报到确定块体稳定性分析并及时提出工程处理措施建议，形成了一套新的合理、快速、高效的地下洞室标准化施工地质工作流程，为地下电站施工期信息化设计与施工提供了技术支持。根据主厂房顶拱开挖揭露地质条件，及时提出顶拱系统锚索优化为针对重点块体的随机锚索加固建议得到设计采纳，节约了工程投资并缩短了施工工期。

2 工程项目基础地质条件

2.1 区域地质背景与地震

2.1.1 区域地质背景

地下电站所属的长江三峡水利枢纽工程，地处我国地势第二阶梯的东缘，总体地势西高东低，沿长江自西向东分别以奉节和南津关为界，西段属四川盆地，主要为砂岩、泥岩组成的川东侵蚀低山丘陵区；中段为著名的长江三峡河段，属川鄂褶皱山地，主要为碳酸盐岩组成的侵蚀中山峡谷区；东段则为江汉—洞庭丘陵平原区。自西向东，从山地至平原，层状地貌明显，呈阶梯状逐级下降。

工程区在大地构造上处于扬子准地台中部，北侧与秦岭褶皱系相邻。区内主要涉及扬子准地台褶皱带、江汉—洞庭坳陷、四川台坳和大巴山台缘褶带等四个二级构造单元(图 2.1-1)。

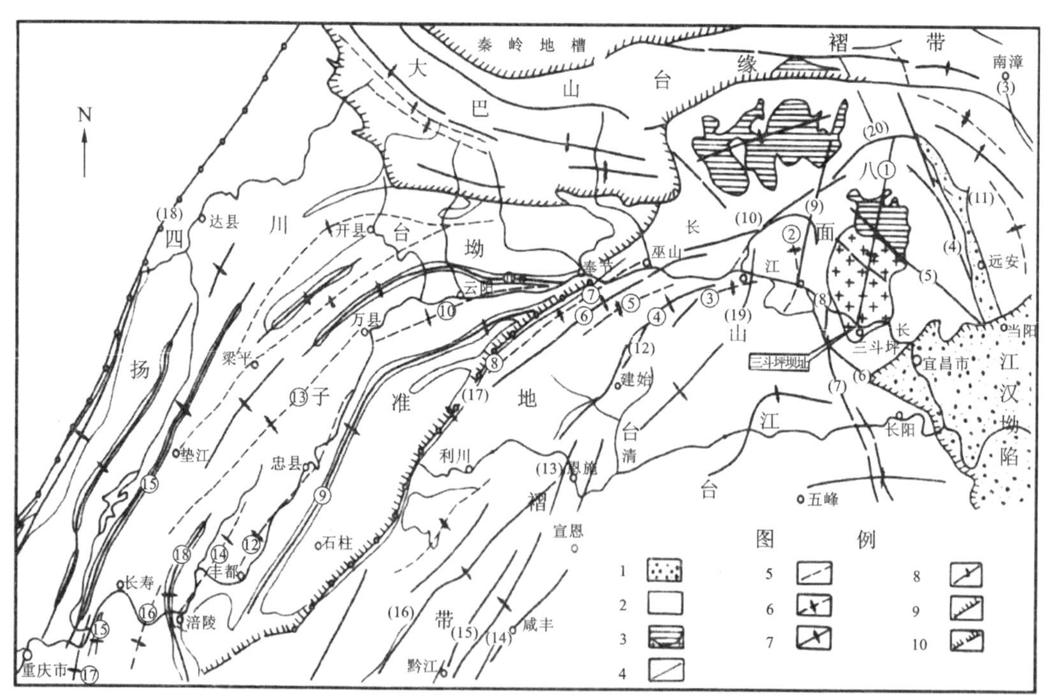

图 2.1-1 三峡工程区域构造纲要示意图

1—第四系至白垩系；2—侏罗系至震旦系；3—前震旦系；4—一般断层；5—航磁推测断层；6—向斜；7—背斜；8—倒转背斜；9—一级构造单元界线；10—二级构造单元界线

扬子准地台基底主要由早元古至晚元古代变质火山-碎屑岩及侵入其间的岩浆岩组成，黄陵地块和神龙地块是其出露部分。变质岩系有崆岭群(23 亿年)、神农架群(13.3 亿年)和马槽园群(9.6 亿年)。岩浆岩由中酸性花岗岩-闪长岩及各类岩脉(8.3 亿～7.5 亿年)组成，分布于黄陵地块的中南部，构成黄陵穹状背斜的核部。

区内沉积盖层出露齐全，从震旦系至第四系均有出露。震旦系至三叠系中统主要由浅海—滨海相碳酸盐岩、碎屑岩组成，厚度近万米，广布于黄陵地块周围及川鄂褶皱山地；三叠系上统至第三系为陆相碎屑岩，厚度为 5000～12000m，主要分布于大型坳陷盆地及山间槽地；第四系主要分布在东部江汉坳陷区，最大厚度 250 余米，峡谷沿江两岸及山坡地带断续分布河流冲积层和散布的崩坡积层、洪积层等。

上述各系地层间大多呈整合或假整合接触，不整合仅见于震旦系与前震旦系、白垩系与前白垩系、上第三系与下第三系之间，反映本区主要经历了三次较强的地质构造运动，即震旦系前的晋宁运动、侏罗系末的燕山运动和老第三系末的喜山运动。

晋宁运动是本区最强烈的一次地质构造运动，使前震旦系地层强烈褶皱、变质，并伴随多期岩浆活动，形成了古老的结晶基底，控制着本区尔后的地质发展。燕山运动是区内又一次较强烈的构造运动，本区现存的构造格架基本定型于这一时期，主要表现为盖层的进一步褶皱和断裂，对基底的破坏较轻。燕山运动晚期，伴随着一些较大断裂的差异活动，形成了若干断陷、坳陷盆地，沉积了数百米至数千米的白垩—下第三系红层。喜山运动除使红层有轻度变形、少数断裂有微弱的继承性活动外，全区转入以整体抬升为特征的新构造运动时期。

区域构造格架总体特征表现为受黄陵、神农架两地块的控制，外围褶皱构造呈弧形环绕或向其收敛。北面为大巴—大洪山弧形褶皱带，构造线由西向东呈 NW—EW—NWW 向；西为川东弧形褶皱带，构造线走向自西向东，由 NE 向渐变为 NEE 向；西南及南面为 NNE 向转向 NEE 向的八面山弧形褶皱带；东侧上叠中新生代江汉—洞庭坳陷盆地。区内主要断裂在规模、方向及发展历史等方面与其所在构造单元相适应(图 2.1-2)。

站址及邻近地区的区域构造特征表现为，以黄陵地块为核心，盖层在其周围形成一系列弧形褶皱带；环绕地块周缘发育有数条规模较大的断裂，包括东侧的远安断裂、北侧的雾渡河断裂、西北侧的新华断裂、西侧及西南侧的仙女山断裂和九畹溪断裂、南侧的天阳坪断裂，距站址 16～66km，更远者尚有西南侧的黔江—建始断裂组。

2.1.2 新构造运动特征及主要断裂活动性

挽近期以来，区域内新构造运动主要表现为西部山区大面积抬升且抬升范围不断扩展，东部江汉平原自然下沉并不断退缩，两者的转折线亦逐渐东移。

由于西部山地上升的间歇性，本区层状地貌明显，普遍发育有两期四级夷平面及多级河流阶地，随地壳整体隆升向东微倾，总体形态保持完整，无明显反差、解体及错位。区域涉及宜昌至秭归和巴东间的多次精密水准重复测量，亦未发育明显的差异活动。

从区域地质背景及新构造运动特征分析，站址所在的黄陵结晶基底区，无活动性断裂及孕育中、强震的发震构造，是一个稳定程度高的刚性地块。工程区的地壳稳定性主要受前述环绕地块外围的几条断裂的性质及其现代活动性所控制，经多年深入的研究，这些断裂多属盖层断裂或切入基底不深的基底型断裂，在燕山运动晚期差异性活动明显，新生代以来，特别是中更新世以来活动性显著减弱。历史上除远离工程区的黔江—建始断裂组发生过 6.35 级地震外，

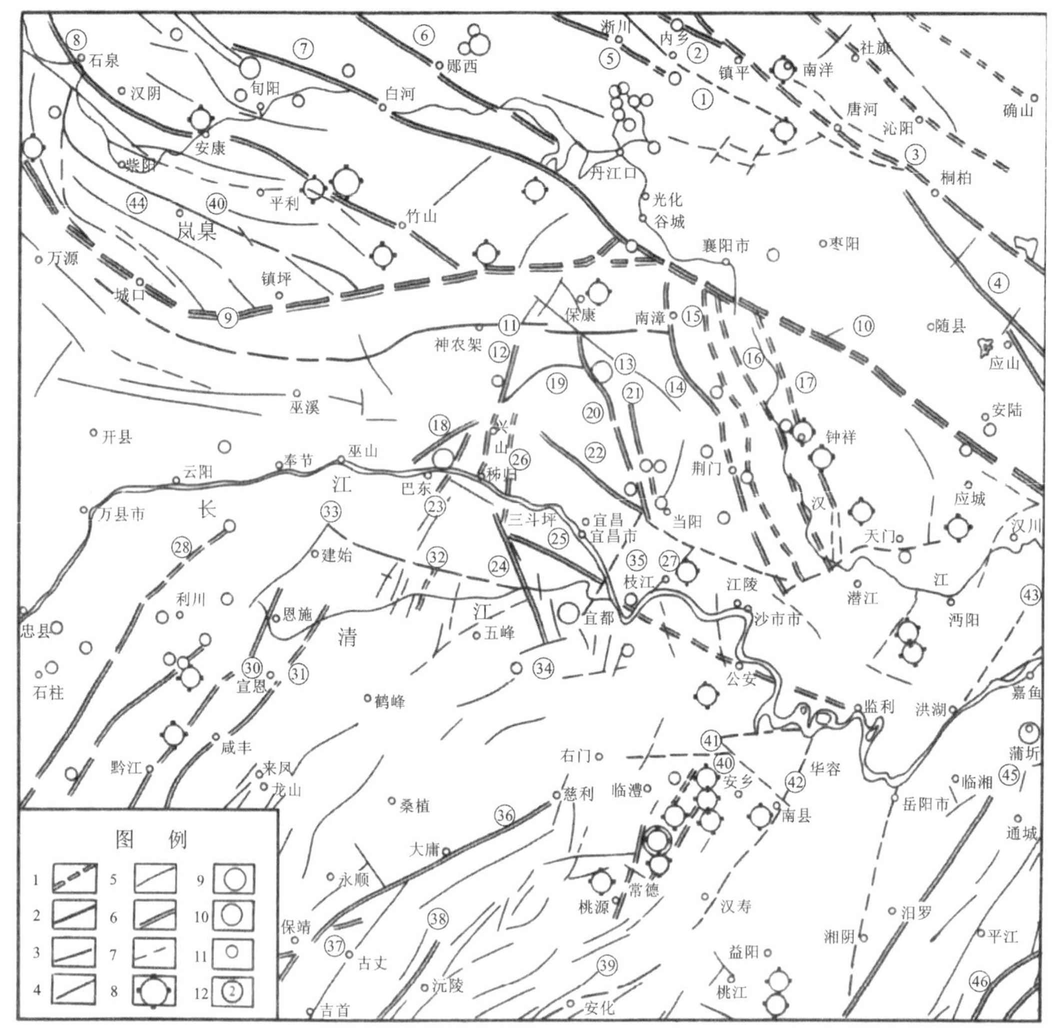

图 2.1-2　三峡工程区域主要断裂构造和地震震中分布示意图

1—岩石圈断裂；2—地壳断裂；3—基底断裂（Ⅰ型）；4—基底断裂（Ⅱ型）；5—一般断裂；6—挽近活动的断裂；7—推测及隐伏断裂；8—历史地震；9— $7.0>M_s\geq6.0$；10— $6.0>M_s\geq4\frac{3}{4}$；11— $4\frac{3}{4}>M_s\geq3.0$；12—断裂编号

其余几条断裂均无破坏性的地震记载，近期的地震活动多以频度不高的小震为主。设于几条主要断裂上的形变观测点已有十多年的观测成果，其形变速率一般小于 0.1mm/年。根据中国东部断裂活动变形分级标准，均属弱活动或基本不活动类型。近年来许多部门对上述断裂进行了最新活动年龄测定，尚未发现晚更新世以来明显活动的测年结果。

上述结果表明，黄陵地块外围的几条主要断裂，从其规模、地质特征、新构造标志、形变速率、活动年代、历史及现今地震活动水平等综合分析，属于弱活动或基本不活动类型，不具备孕育强震的条件。

2.1.3　地震及地震基本烈度

三峡工程地震活动性研究以坝址为中心、半径 320km 的范围。研究区大部分隶属于华中地震区江汉地震带。通过近2000年的地震史料记载，区内曾发生中、强地震47次，其中4次为6～6.75级，即公元46年的向阳地震、788年的竹山地震、1631年的常德地震和1856年的咸丰大路坝地震，其地震中心距电站区200km以远，5级以上地震震中亦距电站区130km以远，坝区外围地震在空间上具有一定的成带性，其中与工程有关的3个小构造地震带为黄陵地块东侧的远安—钟祥、西侧的秭归—渔洋关和西南边缘的兴山—黔江地震带。

自1959年建立三峡地震台网至1991年的32年间，区内共记录Ms≥1.0级的地震有1853次，Ms≥3.0级的有61次，Ms为4.6～5.1级的轻度破坏地震6次，其中3次发生在距电站60～70km范围内，即1961年宜都潘家湾4.9级地震、1969年保康马良坪4.8级地震、1979年秭归龙会观5.1级地震；另外3次发生在200km以远的鄂西北及豫陕边境地区，影响到站址的烈度均小于Ⅴ度。

地下电站所在的黄陵结晶基底区，历史上无中、强震记录，现今地震也极微弱。长达32年的地震网监测，仅记录到的Ms≥2级地震达10余次，且分布在距站址35km的雾渡河断裂以北。

电站区地震烈度上主要取决于外围较近的几条区域性断裂活动所产生的地震波及影响，而附近几条主要断裂均属弱活动或基本不活动断裂，发生强震的可能性较小，极值分析工程区100年内遭受Ⅵ度影响的概率为1%，工程区为相对稳定区。1959年和1961年中国科学院地球物理研究所等单位两次对三峡坝址地震基本烈度做过正式鉴定，定为Ⅵ度；1979年，湖北省地震局受国家地震局委托，对三峡坝区地震基本烈度重新鉴定，认为“长江三峡水利枢纽坝址区地震基本烈度以Ⅵ度为宜”；1984年又复核确认并经国家地震局地震烈度评定委员会批准：“大址地区100年内遭遇到的地震基本烈度以Ⅵ度为宜”。1990年国家地震局新编第三代《全国地震烈度区划图》，按危险性50年超越概率10%，工程区地震基本烈度为Ⅵ度；根据国家技术监督局2001年8月1日颁布的《中国地震动参数区划图》(GB 18306—2015)，工程区地震动峰值加速度为0.05g。经地震分析，考虑综合场影响，给出不同年超越概率条件下的地震基本烈度和基岩水平加速度峰值(表2.1-1)，根据地下电站各建筑物的重要性，选择适当参数作为抗震设计依据。

表2.1-1 几种年超越概率条件下的地震烈度和基岩水平加速度峰值表

年超越概率	5×10^{-2}	5×10^{-3}	2×10^{-3}	1×10^{-3}	4×10^{-4}	1×10^{-4}
烈度(度)	3.9	5.4	5.9	6.2	6.6	7.1
加速度(cm/s^2)	10	27	45	60	85	125

2.1.4 汶川大地震对三峡工程的影响

2008年5月12日14时28分发生的8.0级四川汶川特大地震，距三峡坝址约730km。地震波及到了三峡坝区，在坝区产生了轻微的地面运动，多数人有感觉，部分门窗作响，少数房屋灰土掉落和抹灰出现微细裂缝。根据三峡工程库区地震监测资料和坝区宏观反应分析，此次地震在坝区产生的影响烈度为Ⅳ度，远低于大坝抗震设防烈度标准(Ⅶ)，对枢纽工程安全不构成任何威胁。

三峡工程位于我国华南地震区长江中游地震带内，地震活动总体水平不高，自有历史地震记载以来，距三峡坝址约150km范围内，仅记载到Ms≥4.7级地震8次，最大为5.5级。现今50余年的地震监测表明，三峡工程地区地震活动具有频度低、强度小的地震活动特征，最高地震活动强度一般为5级左右，并且3级以上地震主要受仙女山、九畹溪、高桥、青峰、齐岳山、远安等断裂的控制，大多沿断裂呈带状分布。2008年5月12日四川汶川发生8.0级地震后，三峡地区地震活动没有发生任何变化，仍然维持在三峡工程2003年水库蓄水后的地震活动状态，以一定数量的非构造型微弱水库地震活动为主，只出现了2次3级以上地震，最大为4.1级，没有突破三峡库区历史地震活动的强度(5.1级)和频度。因此，汶川地震的发生并没有改变对三峡地区地震活动性的长期认识。

三峡工程水利枢纽地处鄂西山地黄陵地块内部，而汶川地震的发震构造属于青藏高原东部边缘的龙门山断裂带，两者属于相隔甚远的不同区域地震构造背景，并且中间还有坚硬、稳定的四川盆地阻挡，因此，汶川地震后所产生的地壳应力调整不可能影响到三峡工程坝区。由于汶川地震没有改变三峡地区地震活动性、地震构造活动特征以及地震构造格局，所以，汶川地震的发生不影响三峡工程前期区域构造稳定性评价的结论和地震安全性评价结果(工程场地地震动参数值)。

根据"长江三峡水利枢纽工程正常蓄水(175.00m水位)安全鉴定报告"(水电水利规划设计总院)关于2008年5月12日汶川大地震对三峡工程的影响评价：2008年5月12日14时28分，在四川汶川发生M8.0级地震。三峡地震台网监测资料表明，地震持续时间18s，主频为3.3～4.58Hz；地震加速度，左岸14号坝段基础廊道垂直向为0.03g，坝顶垂直向为0.0605g，水流向为0.0632g，坝轴向为0.058g；动力放大系数为1.95(垂直向)，小于安全值(动力放大系数小于5)，大坝是安全的。

监测成果表明：三峡大坝、船闸、茅坪溪防护坝等建筑物受四川汶川地震影响较小，无异常现象发生。

2.2 基本工程地质条件

2.2.1 地形地貌

地下电站布置于三峡工程右岸白岩尖山体内，左侧紧临右岸大坝和坝后厂房。白岩尖山体原始形态为一走向约北东45°、凸向长江的脊状地形，脊顶高程220～243m，为茅坪溪与枫箱沟地形分水岭。山脊上游侧倾茅坪溪、下游侧倾枫箱沟、北东侧临长江，总体属低山丘陵缓坡地形。上游坡为地下电站进口区，上游坡与临江坡地形相对较陡，一般坡度20°～30°，坡面较完整；下游坡为主厂房及尾水出口段，高程165m以上地形坡度稍陡，一般坡度20°～30°，以下稍缓，一般坡度15°～20°，地形较破碎，坡内具有沟梁相间或局部平台与陡坡相接微地貌特征。茅坪溪、枫箱沟高程为80m左右。

三峡工程右岸主体工程施工开挖后(地下电站主体工程开建以前)，白岩尖山体表面被改造成人工边坡与平台或马道相接形态，总体仍保持原山体轮廓。山体主峰段被高程182～185m上坝公路及施工平台环绕，成为与左岸坛子岭隔江相望的椭圆形孤包；临江侧为凹向长江弧形边坡，坡高约100m，坡内设置多级马道，总体坡度高程120m平台以上约45°、以下至82m平台约60°；上游坡走向近平行大坝轴线，坡底高程100m，坡高约85m，坡内设有高程150m、160m、175m三级马道，整体坡度约58°；下游坡主要由高程182m、150m、120m三级宽缓平台组成，平台间为35°～60°不等人工边坡。

2.2.2　地层岩性

(1)基岩

地下电站区基岩主要为前震旦系闪云斜长花岗岩和闪长岩包裹体,其间侵入有细粒花岗岩脉和伟晶岩脉等酸性岩脉。白岩尖山体上游坡、山脊至下游坡,即自地下电站引水建筑物区、主厂房区至尾水建筑物区,依次大致为细粒闪云斜长花岗岩包裹体、细粒闪长岩包裹体与闪云斜长花岗岩混杂过渡带及闪云斜长花岗岩。主要岩石特征如下:

①闪云斜长花岗岩(γ_{NPt}):呈岩基产出,据人工地震测深资料可知,岩体厚约14km,其侵入生成年龄约8.32亿年。岩石呈灰白至浅灰色,以中粗粒结构为主,局部细粒结构(γ'_{NPt}),主要矿物为斜长石、石英,次要矿物为黑云母、角闪石、钾长石,具有花岗结构,块状构造。

②细粒闪长岩(δ_{xen}):呈包裹体产出,生成年龄约29.46亿年,被后期侵入闪云斜长花岗岩包裹。岩石呈灰至深灰色,细粒结构,偶见少许长石斑晶,主要矿物为斜长石、角闪石,次要矿物有黑云母、石英等。包裹体底板不规则,大体倾向西,与围岩一般呈熔融接触,接触带不明显和清晰者兼而有之。

③脉岩:岩基、包裹体及两者过渡带岩体中穿插分布细粒花岗岩脉(γ)及伟晶岩脉(ρ)、个别石英脉(q)。细粒花岗岩脉及伟晶岩脉以倾南、中缓倾角为优势产状,规模一般不大,厚度多小于1m,长20～30m,个别花岗岩脉(γ_5)厚度3～7m,延伸长达千余米。岩脉与围岩多呈突变紧密或混熔接触,少部分裂隙或断层接触。岩脉一般较围岩抗风化能力强,局部因裂隙发育,脉体较破碎。

④伟晶岩脉(ρ):呈肉红色、少量乳白色,伟晶结构,主要由微斜长石及石英组成,含微量斜长石及白云母。

⑤细粒花岗岩脉(γ):呈灰白或灰红色、肉红色,细粒、中细粒结构,主要矿物为微斜长石、斜长石及石英等。

⑥石英脉(q):呈乳白色,具玻璃光泽,多含黄铁矿,常侵入断层带内。

(2)第四系

地表平台内多分布第四系人工堆积物,地形底洼部位有少量坡积物。

①人工堆积层(rQ):分布较普遍,为场平时开挖的弃碴或场平回填堆积而成,由风化砂夹碎块石组成,局部碎块石集中分布。其结构松散,厚度一般为3～8m,在平台、路面多有0.1～0.3m厚混凝土分布。

②坡积层(dlQ):褐黄色砾质壤土夹少量碎块石,结构松散,沿原山坡脚及低缓沟谷等部位零星残留分布,厚度一般为1～3m。

2.2.3　断裂构造

工程区结晶岩体经历了多次构造变动,前震旦系晋宁运动作用强烈,奠定了本区构造基本格架,中生代燕山运动和新生代喜山运动对基底影响较弱,主要表现为对早期断裂的复合改造。

(1)断层

根据地表测绘、平洞勘探及钻孔揭露,地下电站区断层较发育,但大多为裂隙型,延伸长度一般小于100m,破碎带宽度一般小于0.3m。延伸长度大于300m、破碎带宽度大于1.0m的断层见2条,即F_{20}及F_{84};延伸长度大于100m、破碎带宽度为0.5m左右的断层见5条,为

F_{22}、F_{24}、f_{10}、f_{35}、f_1。断层以陡、中倾角为主，构造岩主要为碎裂岩、角砾岩及影响带，碎裂岩一般胶结较好，而角砾岩一般较松散，个别断层含泥或泥化物，如 f_{10}。

断层按走向可分为四组：NNW、NNE、NE、NEE～EW。各组断层特征见表 2.2-1，主要断层特征见表 2.2-2。

表 2.2-1 地下电站区断层分组特征表

分组	产状（倾向/倾角）	所占百分比（%）	规模	发育程度	性状特征	分布特征
NNW 组	250°～265°∠65°～80°	22.8	除 F_{20}、F_{22}、F_{24} 延伸长度大于 100m 外，其余均属裂隙性断层，延伸长度小于 100m，断层带宽度小于 30cm	为本区最发育的一组断层，平均间距 15m 左右，在发育密集段，间距仅 5～10m	具有压扭性特征，主要为碎裂××岩及碎裂岩。断层带宽度一般小于 30cm，少数断层局部（F_{20}）可达 3m。带内常见花岗岩脉及方解石细脉穿插，并多见钾化蚀变呈浅红至紫红色。断层面平直稍粗～平直光滑，构造岩胶结紧密，多呈半坚硬状，一般无软弱物质	在地表及两层平洞中普遍发育，规模较大的断层往往伴随较小规模的断层成组出现
NEE～近 EW 组	330°～10°∠60°～80°	17.5	常表现为雁行式排列，普遍较短小，除 F_{84} 延伸长度大于 100m 外，其余均属裂隙性断层，延伸长度小于 100m，断层带宽度小于 30cm	平均间距约 40m	断层面（带）起伏较大，沿断层面多见风化碎屑，少数具有软化现象，一般张开渗水到滴水，构造岩以角砾岩为主，少量为碎裂岩，胶结差，多呈半疏松状。断层带宽度变化较大，一般小于 30cm，但个别断层的局部（F_{84}）可达 2～5m	地表因风化覆盖，表现为不发育，平洞内相对发育，尤其是在下游边墙，在主厂房 98m 高程平切面 270m 长的洞段仅揭露 3 条
NE 组	300°～330°∠50°～80°	11.6	普遍较短小，除 f_{10} 延伸长度大于 100m 外，其余均属裂隙性断层，延伸长度小于 100m，断层带宽度小于 30cm	平均间距 30m 左右，在发育密集段，间距只有 10～20m	断面略起伏，具明显的张扭性特征，断层面上常见走向及倾向两组擦痕，构造岩以角砾岩为主，少量为碎裂岩，胶结中等～较差。破碎带宽度一般小于 30cm，其中常见方解石细脉及绿泥石、绿帘石膜，少数见泥化物	在平洞中发育相对均匀，在地表弧形边坡发育密集
NNE 组	285°～295°∠65°～80°	8.4	裂隙性断层，延伸长度小于 100m，断层带宽度多小于 30cm	平均间距 45～55m	断层面平直较光～起伏粗糙，以裂隙性为主，构造岩为角砾岩或碎裂岩，或胶结紧密，或胶结较差，性状差异较大	在地表相对发育

表 2.2-2　地下电站区主要断层特征表

编号	结构面产状（倾向∠倾角）	断层带（m）			延伸长度（m）	工程地质特征	平洞中的出水特征
		断层带	碎裂××岩	总宽			
F_{20}	245°∠70°	0.005～4.3	0～4.5	0.50～9.0	>300	面平直光滑，构造岩为碎裂岩及碎裂××岩，胶结良好	干燥
F_{22}	250°∠70°	0.05～0.20	0.1～0.5	0.1～0.7	>300	面平直稍粗，构造岩为碎裂岩、碎裂××岩，局部地段有方解石细脉穿插，胶结好	干燥
F_{84}	340°～10°∠60°～80°	0.02～2.0	0.0～3.0	0.5～5.0	>300	面波状粗糙，断层表现为两条断面控制的角砾岩至碎裂岩带，时宽时窄，断层带中可见空隙及方解石晶洞或晶簇，胶结差，风化加剧	沿断层多处滴水或流水
f_{10}	320°∠50°	0.1～0.3	0.2～2.8	0.5～3.0	>100	面平直光滑，构造岩主要为碎裂岩，主断面上见1～2cm的细角砾及岩屑，两侧见0.1～0.5cm的紫红色泥膜，胶结较差	渗水
f_{35}	247°∠72°	0.002～0.70	0.1～2.0	0.1～2.7	>100	面平直光滑，构造岩为碎裂岩胶结紧密	干燥
f_{22}	265°∠75°	0.02～0.03	—	0.02～0.03	>50	面平直光滑，构造岩胶结较好	浸水
f_{57}	345°∠60°	0.01～0.5	0.1～0.4	0.1～1.0	>70	面波状粗糙，破碎带部分为碎裂岩和方解石脉，局部为胶结较差的角砾岩及岩粉、岩屑，遇水软化呈豆渣状	滴水或流水
f_{41}	10°∠80°	0.001～0.5	0.2	0.1～0.7	>70	裂隙型断层，面平直稍粗，局部充填1～3cm厚细晶岩脉，两壁有钾化蚀变，局部张开滴水	潮湿或流水
f_{143}	340°∠62°	0.002～0.02	0.1～0.5	0.1～0.5	>30	面波状粗糙，破碎带部分为裂隙密集带，部分为半疏松状的中细角砾岩带	潮湿或流水

(2)裂隙

根据地下电站区勘探平洞及地表裂隙统计,裂隙以陡倾角(60°～90°)为主,约占 60.2%;次为中倾角(35°～60°),约占 22.7%;缓倾角(0°～35°)只占 17.1%。裂隙平均线密度为 1～2 条/m。裂隙分组及各组的性状特征见表 2.2-3。

表 2.2-3　地下电站区裂隙分组统计表

<table>
<tr><th colspan="3">走向分组</th><th>比例(%)</th><th>基本特征</th></tr>
<tr><td rowspan="8">陡倾角</td><td rowspan="2">NNW</td><td>250°～260°∠60°～80°</td><td rowspan="2">13.5</td><td rowspan="2">以平直稍粗面为主,结合紧密、干燥</td></tr>
<tr><td>60°～80°∠60°～80°</td></tr>
<tr><td rowspan="2">NEE～EW</td><td>330°～360°∠60°～80°</td><td rowspan="2">18.7</td><td rowspan="2">多呈张性,以波状粗糙为主,局部略张开滴水</td></tr>
<tr><td>150°～180°∠60°～80°</td></tr>
<tr><td rowspan="2">NNE</td><td>275°～310°∠60°～80°</td><td rowspan="2">9.3</td><td rowspan="2">以平直稍粗为主,结合紧密,干燥</td></tr>
<tr><td>90°～120°∠60°～80°</td></tr>
<tr><td rowspan="2">NE</td><td>310°～325°∠60°～80°</td><td rowspan="2">7.5</td><td rowspan="2">以波状粗糙为主,局部略张开滴水</td></tr>
<tr><td>130°～145°∠60°～80°</td></tr>
<tr><td rowspan="3">缓倾角</td><td rowspan="2">NNE</td><td>92°～121°∠20°～35°</td><td rowspan="2">5.8</td><td rowspan="2">平直光滑～平直稍粗,多有绿帘石充填,结合紧密</td></tr>
<tr><td>275°～300°∠20°～35°</td></tr>
<tr><td>NNW</td><td>60°～80°∠20°～35°</td><td>2.4</td><td>平直稍粗,多有绿帘石充填,结合紧密</td></tr>
</table>

裂隙长度多数小于 5m,占总数的 71.4%;长度为 5～10m 的占 23.9%;长度为 10～20m 的不到 5%。

缓倾角裂隙局部相对发育,主要发育产状 92°～121°∠25°～35°,密度为 1.5～3 条/m,主要分布在白岩尖山体下游斜坡地段。

2.2.4　岩体风化

工程区结晶岩体总体表现为均匀状风化。根据风化岩体特征自上而下将其划分为全(Ⅳ)、强(Ⅲ)、弱(Ⅱ)、微(Ⅰ)四个风化带,弱风化带可分为上部($Ⅱ_2$)和下部($Ⅱ_1$)两个亚带,全、强、弱三带合称为风化壳。

风化壳以下微新岩体中尚存在沿断层、裂隙密集带、裂隙和岩脉与围岩接触部位加剧风化现象。根据勘探平洞调查、钻孔统计资料,微新岩体中沿断层的风化加剧特征列于表 2.2-4。加剧风化断层优势方向主要为走向 NEE 至近 EW 组及 NNE 组,其中沿 NEE 至近 EW 组张性断裂最发育,风化规模较大,风化程度较深,多呈强风化至弱风化带上部特征。

地下电站区岩体风化壳厚度总体受地貌单元和构造影响。根据钻孔资料统计,各地貌单元风化壳厚度基本特征:风化壳平均厚度以白岩尖山包最大,为 41.4m;白岩尖上游坡平均厚度 27.6m;下游坡平均厚度 24.9m。风化壳中全风化带平均厚度 5.2m,强风化带平均厚度 7.1m,弱风化带平均厚度 17.2m;各风化带分布不均一,时有缺失。

表 2.2-4　地下电站微新岩体局部加剧风化特征统计表

<table>
<tr><th colspan="2">加剧风化类型</th><th rowspan="2">加剧风化断层方位
（平洞资料共见 18 条）</th><th rowspan="2">加剧风化深度
（钻孔资料 40 处）</th></tr>
<tr><th>类型</th><th>特　征</th></tr>
<tr><td>囊状风化</td><td>沿断层可见 0.2～1m 的风化囊，风化囊局部可达 5m，呈弱上至强风化特征，如 F_{84}、2965 孔孔深 70m 处</td><td rowspan="3">①断层走向：
走向 70°～100°共 7 条，占 45%；走向 0°～40°共 7 条，占 45%；走向 350° 共 2 条，占 10%。
②断层倾角：
高倾角 60°～87°共 17 条，占 95%；
缓倾角＜30°1 条，占 5%</td><td rowspan="3">高程 80m 以上占 64%；高程 80m 以下占 36%；最低发育高程 35.8m</td></tr>
<tr><td>夹层状风化</td><td>沿断层形成 0.1～0.2m 的风化物质，呈弱上至强风化特征，构造岩呈半疏松状至半坚硬状</td></tr>
<tr><td>裂隙状风化</td><td>沿裂隙或裂隙型断层加剧风化，厚度小于 0.1m，呈弱风化带上部特征</td></tr>
</table>

2.2.5　水文地质

1）地下水类型

地下水按含水介质可分为第四系覆盖层孔隙水、全（强）风化带孔隙（裂隙）水、弱风化带裂隙（孔隙）水及微新岩带裂隙水和断层脉状水；按埋藏条件主要为潜水类型，承压水少见，仅在 2941 孔有揭露。

2）水文地质结构

根据地下水类型和岩体渗透性差异及渗流场特征，将透水岩体分为四类水文地质结构，其特征见表 2.2-5。

表 2.2-5　水文地质结构特征表

基本特征	结构体代号			
	a	b	c	d
地质结构类型	散体状结构	裂隙网络状结构为主	裂隙网络状结构	脉状结构
主要分布介质类型	全（强）风化带孔隙（裂隙）介质	弱风化带裂隙（孔隙）介质	微、新岩体裂隙介质	透水断层及岩脉裂隙介质
渗透方向性	均质各向同性	非均质各向异性	非均质各向异性	均质各向异性
透水性大小	中等～严重	中等～较严重	微～极微	较严重～严重
富水性	差	好	差	中等
承压性	多数非饱和	潜水	潜水为主，局部微承压	局部承压
渗流特征	垂直入渗	主要沿斜坡方向运动，少数向深部运动	向排泄基准面做斜向运动	沿走向或倾向方向运动，为渗流主干网络

3）地下水补径排条件

（1）三峡工程蓄水前自然状态

自然条件下，地下水主要来源于大气降水，本区雨量集中且多为阵发性暴雨。由于地表及浅部的全、强风化带岩体的渗透系数较小，加之本区植被条件差，地形较陡，排泄通畅，因此绝大部分降雨转为地表径流，仅小部分降水直接渗入地下。

长江为地表水与地下水的排泄基准面，渗入的地下水一部分沿复杂的裂隙网络及透水性断层向深部入渗，集中形成脉状流而向长江方向运移，最终以潜水或局部承压水形式排入长江；一部分沿一些透水性较好的结构面（如花岗岩脉及断层）在沟谷底部以泉水形式出露。

三峡坝区右岸坝基开挖前地表调查资料显示，地下电站区共见21个泉水点，其中直接在基岩中出露16个，在坡积物中出露5个。泉水除部分来源于覆盖层外，主要来源于基岩中的孔隙——裂隙水，部分与断层岩脉有关，泉水水量与其出露高程有关，高程越高，水量越小，泉水点出露高程以110～180m较多。最高出水点高达222～232m，但水量极小，有时仅使地表湿润，其来源主要是包气带水。

根据3012#勘探平洞（高程98m）及3013#平洞（高程70m）出水点分布统计资料，本区导水断层主要为NEE～近EW走向的张性断层。另外，2941#孔揭露的承压水亦是源于产状为340°∠70°的断层。

（2）三峡水库蓄水运行状态

三峡水库蓄水运行后，地下电站区地下水主要受三峡库水的补给，大气降水退居次要地位，库水主要通过裂隙网络、近EW向导水断层以及施工爆破松动卸荷裂隙带向地下电站区运移补给地下水。

地下厂房建成后，葛洲坝水库亦补给地下厂房区地下水。

工程竣工后，地下水除一部分通过裂隙网络向深部运移排入长江外，主要通过地下排水系统向外疏排。

4）地下水位埋藏特征

本区汇水面积不大，分水岭地段地形较陡，地下水位埋藏较深，地下水位一般位于弱风化带顶板至底板之间，部分位于强风化带中，埋深7～35m，地下水位在山脊部位较高，向两侧逐渐降低，其趋势与地形近乎一致，地下水坡降近山脊处最大，往坡下逐渐变缓，一般为0.30～0.45，地下水坡降略小于地形坡度。

地下水最高水位出现在每年暴雨季节的末期，即8月下旬至9月上旬，白岩尖山顶2955#孔的最高观测水位178m；最低水位出现在每年4月至5月，高程120m平台2989#孔最低观测水位出现在4月中旬，为114m，水位变幅4～8m；钻孔地下水位对降水的反应在山脊部分滞后10～20天，而沟谷部位的地下水位对降水反应较快，基本同步或略有滞后。

地下电站隧洞建筑物基本位于地下水位以下数米至数十米。

5）岩体透水性特征

风化壳岩体透水性主要与风化程度及埋藏深度有关，微新岩体透水性则主要受断层与裂隙性状特征、发育密集程度以及连通状况影响。

（1）全、强风化带岩体

根据坝区资料，全风化带岩体渗透系数一般为0.1～2.6m/d，最大达6m/d，透水性相对较均一；强风化带岩体渗透系数一般为0.1～4.0m/d，最大达11m/d，透水性不均一。

（2）弱风化带岩体

渗透性不均一，岩体风化程度不同，其透水性有较大的差异性。弱风化带上部岩体透水性较强，且不均一，据钻孔压水试验资料可知，透水率值一般为 2～30Lu，最大可达 91Lu；弱风化带下部岩体透水性相对较弱，透水率值一般为 1～10Lu，最大可达 70Lu，并随深度增加而减弱。

(3)微风化带及新鲜岩体

透水性一般较弱，根据钻孔资料统计，透水率值一般小于 5Lu，局部可达 20Lu，以极微透水岩体为主，且有随深度增加透水性减弱的趋势。根据平洞揭露，微新岩体仅沿少数 NE～NEE 向裂隙有滴水现象。局部地段的透水性较强，主要与断层有关。

根据钻孔压水试验资料统计，弱～微新岩体透水性统计于表 2.2-6。

表 2.2-6　地下电站区钻孔透水率统计表

风化分带	钻孔透水率值(Lu)各区间内段数及所占百分比(%)							
	≤1		1～5		5～10		≥10	
	段数	所占百分比	段数	所占百分比	段数	所占百分比	段数	所占百分比
弱上	4	10.6	21	52.5	5	12.5	10	25.0
弱下	58	33.1	92	52.6	7	4.0	18	10.3
微	332	67.2	133	26.7	22	4.5	6	1.2
新	601	76.4	160	20.3	15	1.9	11	1.4

(4)断层透水性

断层属脉状透水结构体，其透水性与断层的力学特性、规模及构造岩性状有关。NNW、NNE 向断层主要呈压扭性，构造岩胶结较好，岩体透水性较弱；NE～NEE 向和 NWW 向断层张性特征较明显，其透水性较强。从勘探平洞揭露情况来看，NNW 向断层基本上不透水，只有少数断层可见湿润现象；而部分 NE 向、大部分 NEE 向和 NWW 向断层有滴水至流水现象，流量大者一般为 0.5～2L/min 不等。

6)水的物理、化学性质

地下水一般无色、无味、透明，水化学类型主要为重碳酸钙、重碳酸钙·镁型，pH 值 6.3～7.5。地下水质对混凝土一般不具腐蚀性，地表部分泉水如 W_9、W_{14} 侵蚀性 CO_2 含量为 17.8～16.8mg/L，对混凝土具碳酸型弱腐蚀性。

溪沟水化学特征与地下水的没有明显差别，主要是 pH 值略高，为 7.3～8.4，呈弱碱或碱性，无侵蚀性 CO_2 或含量较低。

2.2.6　地应力

地下电站区先后在 2446# 孔采用水压致裂法进行了地应力测试，在 3012# 平洞中 1、2 号支洞和 3、4 号支洞采用套孔应力解除法进行三维地应力测量，测试结果分别见表 2.2-7、表 2.2-8。

2446# 孔测孔范围岩体最大水平主应力(σ_H)5.6～12.25MPa，最大水平主压应力方向高程 120m 及以上为 NE～NEE 向，以下则为 NW 向。

3012# 平洞地应力测试结果：1、2 号支洞最大水平主应力 9～10MPa，各孔平均方向 292°～302°；3、4 号支洞最大水平主应力 7.2～10MPa，各孔平均方向 295°～314°。

表 2.2-7　地下电站区 2446# 孔地应力测试成果表

编号	孔深 (m)	高程 (m)	最大水平主应力 (MPa)	最小水平主应力 (MPa)	垂直应力 (MPa)	方位角 (°)
1	38.60	180.60	3.55	3.33	1.04	—
2	50.60	168.61	5.60	5.00	1.37	—
3	67.31	151.90	7.15	5.75	1.82	49
4	71.60	147.61	7.31	5.17	1.93	—
5	89.60	129.61	8.10	5.85	2.42	—
6	96.77	122.44	8.50	6.00	2.61	20
7	115.91	103.30	10.95	6.50	3.11	—
8	134.60	84.61	11.23	8.00	3.63	−45
9	146.60	72.61	12.25	9.05	3.96	—
10	182.60	36.61	11.81	7.17	4.93	—
11	203.60	16.61	12.10	7.00	5.49	—

表 2.2-8　地下电站区 3012# 平洞地应力测试成果表

位置	孔号	测点	高程 (m)	最大水平主应力 (MPa)	最小水平主应力 (MPa)	最大水平主应力方向 (°)
2 号支洞	D2	2-1	98.3	9.52	4.22	279.1
		2-2		9.92	3.80	293.2
		2-3		9.68	4.24	291.0
	D3	3-1		8.12	3.16	300.5
		3-2		7.07	3.16	290.2
		3-3		9.79	3.98	299.7
1 号支洞	D4	4-1		10.59	5.52	302.2
		4-2		8.27	3.49	301.1
		4-3		9.11	3.91	302.0
		4-4		9.50	4.07	301.6
3 号支洞	D5	5-1	99.2	9.70	5.00	297
		5-2		8.90	4.60	293
		5-3		10.80	5.30	295
	D6	6-1		9.90	4.90	295

续表 2.2-8

位置	孔号	测点	高程(m)	最大水平主应力(MPa)	最小水平主应力(MPa)	最大水平主应力方向(°)
4号支洞	D7	7-1	99.5	8.20	5.00	311
		7-2		7.80	4.40	306
	D8	7-3		7.90	4.30	325
		8-1		7.00	3.70	305
		8-2		7.30	4.40	300

综合钻孔、平洞地应力测试成果分析：地下电站厂房区最大主应力方向为NW向，倾角近于水平，厂房顶拱区最大水平主应力方向平均值302°，最大与最小水平主应力差值3～5MPa；拱座至机窝段高程最大水平主应力11.2～12.25MPa，最小水平主应力7～9.05MPa。

2.2.7 岩体结构

工程区结晶岩体在微新状态下其力学性质无明显差别，但被不同级别、不同性质和产状结构面切割后，形成了不同的岩体结构类型，导致岩体工程地质特性的差异，是边坡与洞室工程地质分析评价的基本依据。

(1)结构面分级

根据地下电站区结构面发育规模，主要为Ⅲ、Ⅳ、Ⅴ三级结构面。

Ⅲ级结构面为规模较大的断层，延伸长度100～500m，破碎带宽度多大于0.3m，典型如F_{84}、f_{10}、F_{20}、F_{22}、F_{24}、f_{35}，具有构成主厂房与边坡内大型块体的控制边界条件。

Ⅳ级结构面为裂隙性断层，延伸长度30～100m，或为长大裂隙及裂隙密集带，长度10～30m。

Ⅴ级结构面为短小裂隙，长度小于10m，主要破坏岩体完整性，影响岩体力学性质和应力状态。

(2)结构面工程性状分类

按结构面特征分为硬性结构面和软弱结构面。

①硬性结构面：结构面中不含软弱或散碎物质，两侧为坚硬岩石直接接触。按结构面形态和粗糙程度可分为平直光滑面、平直稍粗面、起伏粗糙面和起伏极粗糙面四种类型。平直光滑面有时成镜面，常为长大结构面的局部或一部分，此类结构面分布甚少，地下电站区岩体结构面多属平直稍粗面或起伏粗糙面，极粗糙面较少，多见于短小无充填裂隙。

②软弱结构面：结构面中夹有软弱或散碎物质，按物质性状分为三类，即破碎结构面、夹软弱构造岩软弱面和泥化面。其中泥化面性状最差、强度最低，在微新岩体中数量极少，主要为断层f_{10}、F_{84}局部泥化面。

(3)岩体结构类型

根据《水利水电工程地质勘察规范》(GB 50487—2008)岩体结构分类标准，结合工程区地质条件，地下电站区岩体结构类型划分为6类，即整体结构、块状结构、次块状结构、镶嵌结构、碎裂结构及散体结构，各结构类型岩体工程地质特征见表2.2-9。微新岩体以块状、次块状结构为主，镶嵌结构岩体主要分布在断层影响带内，碎裂结构及散体结构分别主要分布于张性断层破碎带和全、强风化带。

表 2.2-9　地下电站岩体结构分类及特征表

结构类型		分类依据								基本特征	水动力特征
		结构面			块度及形式	RQD（%）	完整性系数 K_v	纵波速度 v_p（km/s）	ω 值（L/min·m）		
序号	名称	密度（条/m）	组数	性状							
1	整体结构	<1	1～2	硬性结构面，偶有短小破碎结构	块径大于1m长方块体为主	95～100	>0.85	4.8～5.85	<0.01试段占80%	远离较大断层，结构面不发育。为极完整岩体，裂隙短小、连通性差，岩块间以岩桥连接	裂隙多不连通，仅少数传递水压力
2	块状结构	1～2	2～3	平直稍粗的硬性结构面为主	块径0.5～1m长方体、菱形体为主	80～95	0.80	4.8～5.8	<0.01试段占65%	无较大断层的结构面疏区，分布范围最广	大多数裂隙连通，形成裂隙水网络，具各向异性
3	次块状结构	2～3	3	硬性结构面为主，少量破碎结构面	块径0.3～0.5m长方体、菱形体为主	65～95	0.75	4.3～5.5	<0.01试段占60%	较大断层旁侧，裂隙较密集	裂隙水网络，各向异性不明显，渗透性较强
4	镶嵌结构	3～4	3～4	硬性结构面及破碎结构面	块径0.1～0.3m菱形体、楔形体	50～65	0.69	2.6～3.5	<0.01试段占30%～40%	见于裂隙较密集部位或断层影响带。岩块间呈镶嵌咬合状	形成较密集的裂隙水网络，各向异性不明显，渗透性较强
5	碎裂结构	>4		软弱结构面较多	块径小于0.1 m不规则碎块为主	0～50	0.28～0.50	<3.0	$k=0.1\sim0.4$m/d	为胶结较差、微裂隙发育的软弱岩体。如碎裂岩、碎斑岩、碎粉岩及疏松-半疏松碎屑夹层较多的弱风化上亚带	岩体透水性较强，在深部时常为脉状含水体
6	散体结构	大部分被风化蚀变，残留有少量结构面		松散岩体为主，可见少量软弱结构面	疏松、半疏松状碎屑（砂砾状）夹硬质块（球）体	0～10	0	0.5～3.0	透水性强	全、强风化带岩体，NWW、NEE向断层部分构造岩	以孔隙为主的少量裂隙介质，总体可视为各向同性介质

2.3 岩体(石)物理力学性质试验研究及建议值

2.3.1 岩石室内与现场基本力学性质试验

为研究地下电站区岩石力学性质,充分利用勘探平洞(3012# 平洞、3013# 平洞)开展了大量的现场岩体及结构面力学性质试验[6]。

1)室内岩石物理力学性质试验

岩石物理力学性质试验研究内容主要包括:对所涉及的细粒闪长岩、细粒闪云斜长花岗岩、混合岩、构造岩、岩脉等进行了颗粒密度、干湿块体密度、吸水率、孔隙率等物理性质试验和干湿抗压强度、抗拉强度、变形特性、三轴抗剪强度等力学性质的试验研究工作,共进行物理力学性质试验 183 组,岩石三轴剪切试验 11 组,结构面中型剪切试验 33 组。

试验成果表明,地下电站区细粒闪长岩、细粒闪云斜长花岗岩及混合岩微新岩石的湿抗压强度平均值范围在 119～165MPa,变形模量平均值范围 64.1～70.9GPa,软化系数 0.9～0.92,湿块体密度平均值范围 2.73～2.90g/cm^3。细粒闪长岩抗拉强度平均值 8.59 MPa。

2)现场岩体变形特性试验

现场岩体变形特性试验 25 点。对坚硬完整岩体,采用四枕柔性承压板法或双枕柔性承压板法,承压面积分别为 0.6m^2 和 0.3m^2;对完整性较差的岩体采用刚性承压板法,承压面积为 0.2m^2。试验最高应力一般为 6MPa,采用逐级一次循环加压方式,同时对每个变形试点进行岩体声波测试。

将试验结果按岩体结构类型分组整理,地下厂房围岩具有以下变形特征:①整体块状结构岩体,试验范围内裂隙少于 8 条,岩体变形模量 40.5～68.0GPa,弹性模量 51.9～84.14GPa ;②次块状结构岩体,试验范围内裂隙 8～12 条,岩体变形模量 22.11～36.74GPa,弹性模量 34.63～79.75GPa;③镶嵌结构岩体、断层带及花岗岩脉,试验范围内裂隙多于 12 条,岩体变形模量 10.11～19.49GPa,弹性模量 20.09～39.37GPa。

3)岩体与结构面抗剪强度试验

(1)岩体抗剪强度

现场岩体抗剪试验共 3 组,分别为具有块状结构特征的混合岩(τ_{12-1})、细粒闪长岩(τ_{12-2}),以及具有镶嵌结构特征的断层构造岩(τ_{12-6})。

岩体抗剪试验成果表明,岩体抗剪强度主要受岩体坚硬程度及裂隙发育程度影响,剪切面上存在的裂隙或微裂隙对岩体抗剪强度影响较大。对于地下电站区域细粒闪长岩、细粒闪云斜长花岗岩及其混合岩等坚硬完整块状结构岩体,岩体抗剪强度参数 $f=2.26\sim2.50$、$C=4.6\sim5.2$MPa,略高于左岸船闸区闪云斜长花岗岩抗剪强度参数。对断层 f_{114}、f_{115} 中以镶嵌结构为主的断层构造岩,岩体性状相对较差,剪切破坏面部分为裂隙,岩体抗剪强度参数较低,$f=1.13$,$C=1.44$MPa。

(2)结构面抗剪

对地下厂房下游边墙控制性断层 f_{99}、f_{10}、f_{84}、f_{57} 及 NE 向长大节理,共进行了 6 组现场结构面抗剪试验,试件尺寸 50cm×50cm。对部分断层(f_{10}、f_{84} 和 f_{152} 断层面)进行 5 组中剪试验,抗剪试件尺寸 13cm×13cm～20cm×20cm。

试验成果表明，结构面抗剪强度主要受充填物性状、厚度、结构面粗糙度及起伏差等因素影响。根据试验点部位结构面性状的差异，按软弱结构面和硬性结构面分类整理，结果列于表 2.3-1（括号内为综合整理参数）。

表 2.3-1　结构面抗剪强度试验综合成果

结构面类型		剪切强度试验值		代表性结构面
		f	C(MPa)	
软弱结构面	泥质充填	0.24～0.28(0.26)	0.05～0.07(0.06)	f_{10}
	泥软化物充填	0.43～0.49(0.46)	0.08～0.19(0.18)	f_{84}
	不连续软化物充填	0.53～0.55(0.53)	0.10～0.20(0.19)	f_{57}、f_{152}
硬性结构面	平直稍粗面	0.70～0.88(0.77)	0.26～0.65(0.42)	f_{99}、f_{100}
	粗糙裂隙面	0.71～1.03(0.88)	0.47～0.90(0.72)	
	极粗裂隙面	0.83～1.63(1.17)	0.50～1.24(0.97)	

2.3.2　复杂应力条件下岩石力学特性的试验研究[6]

1)岩石全过程力学特性试验研究

为研究地下厂房区域岩石本构模型，利用 RMT 和 MTS 伺服试验机及 RYJ-15 剪切仪等设备对代表性岩石进行了单轴压缩、三轴压缩以及岩石与结构面剪切应力-应变全过程曲线的测试，以研究各类岩石及结构面峰值前和峰值后的应力-应变特征。

(1)岩石单轴抗压全过程试验

试验在 RMT 伺服机上进行，岩石类别为闪云斜长花岗岩，圆柱形试样，直径 $\phi=5$cm，高 $H=10$cm，共 2 组，弱风化与微新岩石各一组，每组 5 个试样。弱风化与微新岩石的全过程曲线分别如图 2.3-1 和图 2.3-2 所示。这些曲线初始阶段因压密稍显上凹，屈服区间短暂，特别是微新岩石几乎无屈服过程，即峰值前区曲线接近直线。弱风化岩石峰值后陡峻跌落至稳定残余值，后继有缓慢衰减，微新岩石则一落到底没有残余。弱风化岩石峰值 65～100MPa，残余值约为峰值的 15%。微新岩石峰值 109～140 MPa。

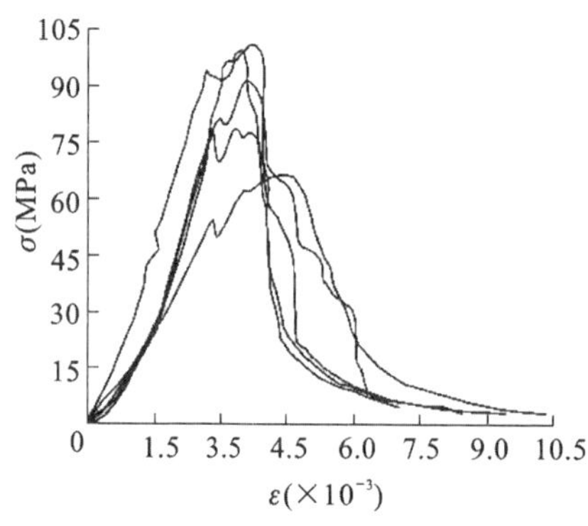

图 2.3-1　弱风化岩石单轴压缩全过程曲线

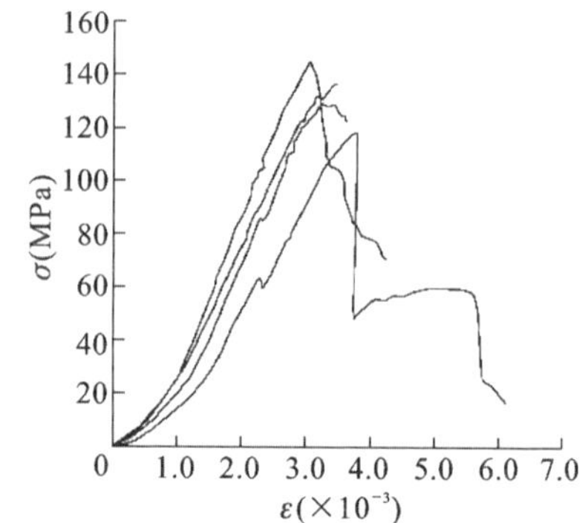

图 2.3-2　微新岩石单轴压缩全过程曲线

(2)岩石三轴抗压全过程试验

试验在 MTS 伺服试验机和 RMT 伺服试验机上进行，采用圆柱形试样，直径 $\phi=5$cm，高 $H=10$cm。岩石三轴抗压试验轴向应力-应变全过程曲线分别如图 2.3-3 和图 2.3-4 所示。

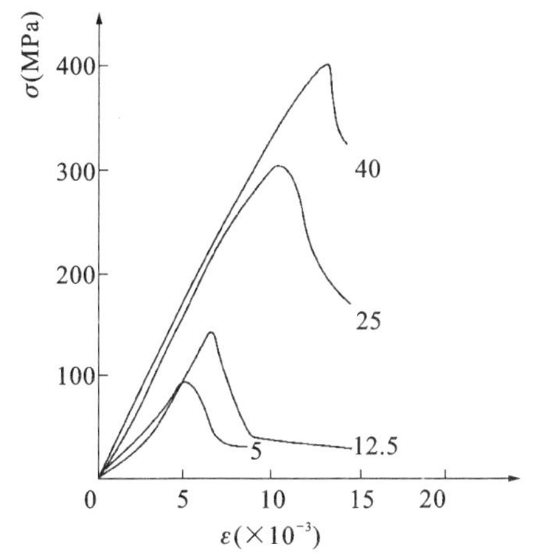

图 2.3-3　弱风化岩石三轴压缩全过程曲线

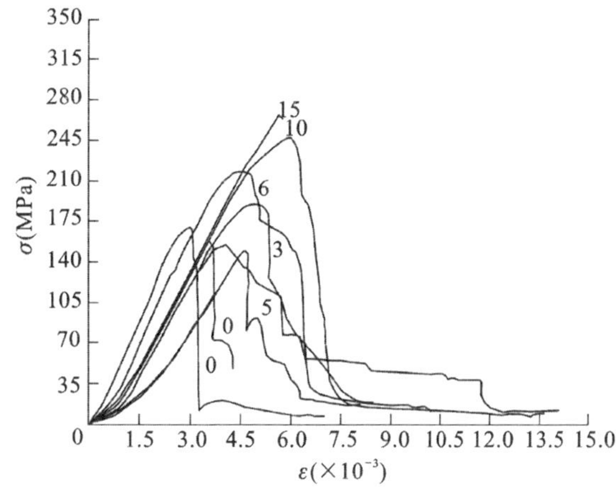

图 2.3-4　微新岩石三轴压缩全过程曲线

从三轴试验的轴向应力与应变全过程曲线可看出，曲线斜率、峰值除有一般随围压增高而相应增高的规律外，峰值前后区的性状与上述弱风化岩单轴抗压的全过程曲线相同。

弱风化岩石的残余强度为峰值强度的 25%～65%，高于单轴抗压强度的比值，并随围压增高而增高。当围压为 15MPa 时，全过程曲线仍近乎理想弹脆塑性。微新岩石的残余强度与峰值强度之比在 10%左右。弱风化岩石残余强度百分率比微新岩石的高。

由岩石单轴及三轴试验得到的闪云斜长花岗岩的应力-应变(位移)全过程曲线表明，岩石力学性质可用弹脆塑性力学模型来描述。

(3)岩石剪切与结构面剪切全过程试验

岩石剪切试验在 RMT4 伺服机上进行，剪切面积 30cm×20cm。图 2.3-5 为不同风化岩石剪切应力-位移全过程曲线。不同风化程度的岩石剪切应力与剪位移全过程曲线表明，它们的共同点是峰值前区曲线基本为线性，峰值后区曲线呈不大的负斜率线性下降，最后跌落至稳定残余值；不同点是强风化与弱风化岩石有狭窄的屈服区，微新岩石则尖锐转折，在残余值后弱风化岩石有爬升现象。由 8 组试验结果得到残余强度参数(f',C')与峰值强度参数(f,C)之比为：$f'/f=0.45\sim0.60$；$C'/C=0.20\sim0.42$。

结构面剪切试验在长江科学院岩基所研制的 RYJ-15 软岩剪切仪上进行。结构面分为软弱与硬性两类。硬性结构面又分为光滑、平直稍粗、粗糙及方解石充填。软弱结构面的剪切应力-剪位移全过程曲线如图 2.3-6 所示，硬性光滑、稍粗、粗糙及方解石充填的全过程曲线如图 2.3-7所示。

由典型的剪应力与剪位移全过程曲线可知，软弱面与硬性光滑、稍粗面在峰值临近有不宽的屈服段，之后稍有下降或爬升，近似为理想弹塑性。粗糙面与方解石或石英充填面的峰值前区曲线有良好的线性关系，经峰值后陡降至一较平稳段，可宏观地处理为理想弹脆塑性。各类结构面的抗剪强度残余值与峰值平均值的比值如下：$f'/f=0.60\sim0.85$；$C'/C=0.20\sim0.60$。

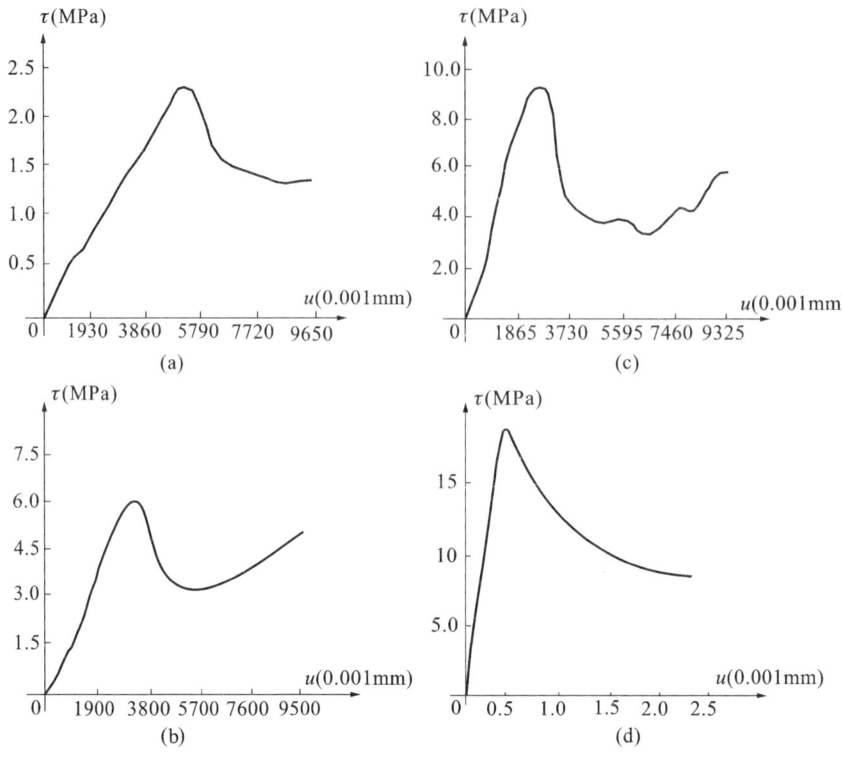

图 2.3-5 不同风化岩石剪切应力-剪位移过程曲线

(a)强风化;(b)弱风化上部;(c)弱风化下部;(d)微新岩体

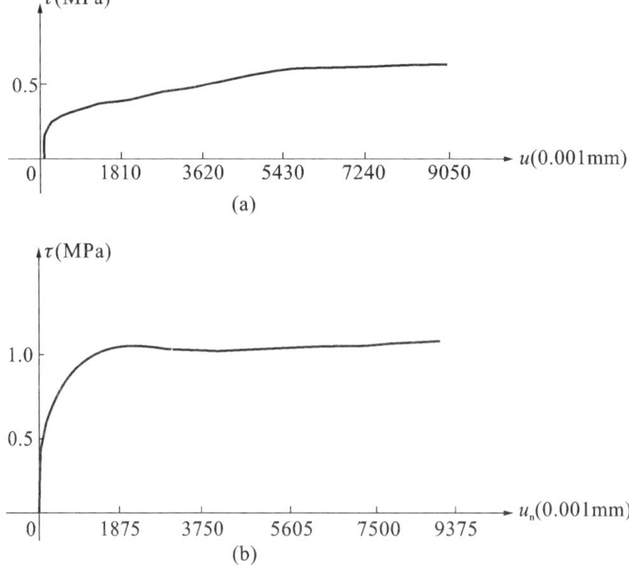

图 2.3-6 软弱结构面剪切应力-剪位移全过程曲线

(a)软化物厚于起伏差;(b)软化物薄于起伏差

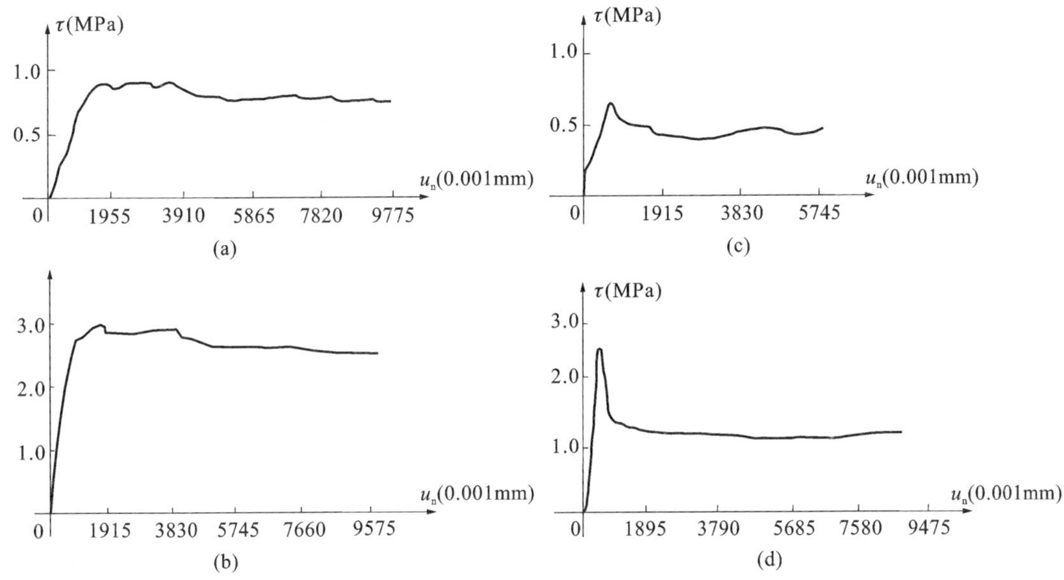

图 2.3-7 硬性结构面的剪切应力-剪位移全过程曲线

(a)光滑面;(b)平直稍粗面;(c)粗糙面;(d)方解石充填结构面

若除去胶结良好、充填方解石厚 2～5 mm 的结构面,则残余值与峰值之比为 $f'/f==0.80$;$C'/C=0.42\sim0.60$。显然残余值与峰值之比高于岩石本身剪切的残峰比。

2)拉伸与拉剪状态下岩石力学性质试验

(1)拉应力状态下的力学性质试验

在刚性伺服机上进行微新闪云斜长花岗岩抗拉试验。表 2.3-2 比较了岩石在单轴拉应力和单轴压应力条件下力学性质的差别。对于各类风化带岩体,抗拉强度约为抗压强度的 1/20,而抗拉变形模量与抗压变形模量的比值,对于不同风化带基本相同,微新岩体约为 0.71,弱风化下部岩体约为 0.73,弱风化上部岩体约为 0.74。

表 2.3-2 岩石在拉伸和压缩条件下力学性质的比较

风化带	单轴压缩			单轴拉伸		
	R_c(MPa)	E_c(GPa)	ε_c($\times10^{-4}$)	R_t(MPa)	E_t(GPa)	ε_t($\times10^{-4}$)
微新	114.0	77.3	15～30	5.82	55.1	6～10(劈裂法)
弱风化下部	113.1	72.8		5.90	53.3	
弱风化上部	110.0	67.8		4.90	50.7	

注:R_c、R_t 分别为单轴抗压强度和单轴抗拉强度;E_c、E_t 分别为单轴抗压和单轴抗拉时的变形模量;ε_c、ε_t 分别为单轴抗压和单轴抗拉岩样发生破坏(峰值强度)时的最大应变量。

岩石处于压缩和拉伸应力状态时其应力-应变全过程曲线有明显的不同。图 2.3-8 和图 2.3-9 分别为花岗岩单轴拉伸和单轴压缩应力-应变全过程曲线。岩石处于拉伸状态,在到达峰值强度前应力与应变呈现良好的直线关系,当过峰值以后抗拉强度迅速降至零。从起始加载至峰值强度,其总应变量仅为 $6\times10^{-4}\sim10\times10^{-4}$。岩石处于压缩状态时,在到达峰值强度以前,应力与应变关系一般都要经历弹性阶段(有时该阶段以前还有一个微裂隙压密的过程)、屈服阶段和破坏阶段，整个曲线是非线性的；当过峰值强度以后，强度下降相对缓慢。从起始加载至峰值强度，其总应变量为 $15\times10^{-4}\sim30\times10^{-4}$，远大于拉伸状态时的应变量。由此可见，岩石处于拉伸应力状态时，更能体现脆性材料的性质。

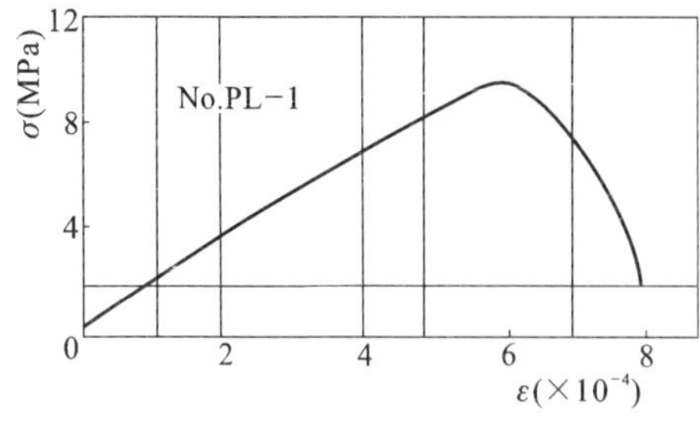

图 2.3-8 岩石单轴拉伸 σ-ε 全过程曲线

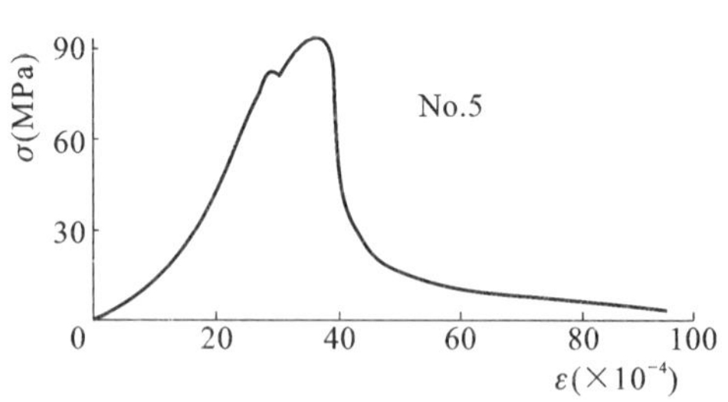

图 2.3-9 岩石单轴压缩 σ-ε 全过程曲线

(2)拉/压剪应力状态下的力学性质试验

对剪切面上的正应力处于压应力时的岩石力学性质已研究得比较深入，但对正应力为拉应力的岩石力学性质研究则不多见。在经过改进后具有拉剪试验功能的 RYJ-15 型剪切仪上，对闪云斜长花岗岩弱风化上部总计 13 块岩样进行了拉剪应力状态下的强度试验，为便于比较并获得完整的强度包络线，还进行了同类岩石在压剪应力状态下总计 10 块岩样的强度试验，全部试验结果点绘于图 2.3-10。

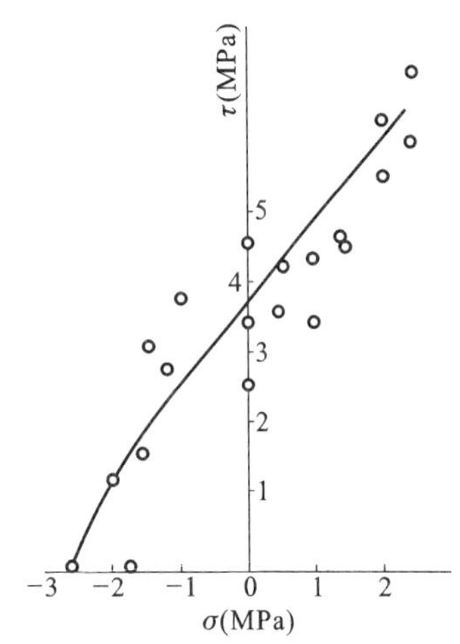

图 2.3-10 闪云斜长花岗岩完整强度包络线

观察破坏面的形态，拉剪应力状态下的破坏面大多比较平整，表明拉应力对拉剪应力状态时的破坏面起着很大的控制作用。试验还表明，岩石在压剪应力状态下到达峰值强度的剪切位移为 3～5mm，而在拉剪应力状态下，到达峰值强度的位移就小得多，仅为 0.3～0.8mm。与岩石处于单轴应力状态的情况相似，拉剪应力状态较压剪应力状态时更能体现岩石的脆性材料性质。

根据试验结果，双曲线形包络线能较好地符合岩石在压剪和拉剪应力状态下的力学性质，其一般表达式为

$$\left(\frac{\sigma+R_t+a}{a}\right)^2-\left(\frac{\tau}{b}\right)^2=1 \qquad (2.3\text{-}1)$$

式中：σ 为正应力；τ 为剪应力；R_t 为单轴抗拉强度；a、b 为决定双曲线渐近线的系数。

根据对弱风化上部岩石的试验结果，曲线的特征常数为 $R_t=2.570\text{MPa}$，$a=0.925\text{MPa}$，$b=1.090\text{MPa}$。由曲线特征表明，在低拉应力时的拉剪应力状态下，τ-σ 关系呈近似直线关系；当拉应力较大时（$\sigma<-1\text{MPa}$），τ-σ 关系逐渐偏离直线。

3)岩石流变特性试验与流变模型研究

(1)岩石的压缩流变试验

①试验方法

试验所用试样为闪云斜长花岗岩，属于坚硬的脆性岩石。风化程度分为弱风化和微新两种，试件尺寸为 $\phi25\text{mm}\times50\text{mm}$。

该试验在长江科学院岩基研究所研制的岩石流变仪上完成。该试验仪采用了气-液加载，避免了停电的影响；另外，采用了贮能器进行稳压，当变形增加引起压力降低时，贮能器可起到自动调节补压作用，效果较好。为长时间真实记录流变变形，还配备了智能型数据采集系统。

试验中采用分级加载方式，采用千分表观测变形随时间的变化，每一级荷载持续时间视变形速率而定，一般变形速率小于 0.5×10^{-3}mm/d，即应变率小于 0.01×10^{-3}/d 时就施加下一级荷载。

②试验结果

流变试验和瞬时抗压强度试验统计结果列于表 2.3-3 中，表中应变随时间变化的 ε-t 曲线见图 2.3-11 和图 2.3-12。为了便于进行模型识别和计算流变参数，还做了卸载试验，由于都是在较低应力水平下的卸载，弹性应变瞬时即可恢复，随着时间增加，最终应变都存在趋于零的趋势。

表 2.3-3　岩石单轴压缩流变试验成果

岩石名称	风化程度	$\bar{\sigma}_1$(MPa)	$\bar{\sigma}_c$(MPa)	$\bar{\sigma}_{th}$(MPa)	$\bar{\sigma}_c/\bar{\sigma}_1$	$\bar{\sigma}_{th}/\bar{\sigma}_c$
闪云斜长花岗岩	弱风化	63.3(6)	51.90(10)	43.56	0.82	0.84
	微风化	72.5(3)	65.71(11)	60.87	0.906	0.926

注：表中 $\bar{\sigma}_1$、$\bar{\sigma}_c$、$\bar{\sigma}_{th}$ 分别为瞬时抗压强度、流变强度和应力门槛值的均值，括弧内数值为试样数量。

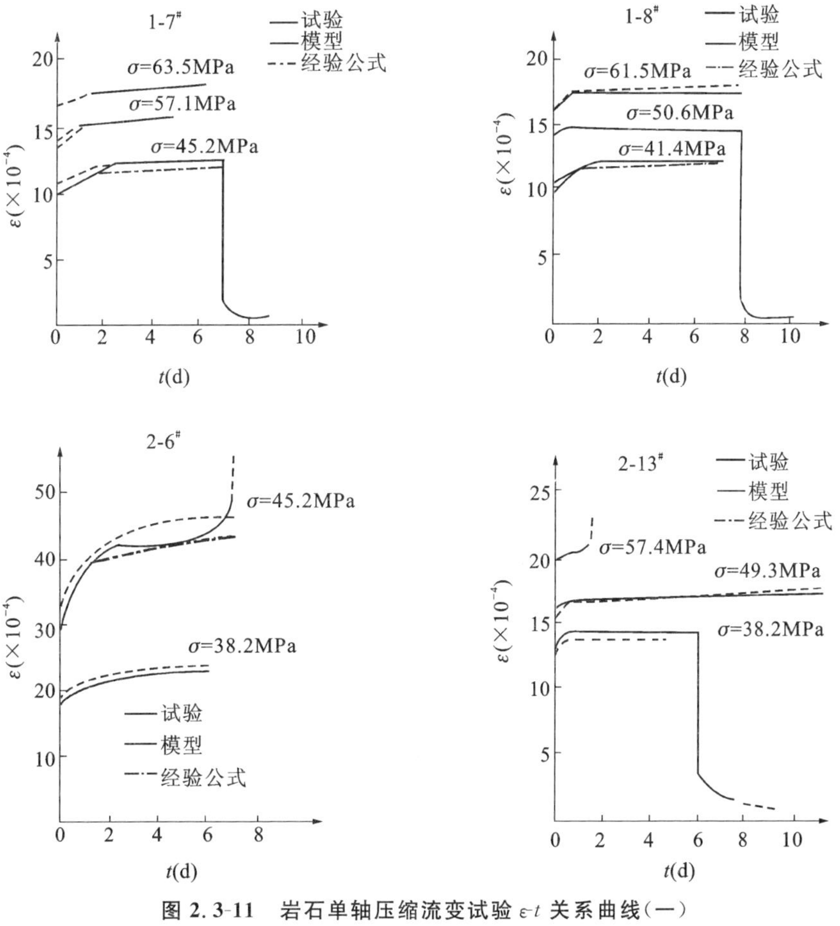

图 2.3-11　岩石单轴压缩流变试验 ε-t 关系曲线(一)

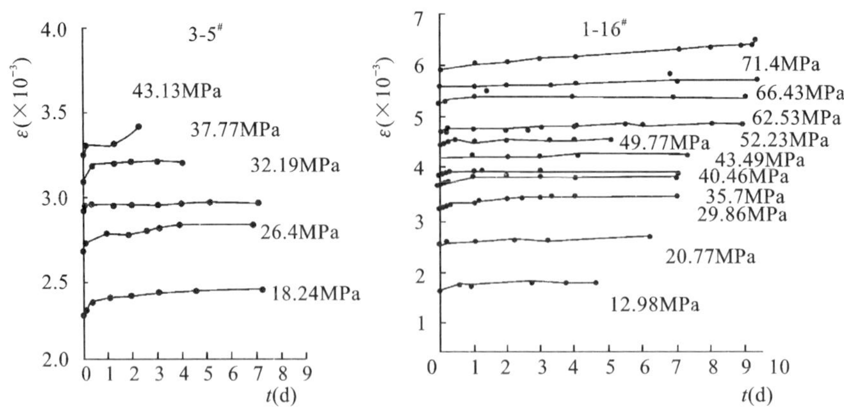

图 2.3-12 岩石单轴压缩流变试验 ε-t 关系曲线(二)

岩石试样一般都产生了第二阶段流变,有几个试样还观测到了最后一级荷载下的流变全过程,如 1-16#、2-6# 试样。1-16# 试样分 11 级加载,试验共持续了 112d,该试样在最后一级荷载下的等速流变阶段肉眼可见纵向裂纹及其缓慢扩展过程,裂纹的产生加剧了岩石内的应力集中,从而加速岩石的破坏。2-6# 试样在经过了 6d 的Ⅰ、Ⅱ阶段流变后,进入加速流变,这一阶段也持续了 1d 左右。有的试样在第一级荷载下,初期流变变形较大的主要原因是岩石内原生裂隙压密所致。

从试验结果发现,流变强度 σ_c 一般低于瞬时抗压强度 σ_1。σ_c 与 σ_1 的比值与风化程度有关,对弱风化岩石,比值约为 0.82,微风化岩石比值约为 0.906。可见弱风化岩石强度的时间效应比微风化岩石的显著。

③流变门槛值

在地下厂房岩体开挖与支护过程中,按所处的空间位置和时间间隔,岩石材料各部位所受到的应力水平和加载速率都是不同的,而这些因素都直接影响到材料的流变规律。试验表明,当施加的应力水平相对岩石材料强度较低的情况下,其流变速率表现为持续衰减,只有在应力水平达到或超过某一限值时,应变速率才维持在某一常值或持续增大,并很快导致岩石材料的破坏。我们把该应力水平称为应力门槛值,记为 σ_{th}。为了比较准确地得到流变门槛值,采用了较大的第一级载荷和细分加载载荷相结合的方法,并辅以每一级载荷持续较长时间。

闪云斜长花岗岩在较低应力水平下流变应变相对较小,经过短时间的初期流变后,流变即趋于稳定。当应力水平较高时,除瞬时弹性应变和较明显的第一阶段流变外,还产生了一定的第二阶段流变。也就是说,应变随时间有缓慢增加的趋势,尽管增加的趋势不太明显。经对几个试件的 ε-t 曲线分析后,找出了对应的 σ_{th},σ_{th} 与流变强度 σ_c 的比值也与岩性有关,弱风化岩石的平均比值约为 0.84,微风化岩石的平均比值约为 0.926。

(2)室内岩体结构面剪切蠕变试验

①试件制备与试验方法

试样取自三峡坝址 8# 勘探平洞内(与现场结构面蠕变试验在同一部位),一组共 5 块试件,结构面性状基本相同,为无充填平直稍粗的硬性结构面。采用手工方法直接从原位母岩中分离出来,由于在凿制过程中采用了特制的夹具,试样取出后基本上完好无损。试样为边长

12～14cm 的立方体，剪切面积居中，面积为 140～200cm^2。

试样置于标准钢模内采用高标号水泥砂浆浇筑成 15cm×15cm×15cm 的试件，采用“二次成型”的方法，在结构面四周预留 0.5～1cm 的剪切缝。脱模后的试件泡水养护 20～28d，使结构面达到泡水饱和状态。

试验在 RYJ-15 型软岩剪切流变仪上进行，采用逐级增量加载的蠕变试验方法，其程序为，首先对试件施加正应力至预定值并保持此应力不变，立即观测垂直位移，待变形稳定后，由低到高分级施加剪应力。每施加一级剪应力，立即观测瞬时位移，以后每过 5min、10min、15min、30min、1h、2h、4h、8h、12h、16h、24h 测读一次位移值，在这之后每隔 24h 观测一次在此级剪应力下位移随时间的变化，当每天的位移量不大于 0.001mm 时，可认为变形相对稳定，再施加下一级剪应力，但每级剪应力至少历时 4d，直至试件发生剪切破坏为止。

在试验过程中，由于温度变化和试件位移引起微量变化的荷载通过随时调整压力使其保持预定常数。

②试验结果与变形破坏特征

图 2.3-13～图 2.3-15 所示为不同法向应力水平时结构面在各级剪应力作用下的蠕变曲线。对于同一块试件，结构面上的法向荷载恒定。在每一级剪应力加载的瞬间，结构面产生瞬时位移，之后在恒定切向荷载的作用下位移随时间而增加；位移速率随着时间的增大而逐渐减小。在多数应力水平条件下，试件沿结构面的位移随时间的变化将趋于稳定。通常，从初期蠕变到变形趋于稳定这一过程需持续 4～7d，蠕变持续时间的长短与切向应力水平有关。对于部分试件，在较高的应力水平下，可以观测到衰减蠕变后的匀速蠕变。当应力水平增加到某一定值时，结构面出现明显滑移而迅速达到破坏。

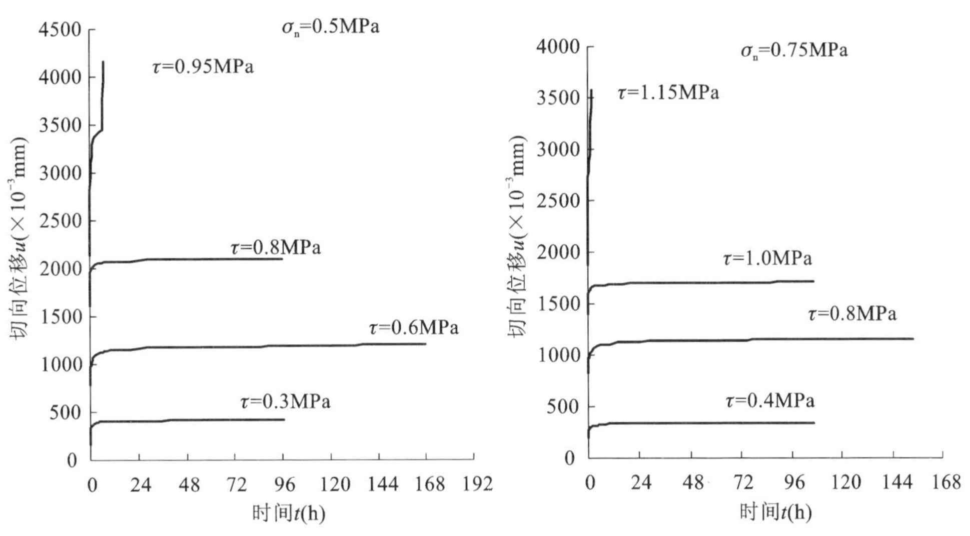

图 2.3-13 结构面剪应力-切向位移-时间关系曲线（试件 S1#、S2#）

(3)现场岩体结构面剪切蠕变试验

①试样制备与试验方法

在三峡坝区 8# 勘探平洞的试验支洞底板上选取 6 个结构面性状相似的试点，进行结构面原位剪切蠕变试验。剪切面尺寸为 50cm×50cm，由人工凿挖后坐槽，安装液压枕施加法向荷

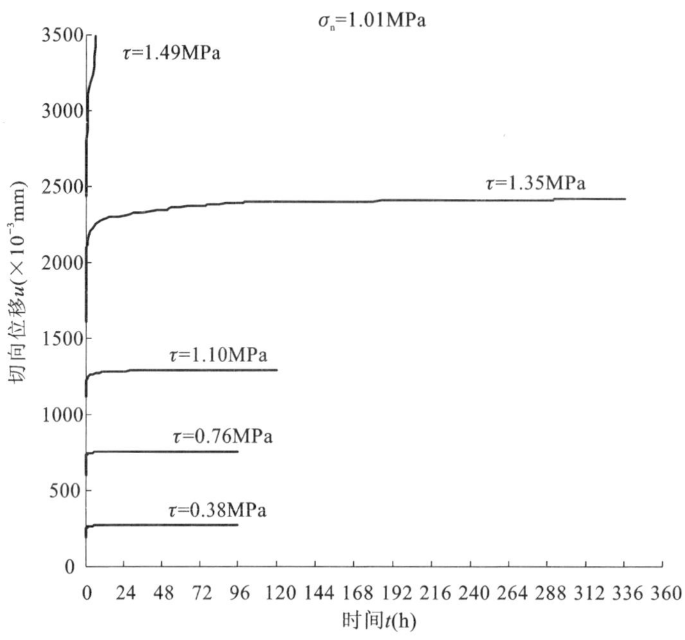

图 2.3-14　结构面剪应力-切向位移-时间关系曲线(试件 S3#)

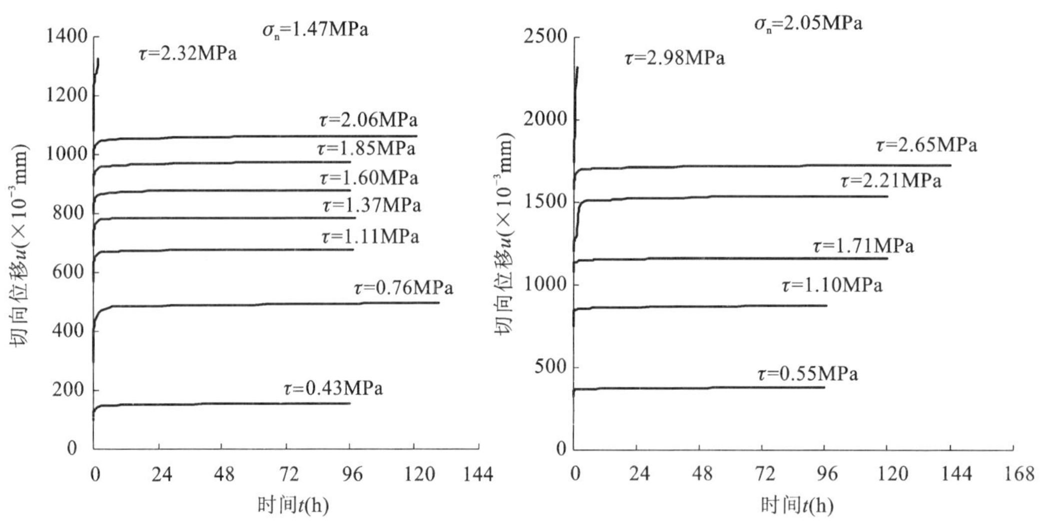

图 2.3-15　结构面剪应力-切向位移-时间关系曲线(试件 S4#、S5#)

载,随后切除试点两侧岩体,安装剪切加载系统。在距剪切面 5cm 处两端埋设标点 4 个,安装剪切方向和法向变形测表各 4 只,试验安装如图 2.3-16 所示。

为保证试验过程中压力稳定,安装了稳压装置,法向力加载装置由氮气瓶、减压阀、蓄压罐、液压枕组成,剪切力加载装置由液压泵、稳压筒、进油阀、千斤顶等组成。试验过程中随时调整压力保持正应力和剪应力为定值。

试验方法及程序与室内试验基本相同。对 6 块试件分别施加 0.30MPa、0.60MPa、0.81MPa、1.20MPa、1.48MPa、1.80MPa 的正应力,变形稳定 24h 后,开始按预估峰值的 20%

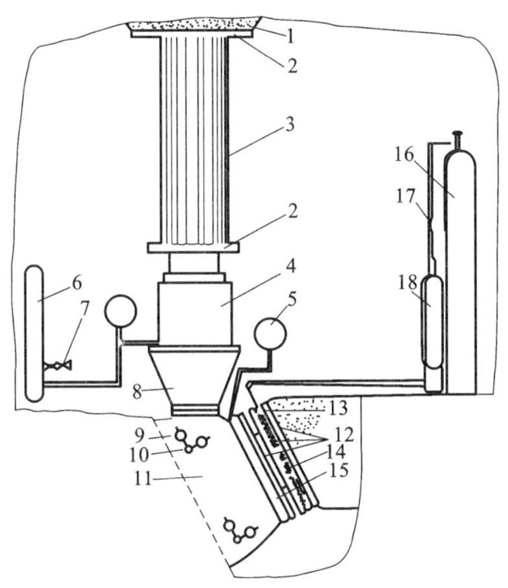

图 2.3-16 现场岩体结构面剪切蠕变试验安装图

1—砂浆;2—钢板;3—传力柱;4—千斤顶;5—油压表;6—稳压筒;7—进油阀;8—传力箱;9—测表;10—标点;11—试件;12—结构面;13—加压枕;14—滚珠排;15—测力枕;16—氮气瓶;17—减压阀;18—蓄压罐

施加剪应力,当瞬时位移明显增大时,减小每级剪应力量值。在施加每一级剪应力后测读瞬时位移,并按一定的时间间隔测读蠕变位移。

试验完成后,翻开试件对剪切面起伏粗糙度等进行详细的地质描述。

②试验结果与变形破坏特征

试件在不同剪应力作用下沿结构面的剪切位移与时间的关系曲线如图 2.3-17～图 2.3-19。

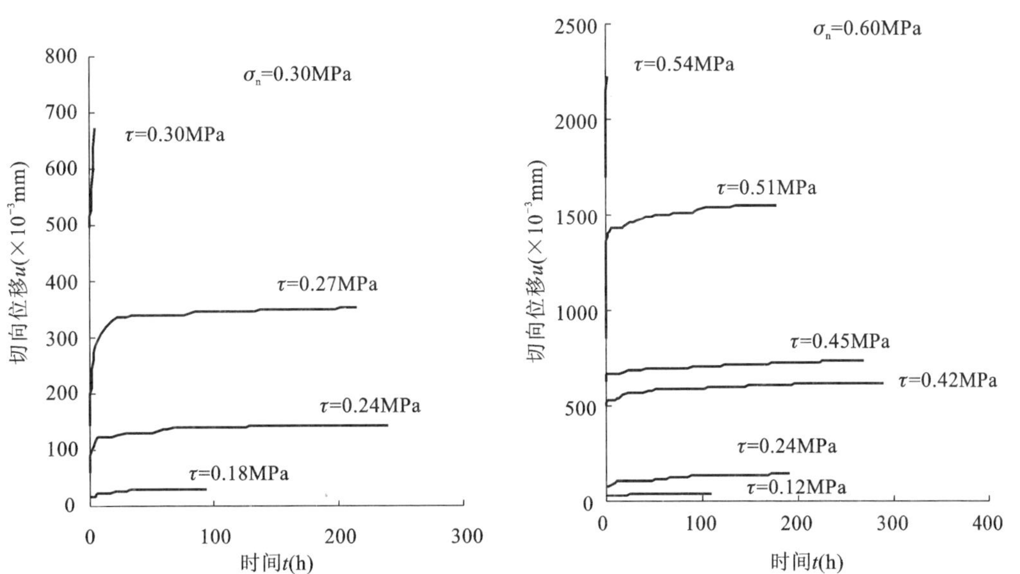

图 2.3-17 结构面剪应力-切向位移-时间关系曲线(试件 M1#、M2#)

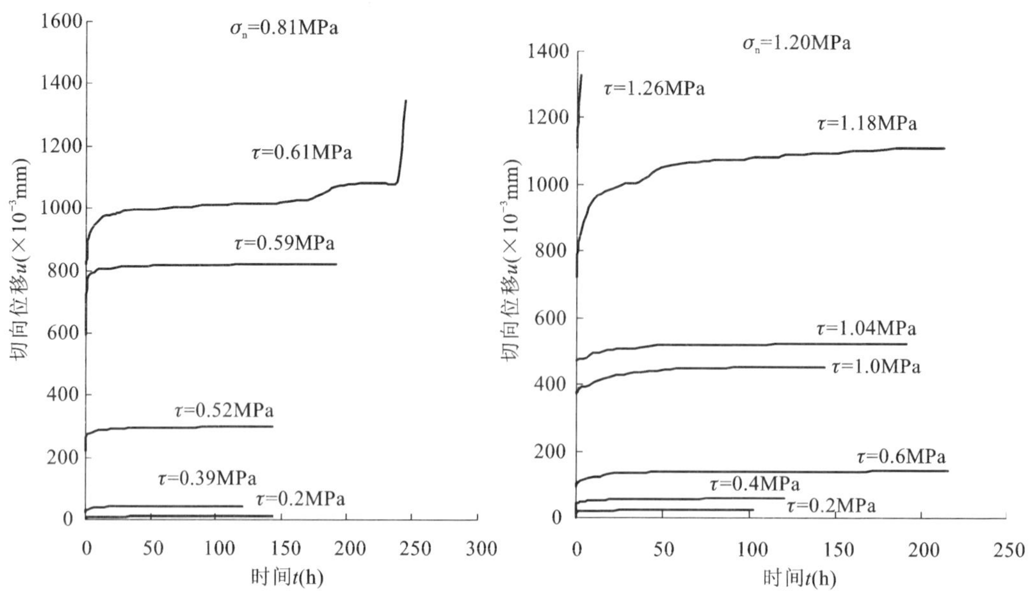

图 2.3-18　结构面剪应力-切向位移-时间关系曲线(试件 M3#、M4#)

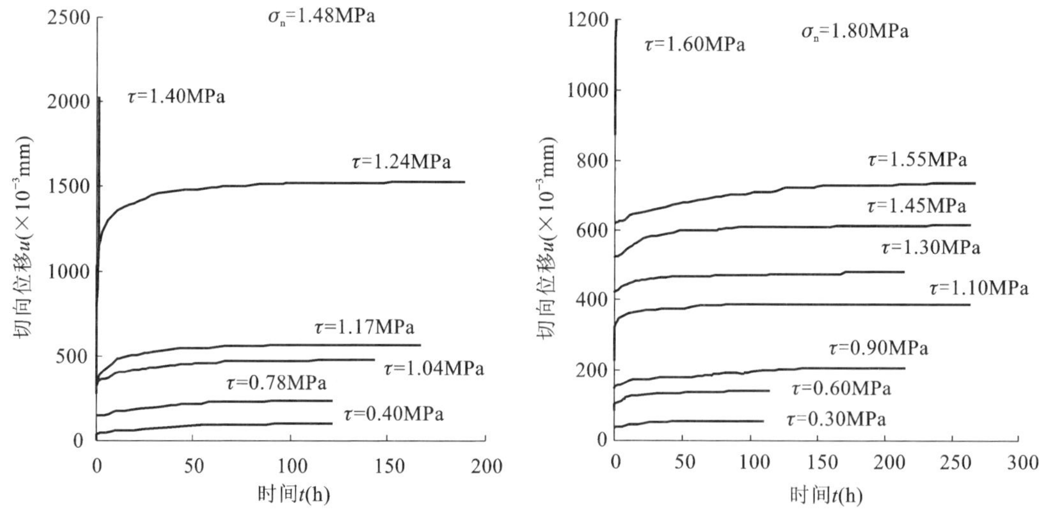

图 2.3-19　结构面剪应力-切向位移-时间关系曲线(试件 M5#、M6#)

从图中可以看出,现场岩体结构面剪切蠕变试验曲线的类型与室内试验大致相同。在恒定的法向应力作用下,结构面剪切变形随剪应力的增加而增大;在不同的法向应力作用下,其应力水平越高,结构面沿切向达到某一相同蠕变量值所需的剪应力也越大。

从流变学的观点看,结构面剪切蠕变的发展过程可划分为三个阶段:第一阶段的蠕变速率逐渐衰减;第二阶段的蠕变速率近似为常数;第三阶段的蠕变速率急剧增大,试件沿结构面产生明显的滑动破坏。三峡花岗岩平直稍粗硬性结构面的剪切蠕变试验结果表明,结构面三个阶段的剪切蠕变规律类似于坚硬岩石,没有明显的加速蠕变阶段,其破坏过程持续的时间极为短暂,呈现出典型的脆性剪切破坏特征。相对于岩石而言,结构面破坏具有更明显的瞬态特征和突发性,两者在蠕变破坏机理上有所不同,岩石在恒定外载作用下的蠕变破坏是微破裂不断累积和发展，裂隙相互连通，最后导致宏观断裂的过程。结构面的蠕变破坏呈剪切蠕变破坏的特征。在蠕变过程中，构成结构面的上、下岩体之间以爬坡或啃断的方式产生相对位移，上、下岩壁的镶嵌和摩擦将产生较大的黏滞阻力，克服这种阻力需要一定的应力水平，当剪应力大于这一应力水平时黏滞阻力迅速降低，试件在短时间内出现大位移并达到破坏。

(4)流变模型与流变参数

基于岩石单轴压缩流变试验结果，对三峡花岗岩岩石流变力学模型与参数进行了理论与应用研究。

①岩石流变经验方程

采用对数型经验方程来描述三峡闪云斜长花岗岩的流变特性，其基本形式为

$$\varepsilon(t)=a+b\ln t+ct \tag{2.3-2}$$

式中：a、b 和 c 为依赖于应力的材料常数，第 3 项主要描述应变随时间有较大的线性增长情况。

从 ε-t 曲线看，第Ⅱ阶段流变除在较高应力水平下较明显外，低应力水平下及微风化岩石流变不大明显，因此采用下面的拟合方程：

$$\varepsilon(t)=\sigma_0(\alpha+\beta\ln t) \tag{2.3-3}$$

式中：σ_0 为作用应力，α、β 为材料常数。

对 1[#] ～8[#] 试样，拟合方程为

$$(\varepsilon)t=\sigma(0.29+4.5\times10^{-3}\ln t) \tag{2.3-4}$$

②岩石流变理论模型

为了将三峡花岗岩岩石流变性能用流变模型来描述，对本次试验曲线做简要的分析。

从低应力水平下的卸载曲线发现，将应力降低为零的瞬间，应变有一部分的瞬时恢复，且随时间的增加，卸载后应变都逐渐趋于零，这一特征与开尔文模型相似。

低应力水平下的流变曲线，当 $t\to\infty$ 时，应变将趋于某一定值，与广义开尔文模型的应变-时间曲线类似。

当应力水平大于某一值 σ_s 后，应变随时间增加不是收敛于某一定值，而是逐渐增大，这一现象可在柏格斯模型中发现。

综上所述，当 $\sigma_0\leqslant\sigma_s$ 时，流变模型应是广义开尔文模型；当 $\sigma_0>\sigma_s$ 时，流变模型与柏格斯模型相似，但它应反映材料何时屈服，此时的模型就是西原模型，其组合方式见图 2.3-20。

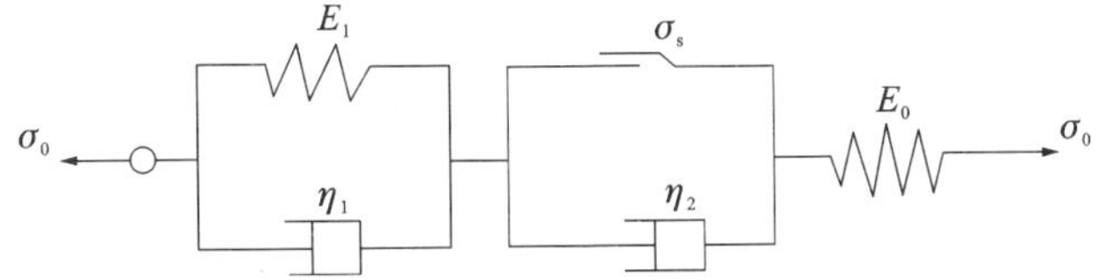

图 2.3-20　流变理论模型

在常应力 $\sigma=\sigma_0=$ 常数的作用下，西原模型的应力-应变-时间关系式为

$$\varepsilon(t)=\frac{\sigma_0}{E_0}+\frac{\sigma_0}{E_0}(1-e^{-E_1t/\eta_1})\quad(\sigma_0\leqslant\sigma_s) \tag{2.3-5}$$

$$\varepsilon(t)=\frac{\sigma_0}{E_0}+\frac{\sigma_0}{E_0}(1-e^{-E_1t/\eta_1})+\frac{\sigma_0-\sigma_s}{\eta_2}\quad(\sigma_0>\sigma_s) \tag{2.3-6}$$

对三峡花岗岩这样强度较高的岩石，仅通过流变试验确定其屈服应力是较困难的。根据弱风化和微风化两类岩石的应力门槛值 σ_{th} 与流变强度 σ_c 的比值可得到初步认识，该比值在一定程度上反映了岩石屈服程度，但又不是真正的屈服点。因此，称该比值下的应力为名义屈服应力 σ_s，对弱风化岩石和微风化岩石，σ_{th}/σ_c 分别取为 0.8 和 0.85。

③岩石流变参数

采用直接法和数值方法相结合计算模型参数。对 $\sigma_0 \leqslant \sigma_s$ 时的广义开尔文模型主要采用直接法，在 $t=0$ 时施加恒应力 σ_0，则 $\varepsilon_0=\dfrac{\sigma_0}{E_0}$，$\varepsilon(\infty)=\sigma_0\dfrac{E_0+E_1}{E_0E_1}$，故有

$$E_0=\frac{\sigma_0}{\varepsilon_0} \tag{2.3-7}$$

$$E_1=\frac{\sigma_0}{\varepsilon(\infty)-\varepsilon_0} \tag{2.3-8}$$

在流变曲线上任取一时间 $t>0$ 的点(ε,t)，可求得

$$\varepsilon-\varepsilon_0=\frac{\sigma_0}{E_1}(1-e^{-E_1t/\eta_1}) \tag{2.3-9}$$

则有 $\ln[\sigma_0-E_1(\varepsilon-\varepsilon_0)]=\ln\sigma_0-\dfrac{E_1t}{\eta_1}$，从而有：

$$\eta_1=\frac{E_1t}{\ln\sigma_0-\ln[\sigma_0-E_1(\varepsilon-\varepsilon_0)]} \tag{2.3-10}$$

对 $\sigma_0>\sigma_s$ 时的情况，在有卸载曲线的情况下仍可用直接法计算流变参数，但在加载级数较多时，很难在每级荷载下均进行卸载试验，这样直接法就难以实现，此时采用了数值方法求取模型参数。

由于岩石材料十分复杂，并且流变特性与应力水平有关，因此，计算两类岩石的流变参数时均同时根据几个试件的流变曲线求取各个参数的均值。模型参数的计算结果见表 2.3-4。

表 2.3-4 不同应力水平下岩石的流变参数

岩石名称	风化程度	编号	σ_0 (MPa)	σ_s (MPa)	E_0 (MPa)	E_1 (GPa)	η_1 (GPa·d)	η_2 (GPa·d)
闪云斜长花岗岩	弱风化	2-6	38.2 45.2	36.1	21.34 18.43	80.10 23.60	91.00 20.80	89.00 61.00
		2-11	37.8 50.6	40.5	40.09 37.85	323.90 153.18	230.00 60.52	1.28
		2-13	38.2 49.3	45.9	31.31 31.02	169.77 287.10	64.80 1022.00	480.00
		均值			30.01	172.94	248.19	157.82
	微风化	1-7	45.2 57.1 63.5	54	44.79 43.34 38.20	194.30 287.70 592.40	157.40 136.60 1 089.00	201.00 750.00
		1-8	41.4 50.6 61.5	52.3	44.18 35.81 37.87	142.27 331.18 419.53	121.50 1 580.00 1 030.00	890.00
		均值			40.70	327.90	685.75	613.67

4)结构面长期抗剪强度及剪切流变方程

根据三类岩体中结构面室内流变试验结果,对结构面长期抗剪强度及剪切流变方程进行了研究。

(1)结构面长期抗剪强度

在结构面剪切流变试验中,根据同一正应力下不同剪应力时剪应变与时间关系(γ-t)曲线,应用迭加原理,将 γ-t 曲线整理成 $t=t_1,t_2,\cdots,t_n$ 时间的剪应力-剪应变(τ-γ 曲线)等时曲线簇。其曲线随时间增长而趋向平缓,这样可绘得一条 $t\rightarrow\infty$ 的平行于横坐标的直线,该线与剪应力纵坐标 τ 相交所得的剪应力值 τ_∞ 即为长期抗剪强度。

室内结构面剪应力与剪应变等时曲线簇见图 2.3-21,由试验结果得到长期抗剪强度与瞬时抗剪强度之比值,硬性结构面为 $C_\infty/C_0=0.27\sim0.75$,$f_\infty/f_0=0.95\sim1$;泥化结构面为 $C_\infty/C_0=0.15$,$f_\infty/f_0=0.9$;破碎结构面为 $C_\infty/C_0=0.16$,$f_\infty/f_0=0.95$。这些比值与结构面的性质有关。另外,法向压力越大,同类结构面的 τ_∞/τ_0 值也越大。此处,C_∞、f_∞、τ_∞ 分别为长期黏聚力、长期摩擦力及长期强度;C_0、f_0、τ_0 分别为瞬时的对应物理量。

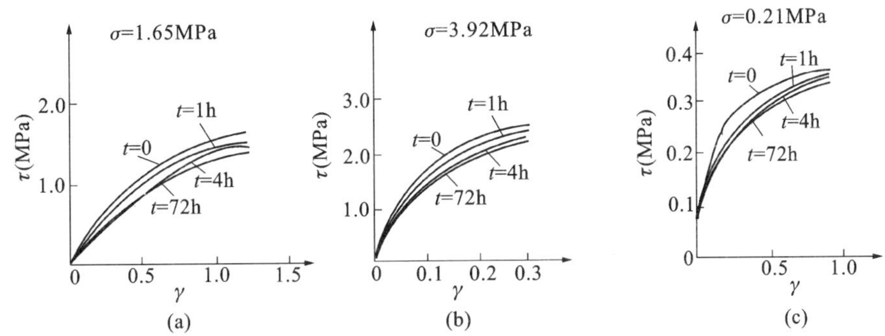

图 2.3-21 三种类型结构面不同历时剪应力 τ - 剪应变 γ 曲线

(a)破碎结构面;(b)硬性结构面;(c)泥化结构面

由图 2.3-21 可知,当应力水平较低时,τ-γ 曲线增长较快,其斜率即为剪切模量 G,随着剪切历时的增长,G 值逐渐下降。根据分析计算,G_t 随时间的增长呈负指数形式,由瞬时剪切模量 G_0 逐渐减小,最终趋于稳定值长期剪切模量 G_∞,见图 2.3-22。三峡枢纽三种不同类型岩体结构面的 G_0 一般在 10~100MPa 之间,G_∞/G_0 在 0.65~0.85 之间。

(2)结构面剪切流变方程

分析三类结构面剪切流变试验曲线发现,当剪应力超过某一个临界值时,应变包括有弹性应变及第Ⅰ阶段与第Ⅱ阶段流变应变(图 2.3-23)。因此有:

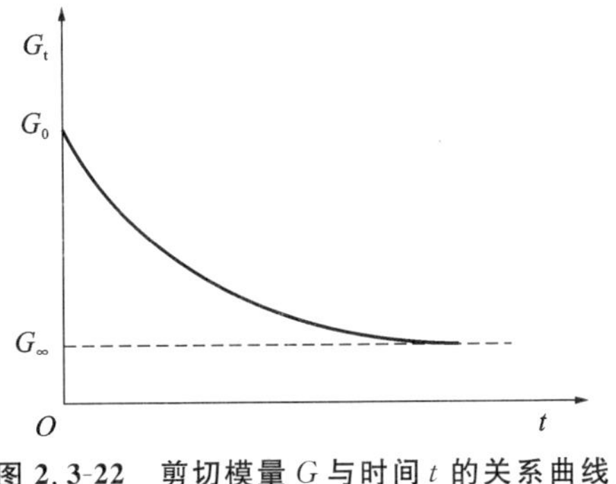

图 2.3-22 剪切模量 G 与时间 t 的关系曲线

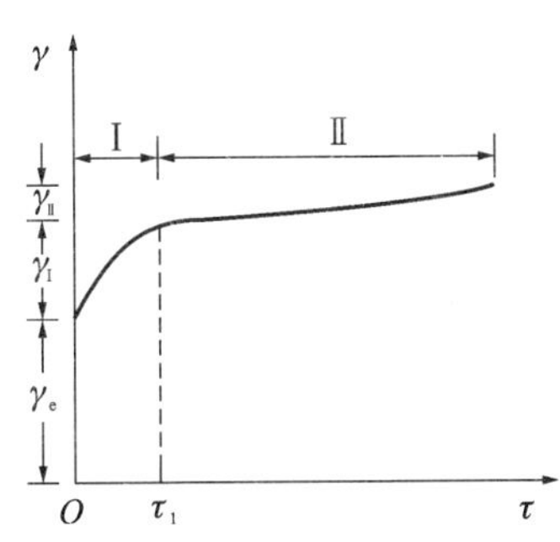

图 2.3-23 τ - γ 关系曲线

$$\gamma=\gamma_e+\gamma_{\mathrm{I}}+\gamma_{\mathrm{II}} \tag{2.3-11}$$

式中，γ 为总应变，γ_e 为弹性应变，γ_{I} 为初始流变，γ_{II} 为等速流变。

第Ⅰ阶段初始流变可用负指数函数形式拟合，即

$$\gamma_{\mathrm{I}}=D(1-e^{-t}) \tag{2.3-12}$$

式中，D 为试验常数，t 多在 0.2～0.5 之间。

第Ⅱ阶段等速流变 τ - γ 呈直线关系，有：

$$\gamma_{\mathrm{II}}=Ft \tag{2.3-13}$$

式中，F 为试验常数。

由于各阶段的应变都与应力水平及材料性质有关，这样，将式(2.3-12)和式(2.3-13)代入式(2.3-11)，且当剪应力超过某一临界值时，流变经验方程可写成

$$\gamma(t)=\begin{cases}\dfrac{\tau}{G_1}+D'\tau(1-e^{-nt}) & (t<t_1)\\[2ex] \dfrac{\tau}{G_1}+D'\tau(1-e^{-nt})+F'\tau t & (t>t_1)\end{cases} \tag{2.3-14}$$

式中，n 值取 0.4，D' 和 F' 为试验常数，对不同的结构面其值也不一样。

根据三种不同类型岩体结构面的 τ-γ 关系曲线，拟合得到了经验方程中 D' 值和 F' 值范围，见表 2.3-5。

表 2.3-5　经验方程系数取值范围

结构面类型	D' 值范围	F' 值范围($\times10^{-2}$)
硬性结构面	0.03～0.09	0.03～0.08
破碎结构面	0.20～0.70	0.1～0.9
泥化结构面	0.50～1.30	0.4～1.6

(3)应力水平对结构面剪切蠕变变形的影响

结构面的剪切蠕变位移 u 不仅是加载持续作用时间 t 的函数，而且与加载应力值，包括法向压应力 σ_n 和剪切应力 τ 的大小有关。试验结果表明，结构面剪切蠕变方程中的各参数 A、B 和 C 值随着应力水平的增加呈现出规律性的变化。

为了寻求参数 A、B 和 C 与应力的关系，在这里引入结构面的蠕变剪切强度 τ_p，从物理意义上来说，它是与时间有关的结构面的抗剪强度。对于给定性状的结构面，其蠕变剪切强度 τ_p 取决于法向应力 σ_n。因此，结构面的剪切蠕变位移 u 也可以看作是时间 t 和所施加的剪切应力 τ 与结构面蠕变剪切强度 τ_p 的比值 τ/τ_p 的函数，参数 A、B 和 C 则与 τ/τ_p 的比值有关。在具体分析时，将结构面剪切蠕变试验中的最后一级剪应力(即试件发生破坏时的剪切荷载)近似看作是结构面的蠕变剪切强度 τ_p，根据不同的 τ/τ_p 对应的 A、B 和 C 值，采用最小二乘法拟合，可以得出参数 A、B 和 C 与应力的依赖关系如下：

$$H=ke^{m(\tau/\tau_p)} \tag{2.3-15}$$

式中，H 为参数 A、B 和 C，k 和 m 是试验常数，其值取决于结构面面壁的性质和结构面的粗糙度等。

图 2.3-24 所示为参数 A、B 和 C 与 τ/τ_p 比值的拟合关系曲线。随着剪切应力 τ 与蠕变剪切强度 τ_p 比值的增加，参数 A、B 和 C 均不断增大；当 τ/τ_p 的比值接近于 1 时，A、B 和 C 值

增长的幅度明显增大，此时，结构面的剪切蠕变位移 u 将迅速增加。

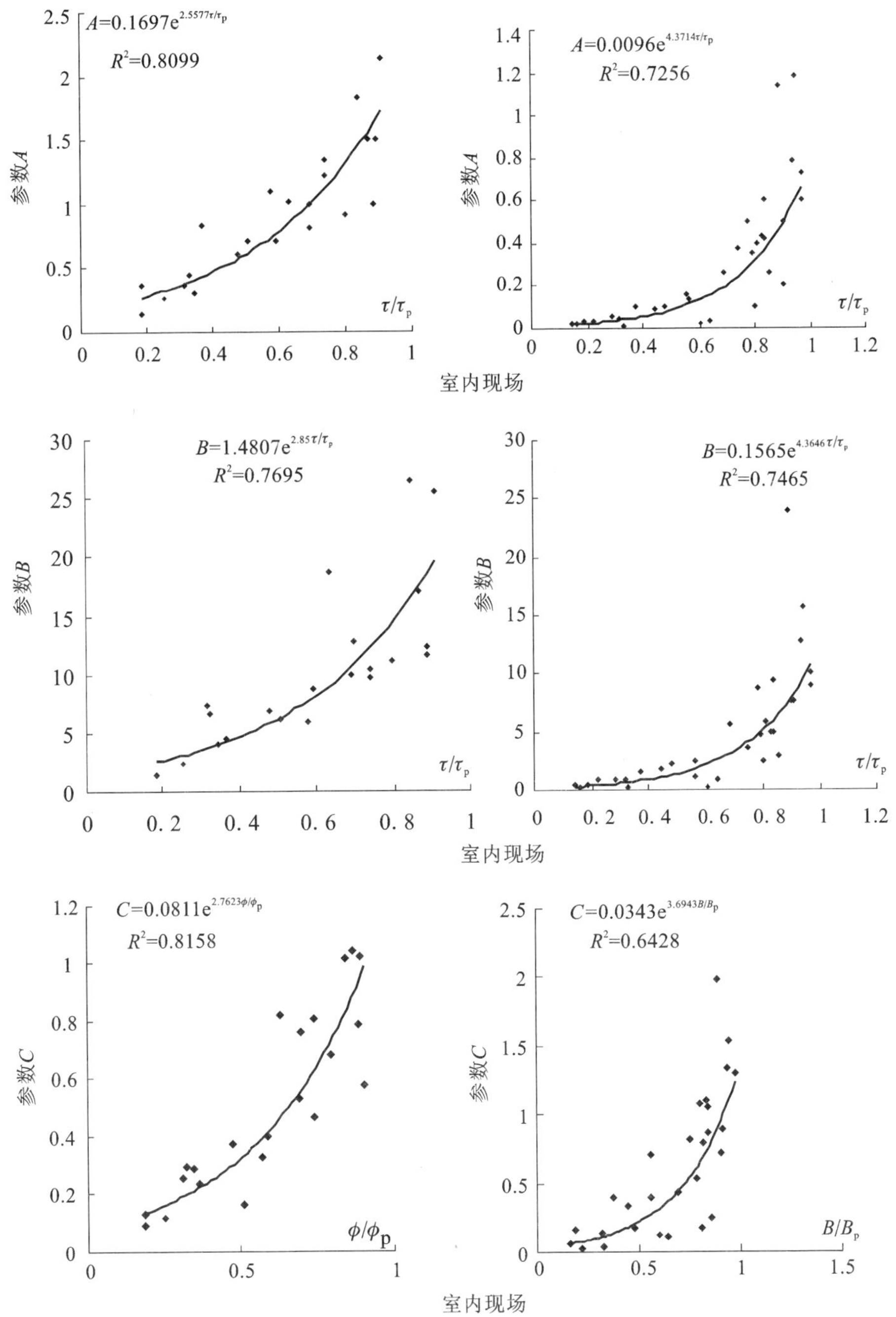

图 2.3-24 参数 A、B 和 C 与 τ/τ_p 比值的拟合关系曲线

2.3.3 岩体(石)物理力学参数建议值

地下电站工程区结合三峡工程大坝及左岸船闸工程，开展了大量岩体(石)和结构面物理力学原位及室内试验，取得了丰硕成果，结合先期实施工程实践应用情况，由设计、试验和地质三方综合分析研究，提出了地下电站区岩体(石)及结构面物理力学参数建议值，见表 2.3-6、表 2.3-7。

表 2.3-6 岩体结构面抗剪强度参数建议值

结构面类型		抗剪强度		结构面特征
		f′	C′(MPa)	
硬性结构面	平直光滑面	0.55～0.65	0.05～0.15	小断层面,面平直光滑,有时成镜面
	平直稍粗面	0.65～0.70	0.15～0.20	小断层主断面,宏观起伏差为数毫米至 1cm
		0.70～0.80	0.20～0.30	一般裂隙面,宏观起伏差为数毫米至 1cm,中型试件起伏差不小于 0.5cm
	起伏粗糙面	0.80～0.90	0.30～0.50	粗糙裂隙面及擦痕断层面,宏观起伏差为 1～2cm,中型试件起伏差为 0.5～1.0cm
	极粗糙面	0.90～1.00	0.50～0.70	卸荷裂隙面,宏观起伏差大于 2cm
软弱结构面	破碎结构面	0.60～0.70	0.07～0.10	弱风化带上部的疏松～半疏松夹层
	夹软弱构造岩结构面	0.50～0.60	0.05～0.07	NE～NEE 向断层胶结不良结构岩
	软弱构造岩	0.25～0.40	0.05～0.10	断层的软弱构造岩,强烈风化,松软
	泥化面	0.25～0.32	0.03～0.05	NNW、NNE 较大断层主断面中的泥化面

表 2.3-7 地下电站区岩体(石)物理力学参数建议值

岩石名称	风化分带	岩体结构类型	密度	岩石抗压强度(湿)	岩体变形模量	泊松比	岩体抗剪强度	
			kN/m³	MPa	GPa		f′	C′(MPa)
闪云斜长花岗岩	新鲜	块状	27	90～110	35～45	0.2	1.7	2.0～2.2
	微风化	块状	27	85～100	30～40			
		次块状	27		20～30	0.22	1.5	1.6～1.8
	弱下	块状	26.8	75～85	20～30	0.22		
		次块状	26.8	75～85	15～20	0.23	1.3	1.4～1.6
	弱上	块状	26.8	40～70	5～20	0.25	1.2	1
		碎裂	26.5	15～20	1～5		1	0.5
	强风化	碎裂	26.5	15～20	0.5～1	0.3	1	0.3～0.5
	全风化	散体	25.5	0.5～1.0	0.02～0.05	0.4	0.8	0.1～0.3
细粒闪长岩包裹体	新鲜	块状	27	90～110	35～45	0.2		
	微风化	块状	27	90～110	30～40	0.2		
	弱下	块状	26.8	75～90	20～30	0.23		
	弱上	块状	26.8	40～70	5～20	0.25		
		碎裂	26.5	15～20	1～5	0.25		
	强风化	碎裂	26.5	15～20	0.5～1	0.3		
	全风化	散体			0.02～0.05			

续表 2.3-7

岩石名称		风化分带	岩体结构类型	密度	岩石抗压强度(湿)	岩体变形模量	泊松比	岩体抗剪强度	
				kN/m³	MPa	GPa		f'	C'(MPa)
断层构造岩	影响带	新鲜	镶嵌	26.7	80～90	10～20	0.22	1.0～1.2	0.9～1.2
		微风化	镶嵌	26.7	60～80	10～20	0.23		
		弱风化	镶嵌	26.5	30～60	5～10	0.25		
	碎裂岩	微风化	镶嵌	26.1	50～70	10～20	0.23	0.9～1.0	0.8
		弱风化	镶嵌	26	40～50	5～10	0.25		
	碎斑岩	微风化	镶嵌	25.8	50～70	10～15	0.23	0.9～1.0	0.8～1.0
	糜棱岩	微风化	镶嵌	25.6	40～60	5～10	0.25		
		微风化	碎裂	25.6		0.5～1.0	0.3		
	F_{84}	微风化	碎裂散体	25.6		0.2～0.5	0.3		
闪云斜长花岗岩裂隙密集带		微风化	镶嵌	26.7	80～90	10～20	0.23		

3 大型洞室坚硬裂隙性围岩稳定大型块体控制勘察

3.1 概　　述

大型地下洞室工程往往通过场址与总体适宜性比选研究，其基本岩体质量与稳定条件一般能较好地满足工程要求，而由结构面切割形成的不利稳定块体，特别是断层组合切割构成的大型块体，往往构成影响洞室稳定性的关键因素，即所谓的“大型洞室坚硬裂隙性围岩稳定大型块体控制论”。

三峡地下电站主厂房洞室规模巨大，大型洞室围岩稳定是三峡工程包括永久船闸高边坡稳定、三峡大坝抗滑稳定在内的三大最关键技术问题之一，也是多方关注的焦点以及工程技术难点所在。

地下电站工程自1993年开始进行可行性研究[含总体布置专题研究(一)]，至2004年完成初步设计[含总体布置专题研究(二)、技术设计、专题研究(三)]，经历了十余载的勘察研究论证。勘察研究过程中，在基本地质条件、围岩基本质量与整体稳定性勘察研究工作的基础上，突破了以围岩类别为研究重点的传统观念，基于块体理论及其在工程岩体稳定分析中的应用，创新地提出了主厂房坚硬裂隙围岩稳定大型块体控制论，重点围绕对工程布置和工程安全等有重大影响的大型块体，合理、动态、全空间布置钻孔(包括斜孔)和平洞等勘探手段，利用(含研发)钻孔彩色电视录像、钻孔全断面彩色数字成像技术、小断面地下洞室数字图像采集和处理方法、大断面地下洞室地质勘探数字图像采集和处理方法、大型原位试验等各种勘察技术手段，查明了大型块体的空间分布和稳定性，为工程总体布置研究及选定方案工程设计提供了关键地质依据。其中，因大型不稳定块体原因，提出将原20+136窑洞式进口半地下式厂房方案优化为轴线下移20m的20+156全封式地下厂房方案，大大减小了块体加固的工程投资，同时进一步勘察查明了选定主厂房方案下游边墙6个大型不利稳定块体的工程地质特征，为1#块体提前采用阻滑键置换滑移面、1#～6#块体结合主厂房分层开挖自上而下进行加固处理提供了可靠依据，不但使主厂房的稳定得到有效控制，且施工过程连续、顺利。

3.2 主厂房地质适宜性

在经国家批准的三峡水利枢纽初步设计报告中，枢纽总体布置如下：河床中部布置溢流泄洪建筑物，两侧布置厂房坝段和坝后式厂房，左、右岸厂房分别布置14台和12台单机容量7×10^5kW的水轮机组，通航建筑物均布置在左岸，预留6台机组的地下电站布置在右岸。

地下电站工程布置于三峡大坝右岸白岩尖山体内，位于大坝与茅坪溪防护工程泄水隧洞之间的狭窄地带。该地段中央为一北东向相对高厚山脊——白岩尖,其北西坡接茅坪溪向南东突出的河曲——关门洞,北东坡临长江、南东坡接长江,是一引水线路相对最短的布置地下电站工程的较理想场地。地下电站工程总体布置思路是:白岩尖上游坡(北西坡)位于三峡大坝库内,布置地下电站进水系统,白岩尖山体及其临近下游侧地形较高地段布置主厂房,以保证厂房大型洞室足够上覆有效岩体厚度,白岩尖山体下游坡布置尾水系统,其西侧应离茅坪溪防护工程泄水隧洞足够安全的距离。

地下电站区围岩为前震旦系闪云斜长花岗岩和深灰色细粒闪长岩包裹体,洞室工程布置于微新岩带,岩体结构主要呈块状夹次块状、少量整体结构,岩体透水性总体微弱,围岩类型以Ⅰ、Ⅱ类为主(约占85%以上),各部位岩体基本质量差别不大;岩体中断裂构造较发育,但综合地表测绘和平洞勘探揭露,未发育Ⅱ级及以上较大规模断层,不存在不宜穿越的断裂构造。因此,地下电站主厂房的布置主要考虑三个因素:一是上覆岩体厚度,二是主厂房轴线方向适宜性,三是对断层组合切割形成大型块体的适宜性。

1993年地下电站勘察设计初期,曾研究主厂房中心线20+042方案(轴线方向与大坝轴线平行的0°方案,方位角43.5°),即主厂房布置于白岩尖山体正下方,方向与山脊走向一致,以获得厂房洞室最大上覆岩体厚度条件,主厂房、变压器室等均置于地下,由于上游进水口边坡存在一定厚度的风化岩体,引水渠、进水塔与引水洞进口边坡开挖后,可供引水隧洞布置的线路太短,制约了进水系统水工布置;其后提出研究主厂房中心线下移94m,即主厂房轴线位于20+136方案,此方案轴线与三峡工程右岸坝后式厂房连成一体,主厂房置于地下、变压器室等置于地表。为考虑地应力方向,避开最大主应力的不利影响,又考虑了将厂房轴线由0°方案顺时放入旋转30°的比较方案,即"30°方案"(方位角73.5°),经综合比较,推荐0°方案。随着勘察研究工作的深入,查明了主厂房下游边墙存在4个大型块体,特别是1#块体规模巨大,体积达5万余方,主滑面断层f_{10}性状差、强度低,稳定系数小于1,若采取工程措施进行加固处理,难度及工程量很大。为此,综合地下电站区地形地质等综合条件,提出将主厂房位置下移20m、可将1#块体大部分予以挖出的地质建议并得到采纳,随后专门勘察研究主厂房轴线20+156方案,进一步查明了主厂房及尾水系统等主要建筑物工程地质条件,并作为地下电站最终方案。

3.2.1 主厂房上覆岩体厚度

现行规范对洞室上覆岩体厚度的要求是:"应根据围岩岩性、岩体结构、风化卸荷程度、地应力、地下水、洞室规模及施工条件等因素综合分析确定,主洞室顶部岩体厚度不宜小于洞室开挖宽度的2倍"。

地下电站区基岩浅表层普遍分布有风化岩体,其厚度总体受地形和构造影响。根据钻孔资料统计,全风化带+强风化带+弱风化带平均厚度以白岩尖山包最大,为41.37m,白岩尖上游坡平均厚度27.60m、下游坡平均厚度24.86m。其中全风化带平均厚度5.20m,强风化带平均厚度7.12m,弱风化带平均厚度17.20m。各风化带分布不均一,时有缺失。

全风化带、强风化带岩体呈散体结构,隧洞上覆有效岩体厚度主要考虑弱风化带及微风化带岩体,其中弱下至微风化带属于较完整至完整岩体。勘察期根据钻孔揭露分析编制的地下电站主厂房区弱风化带上部、下部顶板等高线图分别见图3.2-1、图3.2-2,顺水流方向代表性断面风化特征见图3.2-3。

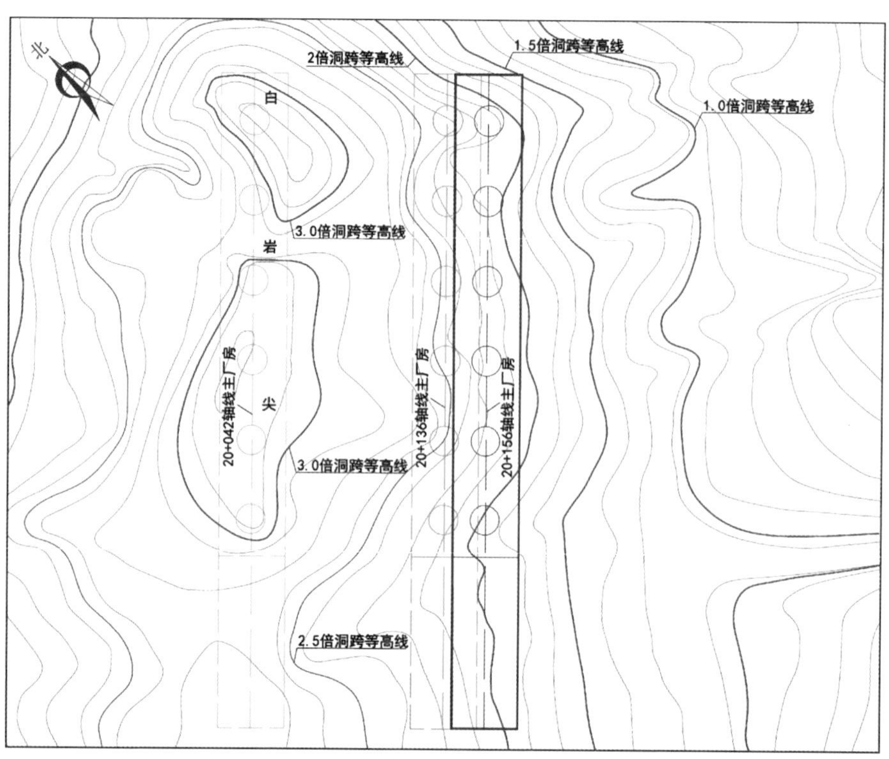

图 3.2-1　三峡地下电站主厂房区弱风化带上部顶板等高线示意图

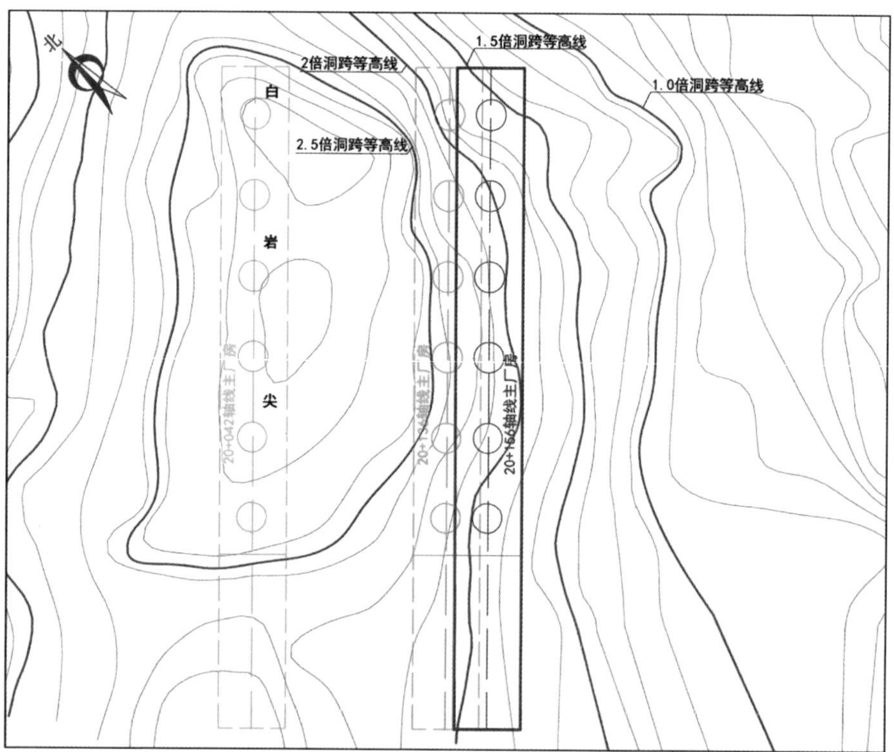

图 3.2-2　三峡地下电站主厂房区弱风化带下部顶板等高线示意图

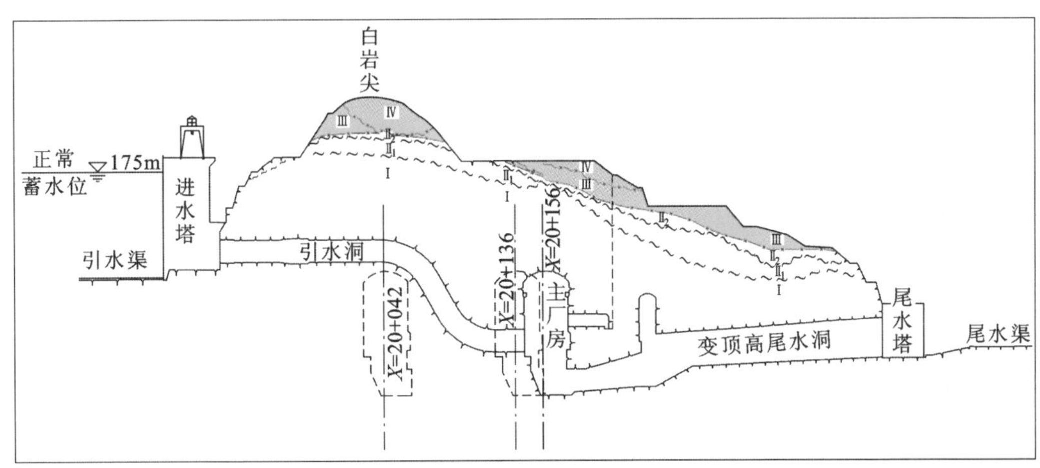

图 3.2-3　主厂房各比较方案上覆岩体厚度示意图

1—全风化带；2—强风化带及顶板界线；3—弱风化带上部及顶板界线；4—弱风化带下部及顶板界线；5—微风化带及顶板界线；6—设计开挖线

从图 3.2-1、图 3.2-2 可看出，可行性研究前期主厂房（X 坐标为 20＋042）洞室上覆弱风化带至微新岩体厚度 84～107m，为洞跨的 2.6～3.3 倍，其中弱下至微新岩体厚度 77～98m，为洞跨的 2.4～3.0 倍；专题一、专题二和总体布置技术设计阶段主厂房（X 坐标为 20＋136）洞室上覆弱风化带至微新岩体厚度 58～91m，为洞跨的 1.8～2.8 倍，其中弱下至微新岩体厚度 45～87m，为洞跨的 1.4～2.7 倍；专题三及以后阶段推荐方案主厂房（X 坐标为 20＋156）洞室上覆弱风化带至微新岩体厚度 45～89m，为洞跨的 1.4～2.7 倍，其中大于 2 倍洞跨区占比约 75%，弱下至微新岩体厚度 45～86m，为洞跨的 1.4～2.6 倍（表 3.2-1）。

表 3.2-1　主厂房（轴线 20＋156）洞室上覆岩体厚度统计表

部位	上覆岩体类型	上覆岩体厚度（m）	为洞跨的倍数
上游边墙	弱至微新岩体	62～89	1.9～2.7
	弱下至微新完整岩体	59～86	1.8～2.6
厂房轴线	弱至微新岩体	45～75	1.4～2.3
	弱下至微新完整岩体	45～75	1.4～2.3
下游边墙	弱至微新岩体	48～76	1.5～2.3
	弱下至微新完整岩体	48～74	1.5～2.3

各比较方案主厂房上覆有效岩体厚度以位于白岩尖山脊下部的 20＋042 方案为最大，向下游斜坡平移后的 20＋136、20＋156 方案依次变薄。为满足水力学要求和规避大型块体稳定问题，最终推荐的轴线 20＋156 方案场平开挖后主厂房地面高程为 182m 左右，隧洞埋深约 77m，为洞跨的 2.4 倍，属于浅埋洞室，但顶拱上覆有效岩体厚度总体在 2 倍洞跨以上，受右岸

坝后式厂房边坡开挖影响，稍薄部位位于左侧1号机组段，最薄部位位于左端墙，厚度仅约32.0m，不足厂房跨度的1倍，施工期除采取系统加固措施外，还增布锚索对1号机组段顶拱进行加固处理。

3.2.2　主厂房轴线方向

地下电站布置于白岩尖山体内，白岩尖山脊总体走向NE，与三峡大坝轴向(NE43.5°)近乎一致，考虑与工程场地地形条件和三峡水利枢纽总体布置的协调性，可行性研究阶段初期即拟定了主厂房轴线与大坝轴线平行的所谓0°方案(实际方位角NE43.5°)，且与当时地表测绘最发育NNW组F_{20}、F_{22}、F_{24}等主要断层呈中等至较大角度相交；随后专题一研究阶段，在研究设计推荐轴线20+136厂房方案时，考虑地应力测试成果，最大水平主应力与主厂房0°方案轴线呈大角度相交，对厂房高边墙稳定不利，提出了将厂房轴线由0°方案按顺时针方向旋转30°的比较方案，即所谓的"30°方案"(方位角73.5°)。两方案与最大主应力方向及主要断裂构造关系见表3.2-2。

表3.2-2　主厂房轴向与地应力及主要断裂组关系统计表

比较方案	与最大水平主应力(均值302°)夹角	厂房轴线与主要断裂组夹角			
		NNW组	NEE～近EW组	NE组	NNE组
0°方案	79°	49°～64°	17°～57°	14°～17°	19°～29°
30°方案	49°	79°～87°	14°～27°	14°～44°	49°～59°

从表中可看出，30°方案的优点是厂房轴线与最大水平主应力方向的夹角略小，对高边墙稳定较为有利，与NNW、NNE向断裂夹角更大；其缺点是与胶结较差的NEE～近EW组断裂总体夹角较小，有的近乎平行，引水隧洞轴向与主要断裂NNW向一致、尾水隧洞与NEE向断裂近一致洞段较长。0°方案的优点则是厂房轴线与最发育的NNW、NEE组断裂总体呈中等以上角度相交，兼顾引水洞、尾水洞轴线也与两组断裂呈较大角度斜交。两方案与NE向断裂如以f_{10}为代表的夹角均较小。由于地下电站区地应力量级不高，对主厂房围岩稳定影响不大，综合地质条件与水工布置优、缺点，综合推荐0°方案。

3.2.3　大型不利稳定块体与主厂房轴线选择

地下电站主厂房顶拱跨度达32.6m，厂房最大高度达87.30m，长度为311.3m，其规模之巨大，在国内外罕见。受地下电站区总体地形地质条件及右岸厂房边坡工程开挖影响，主厂房洞室上覆较完整至完整岩体厚度一般为1.5～2倍洞跨，属于典型浅埋特大型洞室。围岩虽为坚硬花岗岩体等，但断层、裂隙较发育，属于典型"裂隙化"岩体。根据三峡永久船闸高边坡等工程经验，地下电站围岩稳定主要是块体的稳定问题，特别是由一些长大断层构成的大型块体，将对工程的总体布置和围岩稳定产生重大影响。因此，对主厂房洞室围岩块体，特别是对大型块体稳定性的研究，一直是前期勘察工作和施工地质工作的重中之重。

1998年12月，在技术设计总体布置专题研究阶段(厂房轴线为20+136的窑洞式进口方案)，地质简报《长江三峡水利枢纽右岸地下厂房下游边墙存在大型不利稳定块体》(地下电站第一期)中，预测主厂房下游边墙分布有大型不利地质块体。

根据勘探平洞、钻孔及彩色电视录像和全断面数字电视成像技术等综合勘察技术手段，查明了原地下厂房轴线 20＋136 窑洞式进口方案主厂房下游边墙分布有 4 个大型块体（特征详见 3.5.2 节），特别是 1# 块体规模巨大，体积达 5 万余 m^3，主滑面断层 f_{10} 性状差、强度低，稳定系数远小于 1，若采取工程措施进行加固处理，难度及工程量很大。为此，综合地下电站区地形地质等综合分析，提出将主厂房轴线位置下移 20m，将 1# 块体大部分予以挖出的地质建议，并得到采纳。

专题研究三阶段针对轴线 20＋156 全封闭式地下厂房展开工程地质研究，在原勘探平洞基础上，对部分平洞进行延长，增加斜孔对一些关键性断层进行追踪研究，最终查明主厂房边墙下游存在 6 个大型块体（特征详见 3.5.2 节），其中原 1# 块体体积从原来的 5.18 万 m^3 降至 1.14 万 m^3，减小近 80%。天然状态除残留的 1# 块体稳定性小于 1（不稳定），6# 块体稳定性系数略大于 1（稳定性较差）外，其余块体稳定性系数为 1.2～1.9。上述块体均可采取适量工程措施予以加固处理。

3.3　主厂房洞室围岩质量与整体变形稳定性

3.3.1　基本围岩质量

3.3.1.1　围岩工程地质分类及稳定性评价

地下电站洞室围岩工程地质分类方法以《水利水电工程地质勘察规范》（GB 50487—2008）洞室围岩工程地质分类标准为基础，结合工程区实际地质条件确定，即以控制围岩稳定的风化状态与强度、岩体完整程度、结构面状态、地下水和主要结构面产状等五项因素之和的总评分为基本判据，以围岩强度应力比为限定判据，制定了地下电站区洞室围岩工程地质分类标准，将洞室围岩划分为五类，即Ⅰ、Ⅱ、Ⅲ、Ⅳ、Ⅴ类，各类围岩分类依据和标准、稳定性评价及一般支护措施见表 3.3-1。

Ⅰ、Ⅱ类围岩属于稳定、基本稳定岩体，Ⅲ类围岩属于局部稳定性差的岩体，Ⅳ、Ⅴ类属于不稳定和极不稳定岩体。地下电站工程隧洞围岩属于裂隙性坚硬岩体，评价隧洞围岩稳定性特别是主厂房等大型洞室的围岩稳定性时，应着重考虑以断层、长大裂隙为主的结构面与洞室开挖面组合切割形成的块体及其稳定性，也就是说，在Ⅰ、Ⅱ类围岩中也可能存在由长大结构面组合构成的大型不稳定块体而危及局部或部分洞室的稳定性。

3.3.1.2　地下电站洞室围岩类型基本构成

按照表 3.3-1 所示的围岩划分标准，对地下电站勘探平洞围岩进行了类型划分和统计，统计结果如下：Ⅰ类围岩约占 36.7%；Ⅱ类围岩约占 48.2%；Ⅲ类围岩约占 14.6%；Ⅳ～Ⅴ类围岩主要在 NEE～EW 向张性断裂带（如 F_{84} 等）中有少量分布，占比小于 0.5%。

此统计数据虽是以 2m×2m 的勘探平洞为依托，其洞径小，在分类中主要考虑的是岩体的风化状态（强度）和完整性（岩体结构类型），但基本反映了地下电站洞室围岩类型构成及洞室的基本成洞条件。作为地下电站的洞室工程，主要布置于微新岩带，围岩基本质量以Ⅰ、Ⅱ类为主，总体稳定性较好，影响洞室稳定的主要因素为结构面切割的块体的稳定性及局部Ⅲ～Ⅴ类围岩的稳定问题等。

表 3.3-1 地下电站洞室围岩工程地质分类及支护类型表

基本因素		Ⅰ类		Ⅱ类		Ⅲ类		Ⅳ类		Ⅴ类	
		围岩条件	评分	围岩条件	评分	围岩条件	评分	围岩条件	评分	围岩条件	评分
A	风化状态和强度	坚硬岩石，微风化和新鲜状态。$R_b=110\sim60$MPa	30～20	坚硬岩石，微风化及弱风化带下部，岩体完整。$R_b=100\sim60$MPa	30～20	中等坚硬岩石，弱风化带上部，沿结构面大多风化加剧。$R_b=60\sim30$MPa	20～10	破碎带，均有风化加剧现象，弱风化带上部，强风化带底部，构造岩胶结较差。$R_b=30\sim15$MPa	15～5	软岩类，全、强风化带，构造岩胶结差。$R_b<15$MPa	15～0
B	岩体完整程度	岩体完整，$K_V=1\sim0.75$，RQD＝100%～90%，$J_V<3$条/m³。岩体呈整体或块状结构	40～30	岩体较完整，$K_V=0.75\sim0.55$，RQD＝90%～60%，$J_V=3\sim10$条/m³。岩体呈块状结构	30～22	岩体完整性差，$K_V=0.55\sim0.35$，RQD＝60%～25%，$J_V<10\sim30$条/m³。岩体呈次块状或镶嵌结构	22～14	岩体较破碎，$K_V=0.35\sim0.15$，RQD＜25%，$J_V>30$条/m³。岩体呈次镶嵌结构或碎裂结构	14～6	岩体破碎，$K_V<15$。岩体呈碎裂结构或散体结构	6～0
C	结构面状态	闭合，平直稍粗，以硬性结构面为主	27～21	闭合或微张，平直稍粗。以硬性结构面为主，少量有风化碎屑	24～21	微张开，平直稍粗，部分起伏粗糙，部分充填风化碎屑。部分硬性结构面，部分软弱结构面	21～17	以起伏粗糙面为主，碎裂结构，少部分有断层泥，软弱结构面较多	17～12	部分张开，起伏面稍粗，泥质或岩屑充填。软弱结构面为主	12～6
D	地下水	干燥或零星滴水，偶有集中线状流水	0～－2	零星滴水，部分普遍滴水，偶有集中线状流水	0～－2	普遍滴水，部分线状流水	－2～－6	普遍滴水，线状流水	－2～－10	线状流水，偶见涌水	－6～－18

续表 3.3-1

基本因素		Ⅰ类		Ⅱ类		Ⅲ类		Ⅳ类		Ⅴ类	
		围岩条件	评分	围岩条件	评分	围岩条件	评分	围岩条件	评分	围岩条件	评分
E	主要结构面产状	与洞向近平行的陡倾角结构面极少，裂隙一般与洞轴线交角较大，洞顶基本无缓倾角结构面	0～−5	与洞向近平行的陡倾角结构面极少，洞顶缓倾角结构面极少	0～−5	有部分与洞向近平行的陡倾角结构面极少，洞顶有部分缓倾角结构面极少	−5～−10				
围岩强度应力比		>4		>4		>2		>2		—	
总评分 T		$T>85$		$85\geqslant T>65$		$65\geqslant T>45$		$45\geqslant T>25$		$T\leqslant 25$	
围岩稳定性评价		稳定。围岩可长期稳定，一般无不稳定块体		基本稳定。围岩整体稳定，不会产生塑性变形，局部可能产生掉块		局部稳定性差。围岩强度不足，局部会产生塑性变形，若不支护可能产生塌方或变形破坏		不稳定。围岩自稳时间很短，规模较大的各种变形和破坏都可能发生		极不稳定。围岩不能自稳，变形破坏严重	
支护类型		不支护或局部锚杆或喷薄层混凝土。大跨度时，喷混凝土、系统锚杆加钢筋网以及针对块体的锚杆、锚索等专门性支护				喷混凝土、系统锚杆加钢筋网。跨度>20m时，宜采用锚索或刚性支护		喷混凝土、系统锚杆加钢筋网，刚性支护，并浇筑混凝土衬砌			

说明：① 本围岩分类是根据《水利水电工程地质勘察规范》(GB 50487—2008)并结合地下电站实际地质条件制定；

② K_V—岩体完整性系数，RQD—岩体质量指标，J_V—体积裂隙系数。

3.3.2　主厂房洞室围岩变形稳定有限元数值模拟分析

3.3.2.1　3D-σ 软件 20＋136 及 20＋156 方案围岩变形稳定三维有限元比较分析[7-8]

1)主厂房 20＋136 方案围岩变形稳定性三维有限元分析

计算模型以主厂房洞轴线为中心,北西—南东方向取进水口边坡开挖线到尾水口边坡开挖线之间,顺江宽度为 423.5 m,北东—南西方向取主厂房洞挖段的全部长度,总长 235 m;垂直深度取地表到海拔高程－90m,平均深度 275 m;计算介质条件按风化程度可分为微新岩体、弱下风化带、弱上风化带、强风化带及全风化带五个级别,主要考虑厂房区 f_{10} 和 F_{84} 两条规模较大、性状较差断层对围岩变形和应力分布的影响,其余结构面的影响均在岩体力学参数取值中予以考虑,地质概化模型见图 3.3-1(a);模型离散由程序自动完成,采用六面体 20 节点等参数单元,共划分 12834 个单元和 53624 个节点,能够保证计算具有足够精度。离散模型见图 3.3-1(b)。采用拟合反演的方法确定边界面应力分布,即通过调整边界面应力的分布和量级,反复进行有限单元法分析,直到测点处的计算应力与实测应力达到最佳的拟合状态。分析结果表明,边界面应力采用均匀分布且量级为 7.4MPa 时,计算应力与实测地应力可以实现最佳拟合,此即计算采用的应力边界条件。模拟主厂房按 5 步分层开挖,弹塑性计算采用 Drucker-Prager 屈服准则,计算过程通过逐级模拟施工过程获得了最终洞室施工完成后的变形和应力场计算成果(图 3.3-2～图 3.3-5)。

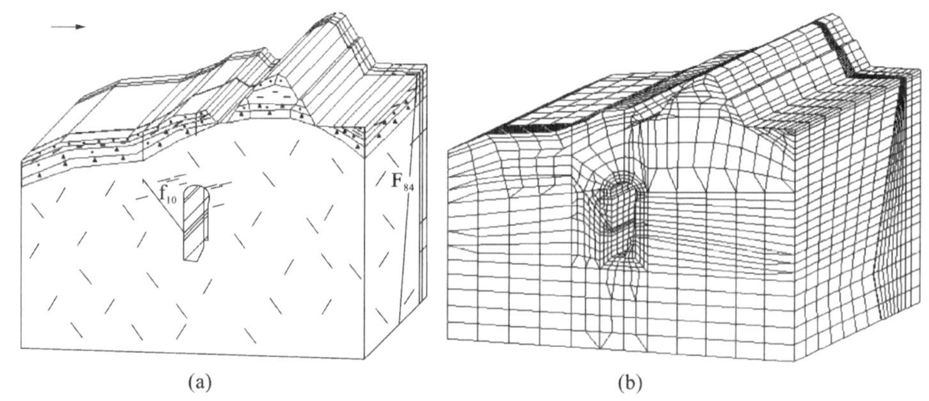

图 3.3-1　地下厂房区计算模型

(a)概化地质模型;(b)三维有限元网格

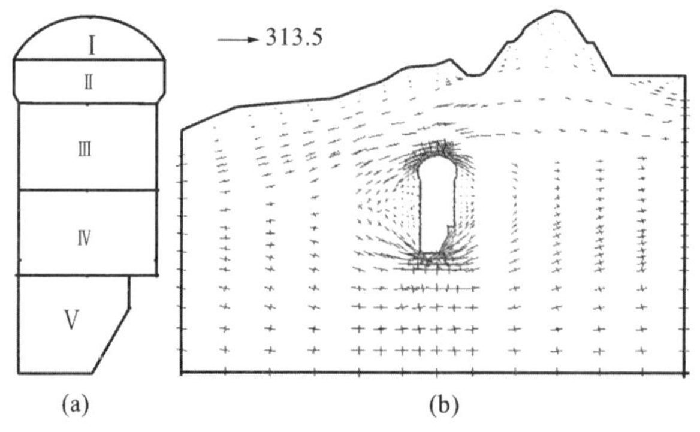

图 3.3-2　地下厂房区应力场

(a)模拟分层开挖;(b)开挖成洞后主应力矢量图

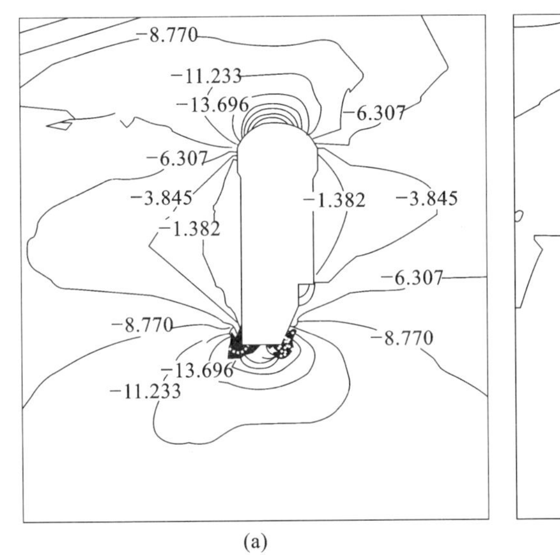

(a)

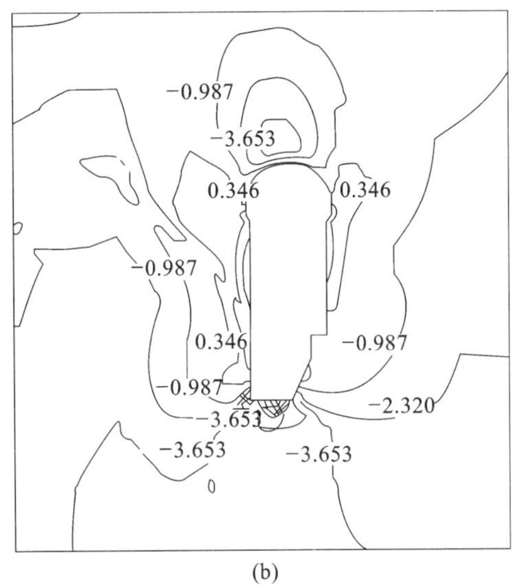

(b)

图 3.3-3　厂房洞室垂直轴线剖面

(a)最大主应力;(b)最小主应力

计算结果表明:

(1)主厂房开挖后,最大主应力在顶拱和边墙拐角部位将产生压应力集中,集中程度为背景值的 2～3 倍,在两侧边墙和洞底中部将产生拉应力集中,一般量级为 1～3MPa。

(2)围岩变形总体量级不大,一般在数毫米至 40mm 之间,边墙变形大于顶拱的变形,一般情况下下游边墙向厂房洞内水平位移小于 30mm,上游边墙向厂房洞内水平位移小于 25mm;在下游边墙受 F_{84} 断层影响的部位,位移量 30～40mm;顶拱部位位移量不大,量值在毫米级,在顶拱岩体质量较差的部位可能出现相对较大的位移,但最大位移量小于 5mm。

(3)围岩的塑性区主要出现在洞室的上、下游边墙部位。受 f_{10} 断层的控制,下游边墙的破坏区明显大于上游边墙的,破坏形式以拉张破坏为主;上游边墙破坏区的范围较小,主要出现在边墙的中上部,除了拱角的局部部位外,边墙塑性区发育深度一般在 4～6 m;下游边墙在 f_{10} 断层出现范围内,塑性区范围主要受 f_{10} 断层的控制,断层与下游边墙之间的岩体出现了大面积的塑性区,其最大影响深度可达 35～40m(水平距离边墙),下游边墙未受 f_{10} 断层影响部位塑性区范围较浅,其分布与上游边墙类似;顶拱部位几乎未出现明显的塑性区,这与厂房初始地应力场量级偏低、最大主应力方向与厂房轴线呈大角度相交、厂房洞室本身埋深较浅(87.5m)等有关。

上述考虑结构面的三维有限元分析结果表明,断层级软弱结构面是围岩变形的控制性因素,断层 F_{84} 附近边墙位移量最大,达 36.4mm,下游边墙围岩最大塑性区范围出现在断层 f_{10} 附近,影响深度达 35～40m。计算成果是开挖无支护条件下的应力-应变结果,主厂房最终变形趋于收敛稳定,表明其在采取系统支护和针对软弱不利结构面加强支护条件下洞室整体稳定性较好。

2)轴线 20＋156 方案主厂房围岩变形稳定性三维有限元比较分析

针对主厂房轴线 20＋136 方案下游边墙存在以 f_{10} 为主形成的 1# 块体方量大、稳定性差,建议采用轴线下移 20m 的 20＋156 轴线厂房方案以减小 1# 块体的不利影响。模拟计算采用与 20＋136 方案相同的地质概化模型和计算条件。计算结果表明,轴线 20＋156 厂房方案主要变化是断层 F_{84}、f_{10} 与主厂房的交切位置和关系有一定变化,除两结构面一定的影响范围

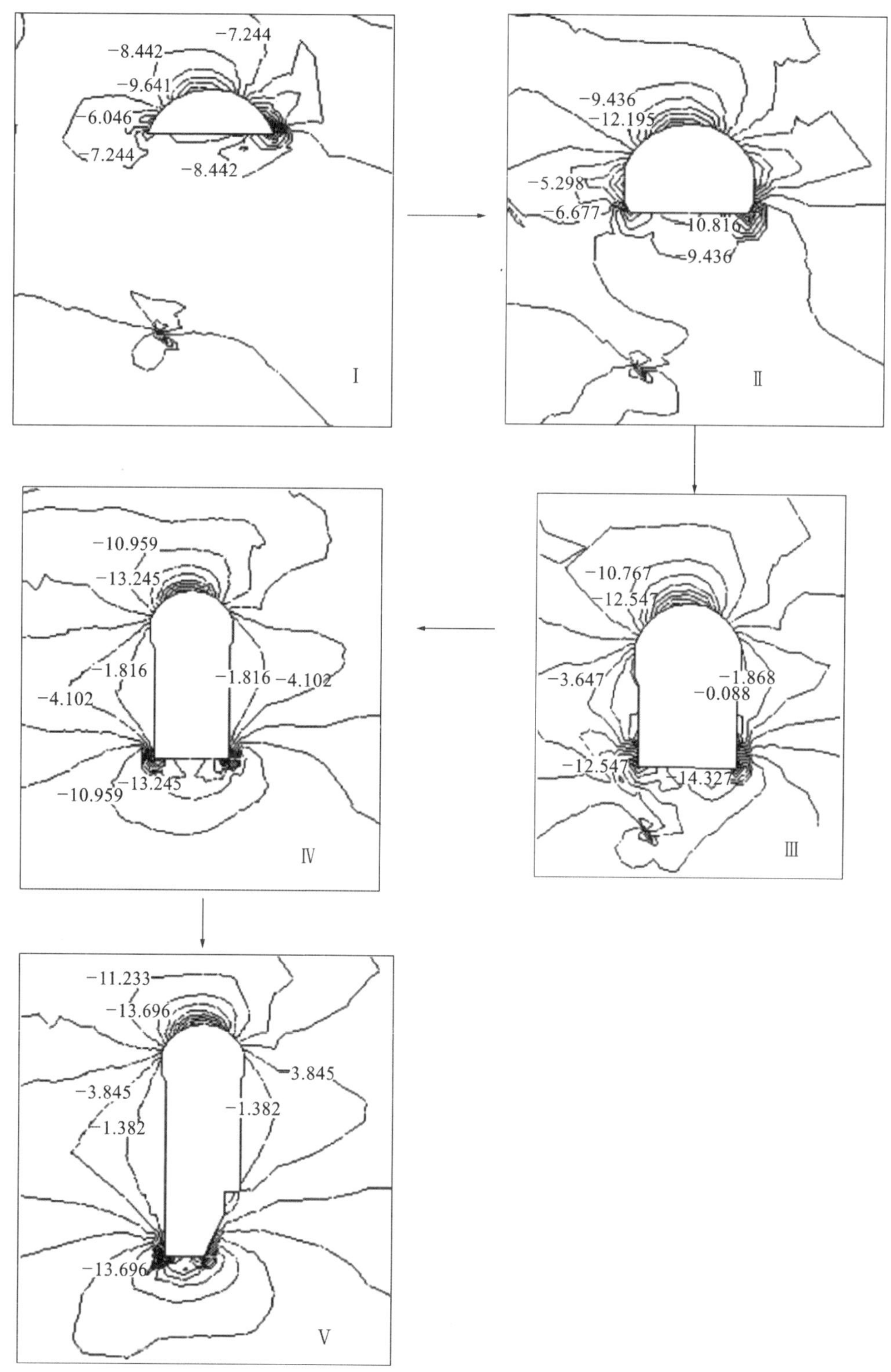

图 3.3-4　开挖施工过程中围岩最大主应力(σ_1)变化过程

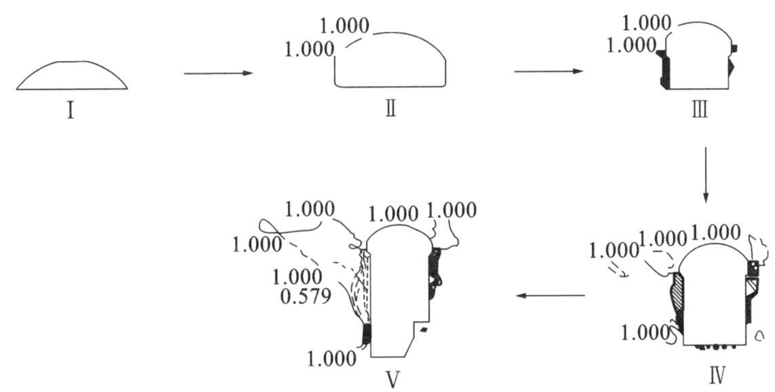

图 3.3-5 主厂房开挖施工过程中围岩塑性区演化图

说明：图示为安全等值线图，由最外界量值为 1 的等值线圈定的区域为围岩塑性区。

内，围岩的二次应力场、变形位移场特征和基本规律相对于轴线 20＋136 方案并未产生大的变化，具有很大程度的相似性。其中最大位移较轴线 20＋136 方案变形量小 3～5mm，断层 F_{84}、f_{10}的错动变形量在轴线 20＋136 方案中最大为 5～8mm，轴线 20＋156 方案的为 3mm；断层 f_{10}对围岩塑性区的最大控制范围在轴线 20＋136 方案中可达 35～40m（水平距边墙的距离），而轴线 20＋156 方案的为 25～30m；就主要结构面的变形和其对塑性区的控制而言，轴线 20＋156 方案较轴线 20＋136 方案更为有利。综合两方案的分析结果，从地下厂房围岩变形稳定性和弹塑性稳定性的角度看，厂房轴线下移 20m 的轴线 20＋156 方案优于轴线 20＋136 方案。

3.3.2.2 二维和三维弹塑性有限元法分析

长江科学院邬爱清等[9]采用二维和三维弹塑性有限元法，对主厂房轴线 20＋136 窑洞式方案围岩稳定性进行了分析。

1）二维弹塑性有限元分析

对 1 号、2 号、5 号机组所在剖面分别进行了三个剖面的弹塑性有限元计算。计算中，对微新和弱风化岩体及断层采用弹塑性 Drucker-Prager 模型，全强风化岩体采用低抗拉弹塑性模型。

（1）开挖位移

1 号机组剖面的开挖位移矢量如图 3.3-6 所示。全断面开挖后，主厂房顶拱、上下游边墙、机窝或近水平或近水平略向上或近水平略向下向厂房内变形。

3 个剖面上游边墙最大水平位移在 17～22mm 之间。1 号机组剖面下游边墙的最大水平位移为 16mm；2 号机组剖面的下游边墙由于断层 F_{84}的出露，最大水平位移达 54mm，出现在下游边墙的中上部；顶拱基本不下沉，中部略上抬，机窝底板的最大回弹量在 3.7mm 左右。5 号机组剖面的下游边墙由于断层 F_{22}、F_{24}的切割而导致了较大水平位移，量值为 30mm。

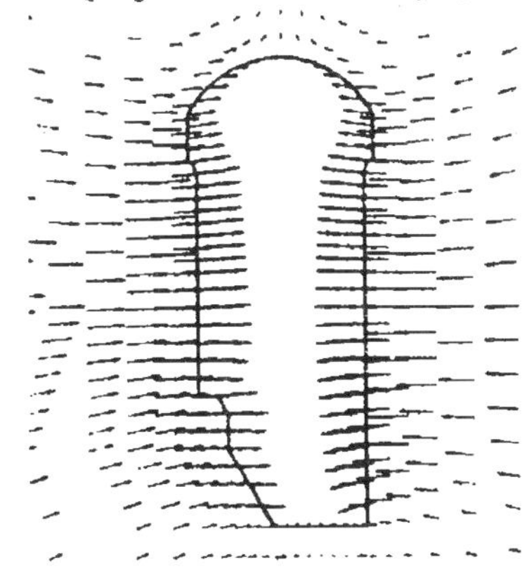

图 3.3-6 1 号机组剖面的开挖位移矢量图

（2）开挖应力场

在开挖过程中，应力场发生较大的变化，在洞周围岩产生应力环流。全断面开挖后顶拱及机窝底板有明显的切向应力集中，顶拱的最大切向压力为 25～28MPa，机窝底板的最大压应力为 28～35.41MPa；在上、下游边墙及后方产生应力松弛，并出现拉应力区，最大拉应力可达 2.0～3.3MPa。

上游边墙岩体分布有沿引水洞洞周的多个矩形拉应力区，其最大延伸可达 20m。下游边墙岩体，1 号机组剖面有向墙内延伸的矩形拉应力区，延伸约为 10m；2 号机组剖面分布有沿断层 F_{20}、F_{84} 及其邻近产生向下游延伸的宽约 21m、长约 51m 的条形拉应力区；5 号机组剖面主要沿断层 F_{22}、F_{24} 及其向墙内延伸的 2 个三角形应力区。

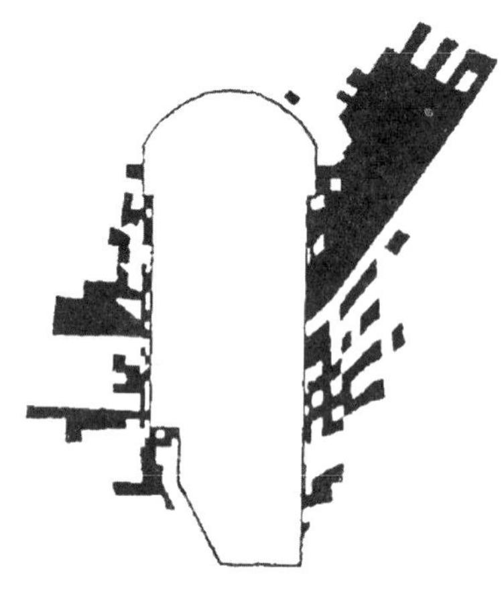

图 3.3-7　2 号机组剖面的塑性区图

(3)塑性区

2 号机组剖面的塑性区见图 3.3-7。全断面开挖后，顶拱及机窝岩体压剪屈服，上、下游边墙岩体拉剪屈服。顶拱的塑性区厚度为 3～4m，机窝底板的塑性区厚度为 5～6m。1 号机组剖面下游边墙内有一定厚度(5～6m)的矩形拉剪塑性区，2 号、5 号剖面分别沿断层向墙内延伸的拉剪塑性区，两条断层之间有零星分布的塑性区。在引水洞、尾水洞与边墙交汇位置的岩体内有向墙内延伸的矩形塑性区。

2)洞室群围岩三维弹塑性有限元分析

计算区域包括引水洞下平段、主厂房、尾水洞、母线洞、地安Ⅱ和地安Ⅰ。沿 x，y 和 z 轴计算范围为 696m×385m×298m，其中 x 轴与主厂房中心线一致，y 轴沿铅直向上为正，z 轴与主厂房中心线垂直，向上游为正，底部高程－200m。区域内有全强风化、弱风化、微新岩体及 F_{20}、F_{22}、F_{24} 断层。

计算域剖分为 7137 个六面体和五面体单元，共计 30140 个节点，计算域的四周法向约束，底部三向约束，地表自由。全断面开挖后洞室群结构如图 3.3-8 所示。

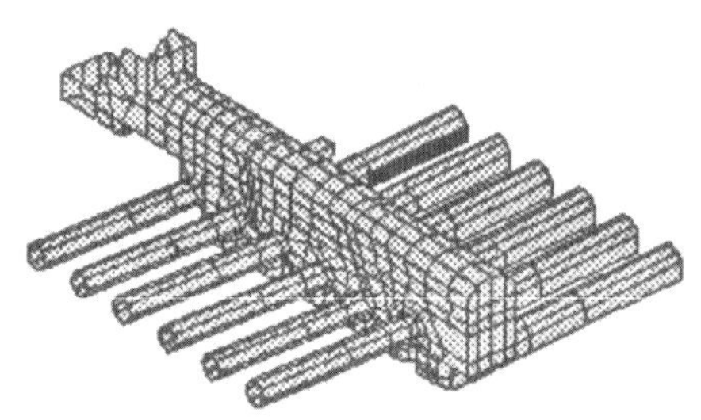

图 3.3-8　全断面开挖后洞室群结构示意图

(1)位移与变形

全断面开挖后，主厂房洞周除顶拱外的位移均朝向洞内，最大变形值出现在下游侧边墙断层 F_{22}、F_{24} 的出露处，变形值 16.8mm。

上游侧边墙最大变形出现在 4 号、5 号机引水洞间上部，变形值 16.3mm。上、下游侧边墙变形相差不大。

由于实测主厂房中部水平方向应力大于垂直方向应力，顶拱的变形表现为拱座内移，拱的中部上抬，全断面开挖后内移达 8.5mm，上抬为 2.2mm。

机窝隔墩以朝两侧机窝方向变形为主，上、下游方向压缩其次，变形值小于 6mm。

尾水洞的变形类型为内移型(或收敛型)，以 6 号机尾水洞变形最大。

(2)应力

全断面开挖后围岩的径向应力释放，切向应力增加。最大主应力(径向应力)σ_1 方向接近垂直开挖面方向，局部由压应力变为拉应力；最小主应力(切向应力)σ_3 近乎平行于开挖面方向。拱座的切向最大压应力为 23.6MPa；上、下游侧墙存在大范围的拉应力区，最大拉应力值分别为 2.63MPa、1.72MPa；机窝隔墩开挖面应力释放，但上、下游方向因受上、下游侧墙的挤压，使其压应力达 34.6MPa;尾水洞顶岩体受拉,最大拉应力为 3.5MPa;拐角处岩体多为压应力集中。

(3)塑性区

顶拱无塑性区分布。下游侧墙的塑性区分布在岩体以下至隔墩以上的成片区域,一般向下游为 3～6m,沿 F_{22}、F_{24} 断层向下游延伸 20m 左右。

上游侧墙在断层及引水洞上部有零星的塑性区分布,有断层出露的 2 号、3 号机和 5 号、6 号机引水洞洞周稍多,塑性区向上游延伸一般在 5m 以内,但沿 F_{20}、F_{22}、F_{24} 断层向上游延伸较远。

机窝上游侧岩体塑性屈服,底板无塑性区分布;隔墩上部 1/4 为塑性区。

6 条尾水洞靠主厂房约 4m 的洞顶岩体均有零星的塑性区,均未与隔墩以上侧墙的塑性区连通。

3.3.3 稳定性评价

地下电站区工程场地地震基本烈度为Ⅵ度。主厂房洞室围岩主要为坚硬的裂隙性岩体且处于低至中等地应力环境,上覆有效岩体厚度一般在洞跨的 2 倍以上;主厂房虽位于地下水位以下,但围岩多属于微～极微透水,且上游侧布置有防渗帷幕,围岩渗水量不大,围岩类型主要以Ⅰ、Ⅱ类围岩为主,Ⅲ～Ⅴ类围岩分布极少,宏观地质评价围岩总体稳定条件较好。

二维、三维有限元数值模拟分析结果表明,裸洞条件下洞室围岩应力与变形量级不大,顶拱基本无塑性变形区分布,边墙塑性区深度一般 3～6m,总体稳定性较好,断层结构面特别是性状较差的 F_{84} 与 f_{10} 断层变形量值和塑性区影响深度较大,需采用针对性加固措施进行控制。

基于硬质裂隙岩体块体理论和三峡永久船闸高边坡工程经验,三峡地下电站主厂房洞室围岩基本岩体质量和稳定条件较好,围岩的稳定性主要受控于断层、裂隙等结构面组合切割形成的块体的稳定性,特别是断层组合切割构成的大型块体,将是影响洞室稳定性的关键因素。

3.4 洞室块体基本模式分析

块体的产生和破坏形式一方面与结构面的发育方向有关,另一方面与洞室的布置,也就是临空条件有关。地下电站洞室洞向主要为平行或近平行水流方向(96.5°～133.5°),如引水洞、尾水洞、交通洞及垂直水流方向(43.5°)的主厂房。本区断层主要发育方向为 NNW、NEE～近 EW 向,其中 NEE～近 EW 向断层性状一般较差;裂隙发育方向主要为 NNW、NEE～近 EW、NNE 及 NE 向,前两组裂隙较发育,后两组裂隙不甚发育,裂隙以中陡倾角为主。从断裂发育方向上看,NEE～EW 向与引水洞、尾水洞及交通洞夹角小,对局部围岩的稳定不利;相对不甚发育的 NE 向对主厂房上、下游边墙的局部岩体稳定不利。另外,少量 NNE～NE 向中缓倾角裂隙(优势产状:92°～121°∠25°～35°)局部相对集中,往往构成边墙块体及洞顶掉块或坍顶失稳的控制性拉裂面。

(1)块体类型及失稳方式

根据结构面与洞室的组合关系,楔形块体类型及失稳方式主要有边墙上的双滑面滑塌失稳、单滑面或近直立单控制面的滑塌或片状剥落失稳,以及洞顶锥形楔体或薄板状掉块或坍顶失稳。各类型块体的组合方式及基本发育特征详见表 3.4-1。

表 3.4-1 地下电站洞室围岩中块体模式类型及基本特征表

洞室部位	块体模式	一般组合方式		组合结构面			失稳方式	发育特征分析
		平面示意图	特征	洞轴线方向	具体部位	优势产状		
边墙	双滑面型楔体	北 面2 面1 面1 面2 右壁 左壁 水流方向	两面与洞向呈斜交对倾、交棱线倾向洞内底端在边墙出露临空，中缓倾角结构面为顶界控制拉裂面	顺水流	左边墙	面 1:170°∠60°～80°； 面 2:250°∠60°～80°； 面 3:92°～121°∠25°～35°	滑塌	滑面 1 不发育，此种块体较少见
					右边墙	面 1:350°∠60°～80°； 面 2:80°或 110°∠60°～80°； 面 3:92°～121°∠25°～35°	滑塌	本类块体较常见，以面 1 为控制滑面
		北 上游边墙 面1 面2 面2 面1 下游边墙 水流方向		垂直水流	上游边墙	面 1:70°∠60°～80°； 面 2:170°～191°∠60°～80°； 面 3:92°～121°∠25°～35°	滑塌	面 1、面 2 产状结构面相对不发育，此类块体较少
					下游边墙	面 1:250°∠60°～80°； 面 2:350°或 3°～11°∠60°～80°； 面 3:92°～121°∠25°～35°	滑塌	面 1、面 2 产状结构面较发育，此类块体较多
	单滑面型楔体	控制性面 北 上游边墙 水流方向 下游边墙 控制性面	平行或近平行洞向中陡倾角面为控制滑面，在边墙出露临空	顺水流	左边墙	300°～325°⊢SW∠50°～70°	滑塌	此产状结构面不发育，此类块体少见
					右边墙	300°～325°⊢NE∠50°～70°	滑塌	此产状结构面相对较发育，块体较常见

续表 3.4-1

洞室部位	块体模式	一般组合方式		组合结构面			失稳方式	发育特征分析
		平面示意图	特征	洞轴线方向	具体部位	优势产状		
边墙	单滑面型楔体	控制性面 北 上游边墙 水流方向 下游边墙 控制性面	两侧与洞向呈大角度相交结构面构成侧缘切割	垂直水流	上游边墙	33°～51° ├SE∠50°～70°	滑塌	此产状结构面不发育，此类块体少见
					下游边墙	33°～51° ├NW∠50°～70°	滑塌	此产状结构面相对较发育，块体较常见
		北 控制性面 右壁 控制性面 左壁 水流方向	与洞向呈小角度相交的80°～近直立倾角面，以断层为主，对边墙影响较大	顺水流	左边墙	300°～325° ├SW∠80°～85°	片状剥落、掉块	此产状结构面不发育，此类块体少见
					右边墙	300°～325° ├NE∠80°～85°	片状剥落、掉块	此产状结构面不发育，此类块体少见
	近直立片状切割型	控制性面 北 上游边墙 水流方向 下游边墙 控制性面		垂直水流	上游边墙	33°～51° ├SE∠80°～85°	片状剥落、掉块	此产状结构面不发育，此类块体少见
					下游边墙	33°～51° ├NW∠80°～85°	片状剥落、掉块	此产状结构面相对较发育，块体较常见

续表 3.4-1

洞室部位	块体模式	一般组合方式		组合结构面			失稳方式	发育特征分析
		剖面示意图	特征	洞轴线方向	具体部位	优势产状		
边墙	正锥形楔体	洞顶	平行(近平行)洞向的两条反倾结构面与垂直(近垂直)洞向的两条反倾结构面共 4 面组合呈“人”字锥体状切割,多为 NNW 组与 NEE～EW 组裂隙切割				掉块、坍顶	本区与洞向呈大角度相交的 NNW、NE～NEE 向结构面发育,易在洞顶形成此类型块体,但大多规模较小,破坏形式以掉块为主并控制洞顶面形状,局部可能形成断层级组合
	斜锥形楔体	洞顶	组成结构面走向与上类似,其中至少有 1 组结构面倾向基本相同,仅倾角不同而在洞顶附近呈“人”字形相交切割洞顶岩体				掉块、坍顶	
	单缓切面薄板型	洞顶	缓倾角结构面为主要切割面,在洞顶形成薄板状切割			92°～121°∠25°～35°	掉块、坍顶	此类中缓倾角裂隙较发育,这种破坏现象较常见,并往往构成块体的顶界控制拉裂面

注:顺水流方向(96.5°～133.5°)洞室有引水洞、尾水洞、交通洞;垂直水流方向洞室有(43.5°)主厂房等。

(2)块体规模

块体规模主要与切割面级别有关,一般由断层组合形成的块体规模较大,一般达数千立方米至数万立方米;由断层和裂隙组合成的半定位块体规模可达几千立方米;由裂隙组合形成的块体为一些随机块体,规模小者为岩块,稍大者体积一般小于 300m^3(根据永久船闸直立坡块体统计资料)。工程中遇到的不利稳定块体规模还与洞室规模有关,如主厂房,洞室规模大,产生临空边界大,可能会揭穿由断层组合切割的大型块体,体积可达数万立方米;而引水洞、尾水洞等规模相对较小,大的断层级块体一般不会被揭穿临空,因而就不会对工程造成危害,为稳定块体,这些洞室一般为以裂隙为主组合形成的随机块体。

裂隙级随机块体在各个洞室都是存在的,需要在洞室开挖过程中加强观测,及时发现、及时处理,避免给工程施工带来不利影响。主厂房等大型洞内的由断层组合形成的块体是研究的重点对象,其对工程的影响大,应查明存在的大型不利稳定块体,并通过厂房轴线的适当调整避开个别难以处理或需要花很大代价进行处理的大型块体,并对无法避开或不能完全避开的块体设计合理的支护措施进行超前加固,避免在工程施工过程中或施工完成后块体失稳破坏给工程带来重大不利影响。

3.5　主厂房洞室大型块体动态勘察研究

3.5.1　全空间平洞勘探技术应用

勘探平洞布置总体围绕地下厂房开展:在 72m、98m 高程分别布置两层纵横勘探平洞网,并根据主厂房布置方案的调整,采取动态延长和增加斜孔等手段,对关键结构面进行追踪勘探、为查明主厂房主要断层空间展布及特征、分析与厂房洞室的组合关系及所构成的不稳定块体起到了关键作用。平洞空间布置如图 3.5-1 所示,最终完成勘探平洞总进尺 3017m。

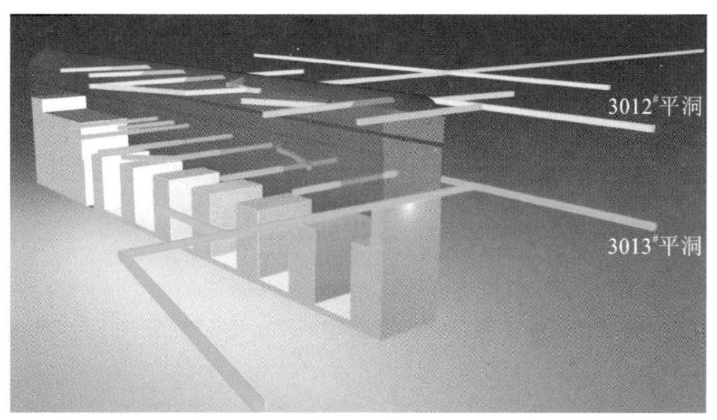

图 3.5-1　围绕地下电站主厂房立体勘探平洞图(高程 98m、72m 两层纵横成网)

利用全空间平洞勘察信息,通过平切面图、纵横剖面图等,可有效建立空间三峡地质模型和关于块体的立体空间信息,对块体搜索、分析及评价十分关键。

3.5.2 主厂房围岩大型块体动态勘察研究

3.5.2.1 主要断层结构面与主厂房洞室空间关系分析

根据统计，主厂房区断层按产状可分为四组，各组产状与主厂房上、下游边墙的交切关系分析见表 3.5-1。四组断层产状对上游边墙来说，均是逆向结构面，对上游边墙稳定有利，而对下游边墙来说均是顺向结构面，对下游边墙稳定是不利的，最为发育的 NNW 组(代表性断层 F_{20}、F_{22}、F_{24}、f_{35}等)，NEE～近 EW 组(代表性断层 F_{84}、f_{57}、f_{143}等)两组与边墙走向总体呈中等角度斜交，但 NNW 组倾向南西、NEE～近 EW 组倾向北西，两组断层相邻发育时易于在下游边墙组合切割构成双滑面块体；NE 组、NNE 组断裂较少，主要代表性断层有 f_{10}，与下游边墙呈小角度斜交，易在边墙上形成单滑面块体。

表 3.5-1 主厂房区各组断层产状与边墙关系分析表

断层分组	产状(倾向/倾角)	上游边墙产状 133.5°∠90°	下游边墙产状 313.5°∠90°
NNW 组	250°～265°∠65°～80°	48.5°～63.5°，逆向结构面	48.5°～63.5°，顺向结构面
NEE～近 EW 组	330°～10°∠60°～80°	16.5°～56.5°，逆向结构面	16.5°～56.5°，顺向结构面
NE 组	300°～330°∠50°～80°	13.5°～16.5°，逆向结构面	13.5°～16.5°，顺向结构面
NNE 组	285°～295°∠65°～80°	18.5°～28.5°，逆向结构面	18.5°～28.5°，顺向结构面

主厂房区相对较发育 NNE 组中缓倾角(110°～130°∠25°～40°)长大裂隙或密集带可构成块体顶切面。

3.5.2.2 主厂房轴线 20＋136 方案下游边墙大型块体[10]

通过地面测绘、高程 72m(PD3013)及 98m(PD3012)两层勘探平洞、20 个小口径钻孔及彩色电视录像和全断面数字电视成像技术进行立体勘察，查明厂房区岩体结构特征，对厂房区各种级别的断层和贯通性较好的裂隙进行组合，确定出地下厂房轴线 20＋136 窑洞式进口方案主厂房下游边墙分布有 4 个大型块体(图 3.5-2、表 3.5-2)。1# 、2# 、3# 块体底角均位于机组隔墩(▽49.5m)以上；4# 块体底角高程为 46m，位于机组隔墩之间，因此，1# 、2# 、3# 、4# 块体均处于临空悬挂状态。块体临空面为地下厂房下游边墙，以各类中缓、中陡倾角断层和贯通性较好的长大裂隙为滑动面，以陡倾角断层为侧部切割边界，以缓倾角裂隙发育带为块体顶部边界。

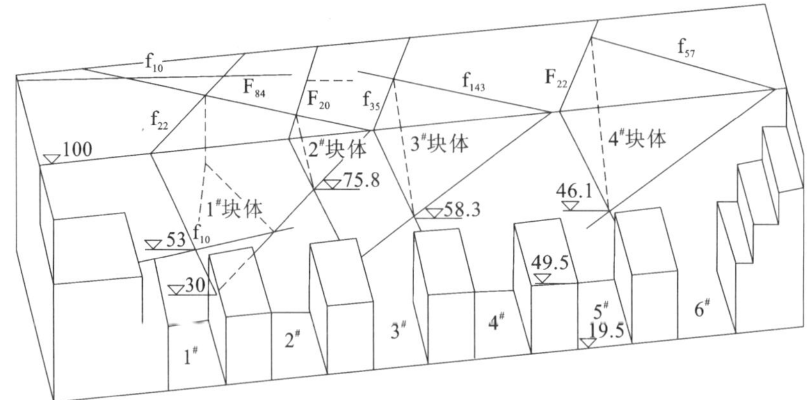

图 3.5-2 主厂房(轴线 20＋136 方案)下游边墙块体分布示意图

表 3.5-2　主厂房轴线 20＋136 方案下游边墙块体构成特征表

块体编号	构成块体的结构面编号及产状	结构面性状	结构面抗剪强度参数建议值		边界类型	块体组合形式示意图
			C'(MPa)	f'		
1#	f_{22}:265°∠75°	平直稍粗硬性结构面	0.15～0.20	0.65～0.70	NE 侧侧边界	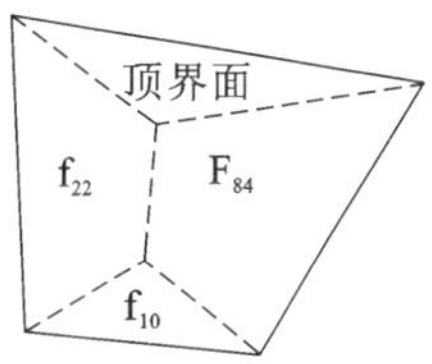
	F_{84}:340°∠70°	波状起伏软弱结构面	0.06～0.09	0.50～0.61	SW 侧侧边界	
	f_{10}:320°∠50°	较平直泥化软弱结构面	0.03～0.07	0.25～0.32	底滑面	
	D_1:131°∠35°	缓倾角裂隙相对发育带	—	—	顶界面	
2#	F_{20}:245°∠70°	平直稍粗硬性结构面	0.15～0.20	0.65～0.70	NE 侧侧滑面	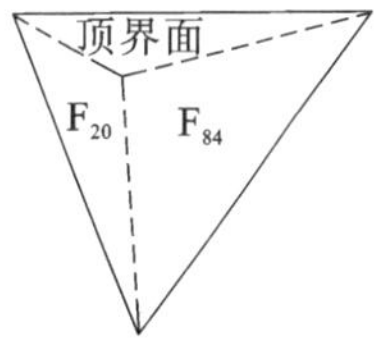
	F_{84}:340°∠70°	波状起伏软弱结构面	0.06～0.09	0.50～0.61	SW 侧侧滑面	
	D_1:131°∠35°	缓倾角裂隙相对发育带	—	—	顶界面	
3#	f_{35}:247°∠72°	平直较光滑硬性结构面	0.10～0.15	0.55～0.65	NE 侧侧滑面	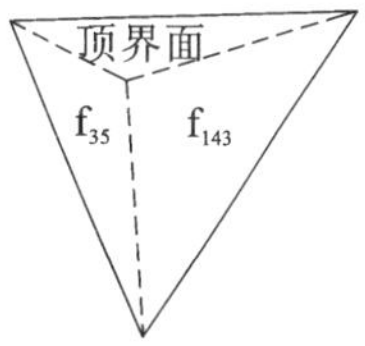
	f_{143}:340°∠70°	平直较光滑硬性结构面	0.08～0.10	0.60～0.65	SW 侧侧滑面	
	D_3:118°∠30°	缓倾角裂隙相对发育带	—	—	顶界面	
4#	F_{22}:250°∠70°	平直稍粗硬性结构面	0.15～0.20	0.65～0.70	NE 侧侧滑面	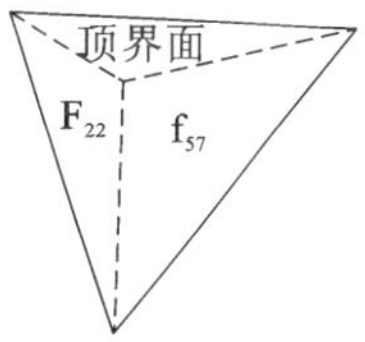
	f_{57}:345°∠60°	波状起伏软弱破碎结构面	0.06～0.10	0.50～0.65	SW 侧侧滑面	
	D_5:114°∠35°	缓倾角裂隙相对发育带	—	—	顶界面	

(1)顶部边界的搜索与确定

考虑到厂房区结构面的发育特征和可能失稳块体主要出露在下游边墙的具体情况，块体的顶部边界只能是倾向下游(下游边墙内部)的缓倾角裂隙。为了定位定向研究结构面发育情况，在主厂房区布置了 22 个小口径钻孔，并对钻孔进行彩色电视录像。以主厂房区 22 个钻孔内电视录像的裂隙定位定向测量资料为依据，参考右岸勘探平洞和地表所揭露的缓倾角裂隙发育情况，对主厂房区边墙和顶拱附近的缓倾角裂隙的发育和分布规律进行了较深入、系统的研究，在主厂房区共发现 7 个缓倾角裂隙相对发育带，53 个缓倾角裂隙相对发育透镜体。结合潜在不稳定块体的侧边界和滑面控制范围，在下游边墙岩体中确定各个不稳定块体的顶界面 D_1、D_3、D_5。

(2)块体运动形式分析

由分析可知，2#、3#、4# 块体属于双滑面运动形式，1# 块体存在两种滑移形式的可能性：沿 f_{10} 断面单面滑动，或沿 f_{10} 与 F_{84} 或 f_{10} 与 f_{22} 的交线双面滑动。由于断层 f_{10} 性状差，且与下游边墙近平行、中倾角顺倾洞内，是下游边墙围岩变形与稳定的主控结构面，综合分析确定按 f_{10} 单滑面考虑。

(3)块体稳定计算

利用边坡块体稳定性分析的 SASW 系统,对地下电站主厂房区围岩可能失稳块体进行稳定计算。分析计算中,对于缓倾角裂隙发育带除了按 100% 连通考虑,还忽略了岩体的抗拉强度,显然,其计算结果略偏保守。块体稳定计算结果见表 3.5-3。

表 3.5-3　主厂房轴线 20+136 方案下游边墙块体分析计算结果

块体编号	体积（万 m^3）	最大高度（m）	顺水流方向最大宽度(m)	边墙上最低出露高程(m)	稳定性系数
1#	5.08	63.88	31.43	51.00	0.24～0.35
2#	1.08	53.64	19.37	60.00	1.06～1.37
3#	0.61	43.00	16.50	58.30	0.77～1.26
4#	1.40	61.37	21.81	46.00	1.11～1.46

(4)调整厂房布置方案的块体稳定性分析

上述块体悬挂在下游边墙,方量大,稳定性系数低,不易加固处理,特别是 1# 块体规模巨大,体积达 5 万余 m^3,主滑面断层 f_{10} 性状差、强度低,稳定性系数小于 1,若采取工程措施进行加固处理,难度及工程量很大。因此,一定条件下,通过适当调整厂房布置来避开上述不稳定块体或尽可能提高上述块体的稳定性是行之有效的办法。

1# 块体方量最大,稳定性最低,对厂房围岩稳定性影响最大,为此考虑了 6 种厂房布置方案变动时对 1# 块体的影响:①主厂房向下游平移 20m;②主厂房向上游平移 15m;③主厂房向上游平移 35m;④以厂房轴线的右端点为中心,向上游旋转 3.5°;⑤以厂房轴线的右端点为中心,向上游旋转 7°;⑥主厂房沿轴线方向向右移动 50m。分析结果见表 3.5-4。

表 3.5-4　调整厂房位置对 1# 块体稳定性影响分析表

方案	块体方量(万 m^3)	稳定性系数	块体底角出露高程(m)	块体临空情况
①	0.29	0.97～1.13	73～86	块体底角临空
②	9.8	0.57	43～52	块体底角部分不临空,但只略低于 49.5m,在计算中按块体临空考虑
③	18		18～26	块体被 1#、2#、3# 机组之间的隔墩阻挡,底角不临空,无整体滑移条件
④	8.3	0.59	44～56	块体底角部分不临空,但只略低于 49.5m,在计算中按块体临空考虑
⑤	15		29～49	块体底角不临空
⑥	块体不临空			

由上表可见,③、⑤、⑥方案均可使 1# 块体的下端底角不临空,不具备整体滑移条件;②、④方案虽使 1# 块体下端底角不临空,但支撑体单薄,且体积显著增大,稳定性系数显著降低;①方案虽然使块体临空,但其体积大大减小,稳定性系数已达 1 左右。综合考虑到对水工布置与水力学条件的影响程度及勘探工作的有效控制范围,提出将主厂房位置下移 20m、可将 1# 块体大部分予以挖出的地质建议并得到采纳。厂房向下游平移 20m 后,2# 块体消失,1#、3#、

4# 块体预测计算结果见表 3.5-5。

表 3.5-5　厂房轴线下移 20m(20+156 方案)1#、3#、4# 块体预测计算结果表

块体编号	体积(m^3)	最大高度(m)	顺水流方向最大宽度(m)	边墙上最低出露高程(m)	稳定性系数
1#	2900	27	13.15	73	0.97～1.13
3#	800	17.46	6.97	83	2.77～3.90
4#	3600	25	19.24	75	1.70～2.17

3.5.2.3　主厂房轴线 20+156 方案下游边墙大型块体

(1)块体的构成

构成块体的边界主要为临空面、滑动面和切割面。下游边墙块体以主厂房边墙开挖面为临空面;各类中缓倾角结构面与其他结构面组合可构成块体的顶部切割面,但由于该组合涉及岩体的抗拉连通率等复杂问题,因此在块体稳定性分析中,块体顶界面按自由面考虑;中陡倾角断层可构成块体的侧向切割面及滑动面。

根据地表测绘、钻探、平洞勘探资料,依据上述块体构成边界,综合分析在下游边墙上分布有 6 个大规模不利块体,各块体的边界构成及其空间分布分别见表 3.5-6、图 3.5-3、图 3.5-4。其中 1# 块体由于左侧边界断层发生变化由 f_{285} 构成,块体体积较原分析预测情况偏大;5# 块体包含在 6# 块体中,4# 块体大部分与 5# 块体重叠。

表 3.5-6　主厂房(轴线 20+156 方案)下游边墙各块体边界特征与力学参数表

块体编号	组合形式	构成块体的各类结构面编号及产状	结构面性状简述	结构面抗剪强度参数建议值 C(MPa)	结构面抗剪强度参数建议值 f	边界类型
1#	单滑面	f_{285}:255°∠85°	面平直光滑～稍粗,构造岩为碎裂岩及碎裂××岩,胶结良好	0.15～0.20	0.6～0.7	侧向切割面
		f_{10}:320°∠50°	面平直光滑,构造岩主要为碎裂岩,主断面上见 1～2cm 的细角砾及岩屑,两侧见 0.5～1.0cm 的紫红色泥膜,胶结较差	0.03～0.05	0.25～0.32	底滑面
		F_{84}:350°∠60°	面波状粗糙,断层表现为两条断面控制的角砾岩～碎裂岩带,时宽时窄,断层带中可见空隙及方解石晶洞或晶簇,胶结差,风化加剧	0.06～0.09	0.46～0.58	侧向切割面
		以 105.30m 高程(主厂房顶拱高程)处的水平面为块体的顶界面				
2#	双滑面	F_{20}:250°∠70°	面平直光滑,构造岩为碎裂岩及碎裂××岩,胶结良好	0.15～0.20	0.6～0.7	侧滑面
		f_{143}:345°∠65°	面波状粗糙,构造岩为半疏松状的角砾岩	0.07～0.1	0.6～0.7	侧滑面
		以 105.30m 高程(主厂房顶拱高程)处的水平面为块体的顶界面				

续表 3.5-6

块体编号	组合形式	构成块体的各类结构面编号及产状	结构面性状简述	结构面抗剪强度参数建议值		边界类型
				C(MPa)	f	
$3^{\#}$	双滑面	f_{32}:250°∠69°	面平直光滑～稍粗，构造岩为碎裂岩及碎裂××岩，胶结良好	0.15～0.20	0.6～0.7	侧滑面
		f_{100}:354°∠84°	面波状粗糙，构造岩为半疏松状的角砾岩，面张开流水	0.06～0.1	0.5～0.61	侧滑面
		以105.30m高程(主厂房顶拱高程)处的水平面为块体的顶界面				
$4^{\#}$	双滑面	F_{24}:250°∠70°	面平直稍粗，构造岩为碎裂岩及碎裂××岩，胶结良好	0.15～0.20	0.65～0.7	侧滑面
		f_{57}:347°∠60°	面波状粗糙，构造岩为半疏松状的角砾岩	0.06～0.1	0.5～0.65	侧滑面
		以105.30m高程(主厂房顶拱高程)处的水平面为块体的顶界面				
$5^{\#}$	双滑面	F_{22}:254°∠72°	面平直稍粗，构造岩为碎裂岩及碎裂××岩，胶结良好	0.15～0.20	0.65～0.7	侧滑面
		f_{58}:10°∠70°	面波状粗糙，构造岩为半疏松状的角砾岩	0.06～0.1	0.5～0.65	侧滑面
		以105.30m高程(主厂房顶拱高程)处的水平面为块体的顶界面				
$6^{\#}$	双滑面	F_{22}:254°∠72°	面平直稍粗，构造岩为碎裂岩及碎裂××岩，胶结良好	0.15～0.20	0.65～0.7	侧滑面
		f_{205}:10°∠78°	面波状粗糙，构造岩为半疏松状的角砾岩，沿断面可见断续的泥膜	0.06～0.09	0.5～0.61	侧滑面
		以105.30m高程(主厂房顶拱高程)处的水平面为块体的顶界面				

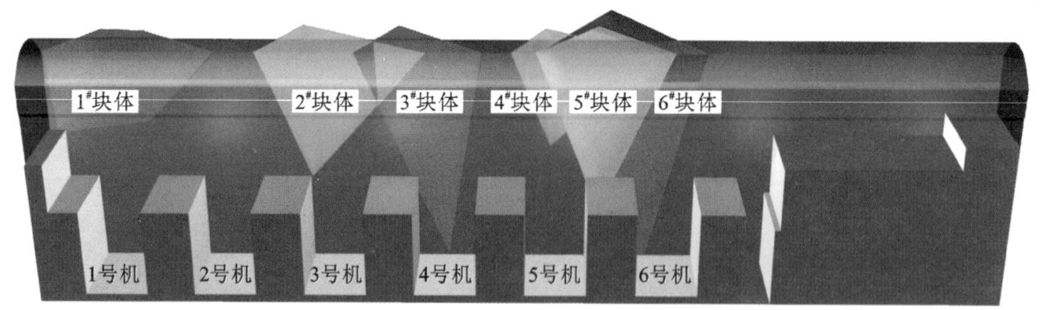

图 3.5-3　主厂房(轴线 20+156 方案)下游边墙 6 个大型块体立体示意图

(2)块体稳定性分析

采用块体稳定性分析计算软件 KT，对 6 个块体进行稳定性分析计算。计算中考虑了地震和地下水等因素的影响，地震按Ⅵ度考虑，地下水的模拟只考虑块体顶部以下饱水且全封闭工况；顶界按 100%连通考虑，即忽略块体顶部岩体拉力，计算结果详见表 3.5-7。计算结果及相关说明如下：

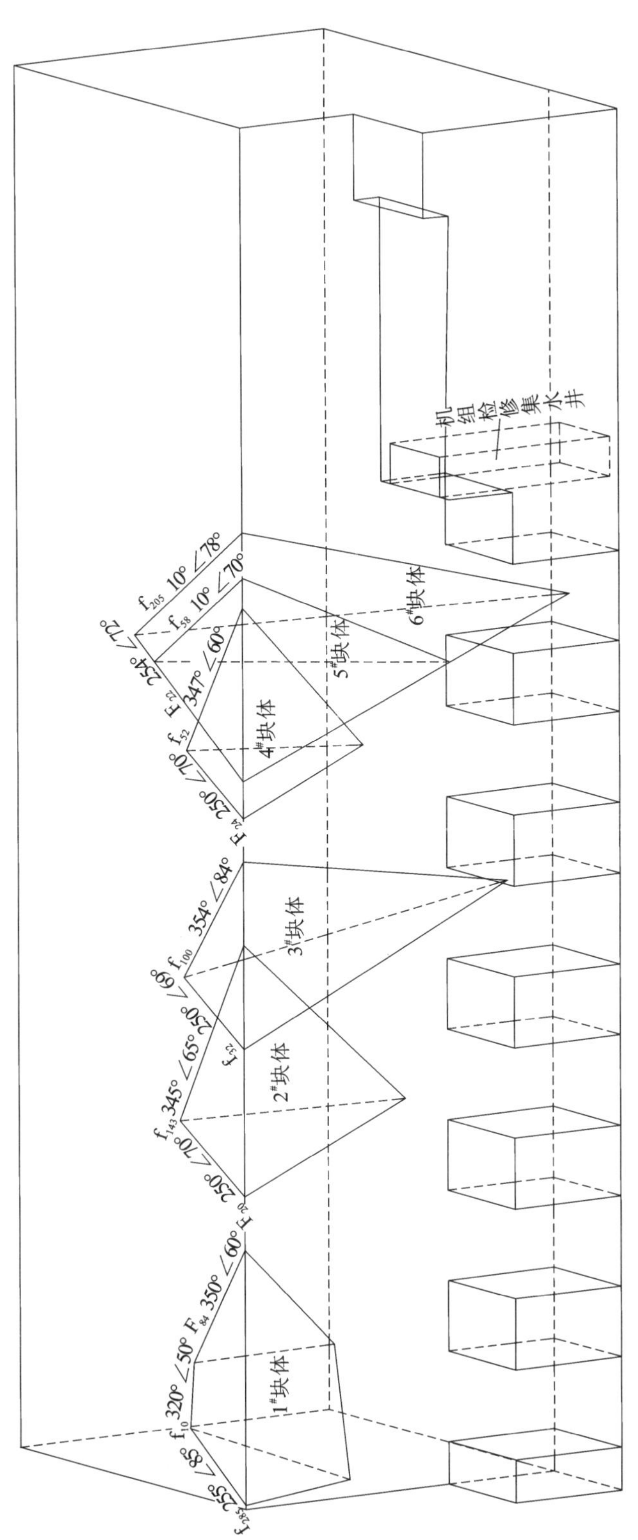

图 3.5－4 主厂房（轴线20＋156 方案）下游边墙 6 个大型块体立体示意图

表 3.5-7　主厂房(轴线 20+156 方案)下游边墙块体稳定计算结果

块体编号	方量(万 m^3)	最大高度(m)	顺水流方向最大宽度(m)	块体最低点出露高程(m)	稳定性系数(天然)	稳定性系数(Ⅵ度地震)	稳定性系数(地下水)	稳定性系数(地震+地下水)
1#	1.14	30.0	24.0	77.65	0.29～0.53	0.28～0.50	0.25～0.50	0.23～0.44
2#	1.30	46.1	28.1	61.5	1.15～1.53	1.11～1.48	0.85～1.17	0.81～1.12
3#	1.52	75.8	26.8	31.86	1.12～1.49	1.09～1.45	0.78～1.08	0.77～1.07
4#	0.71	34.1	24.8	73.28	1.42～1.89	1.37～1.83	1.14～1.56	1.09～1.50
5#	1.84	59.3	38.6	48.31	1.33～1.73	1.28～1.67	0.96～1.29	0.90～1.22
6#	4.35	93.5	47.2	14.13	1.06～1.37	1.04～1.31	0.62～0.84	0.59～0.81

①天然状态下 1# 块体稳定性系数小于 1,不稳定;6# 块体稳定性系数略大于 1,稳定性亦较差;其余块体的稳定性系数在 1.2～1.9 之间。

②地震和地下水等因素对块体的稳定性均有影响,尤其是地下水对块体的稳定性影响较为明显。当块体范围内的地下水排泄不畅时会大大降低块体的稳定性,在块体处理的措施中要考虑针对块体的专门排水设计。

③计算成果是在对构成块体结构面产状进行概化处理的基础上得出的,对块体各界面按平直面来处理,但实际情况是即使是地下电站区产状比较稳定的 NNW 组压性断层也不是绝对平直的,而 NEE～EW 组断层的张性断面更是呈波状起伏,可能以断层带形式断续延伸,即局部可能存在岩桥。

④ 6 个块体在稳定计算时均将各块体作为统一刚性整体考虑,但由于结构面的存在实际并非如此,各块体内可能存在次级块体,尤其是当块体底部存在不稳定次级块体时,若其失稳,可能导致整个块体的失稳。

⑤块体的稳定计算未考虑岩锚梁及吊车产生的外部荷载,而下游边墙岩锚梁基座横跨 6 个块体,因此,在进行块体治理方案设计时应考虑其影响并进行稳定验算。

此外,除上述较大规模定位块体外,还存在断层与裂隙或裂隙与裂隙组合构成的随机不利稳定块体,块体规模大者亦可达数百至数千立方米。

3.5.2.4　主厂房(轴线 20+156 方案)其他部位块体分析预报

(1)上游边墙及左、右端墙

根据地下电站历次勘察成果,在主厂房上游边墙及左、右端墙目前尚未发现较大规模的断层组合切割块体,但存在由断层与裂隙或裂隙与裂隙组合构成的块体,块体规模大者可达数百至数千立方米,特别是在上游边墙由走向 NEE～EW、NNW 向断层侧向切割,在倾向下游的中倾角裂隙底部切割的情况下可构成一定规模的不利的随机块体(图 3.5-5),其规模主要受中倾角裂隙规模控制。

(2)顶拱

厂房顶拱上随机块体一般为锥形块体或缓倾角结构面切割的薄板状块体,块体规模受缓倾角结构面规模控制,破坏形式以掉块或坍顶为主。根据勘探孔及平洞资料,在 1 号与 2 号机组间、3 号机组左侧、4 号及 5 号机组右侧顶拱上分布有数条缓倾角裂隙性断层,其与厂房区最发育的 NNW、NEE 向结构面组合可形成一定规模的块体,体积可达数百至千余立方米。另

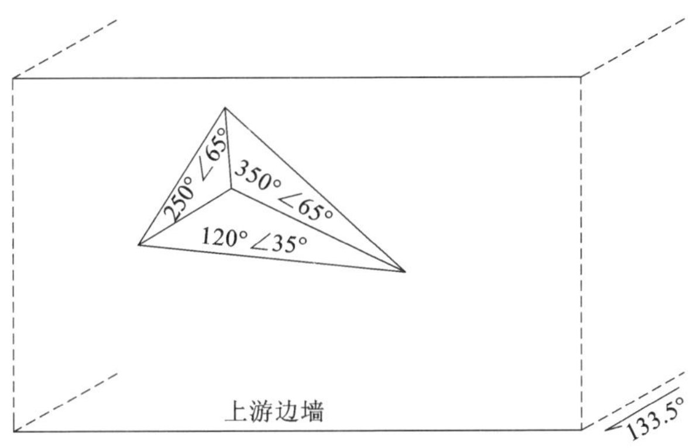

图 3.5-5 上游边墙块体示意图

外，根据主厂房区勘探钻孔及录像资料统计，顶拱上覆完整岩体中中缓倾角(≤40°)裂隙发育竖向间距稍密者 0.5～2m/条，呈随机透镜体状分布，其厚度一般为 0.5～4m 不等，间距稀疏者 5～10m/条，优势产状主要为倾向 90°～100°及 290°～310°，倾角 20°～40°。因此，除应对顶拱部位以这些结构面为主形成的一些随机块体进行及时加固等处理外，还应考虑上覆岩体一定深度内中缓倾角结构面对顶拱变形及稳定的影响，建议对顶拱实施系统加固，以保持顶拱的永久稳定。

4 大型洞室仪测成像可视化地质编录方法

4.1 概　　述

4.1.1 可视化地质编录技术发展

施工地质编录是水利水电工程建设期地质工作中极其重要的一环。由于大型地下洞室几何形态复杂、施工场地狭小、照明编录条件差以及边开挖边喷护、暴露时间短等特点，传统的施工地质编录往往精度较差，很难建立准确的地质模型，特别是关键块体边界的准确定位问题，因而从根本上制约了后续分析结果的准确性，因此，如何在常规地质编录方法的基础上研发操作性强、精度可靠、可用于大规模生产的可视化地质编录技术，在三峡地下电站主厂房开工前期尚是一个关键技术难题。

"基于数字摄影测量的地质编录"是20世纪90年代后期开始在水利水电工程地质编录工作中尝试运用的一种新方法，最早应用于边坡工程。这一技术在理想情况下具备如下优点：①具有边坡完整直观的影像图；②快捷，减少现场地质编录的工作量；③降低现场地质编录的难度及危险程度；④便于资料管理与查阅。同期国内一些科研院校在可视化编录技术方面进行了大量的研究与探索[11-16]，并随着测量、数码技术的进步等，取得了许多令人满意的成果，从应用范围上看，主要是大型边坡和中小型洞室(一般洞径小于10m)。

在"九五"科技攻关项目实施期间，长江勘测技术研究所与长江三峡勘测研究院在三峡工程船闸边坡进行了该项技术的研究，并开发了一套应用软件Geomap。2001年，结合清江水布垭水利枢纽工程的实践，对该项技术加强了研究力度。受研究深度的局限，以及测量、数码技术等尚不够成熟，研究成果不甚理想，无法得到全面的运用与推广。2004年，在乌东德高边坡研究中该项技术得到了进一步的发展，主要是图像清晰度有了较大的提高。与此同时，在小断面洞室全断面成像及大断面洞室成像系统等方面，也进行了卓有成效的尝试。另外，三维照像技术也在国内外一些边坡和洞室编录中得到了应用。但是，这些技术本身存在一些缺陷：

(1)力图用数字成像技术代替常规地质编录的思路是不合适的；

(2)偏重于图像后处理精度，相对忽视地质体本身实测精度；

(3)较多硬件设施及复杂后处理程序，往往离不开专业人员的操作；

(4)成本较高，动则数十万元，同时占用的人力资源也较多。

上述缺陷的直接后果是，所谓可视化编录往往仅成为科研人员的"项目"或生产性试验，其功能主要用于某些特定场合的成果展示，无法进行常规的大规模生产作业。尤为重要的是，这些仅从图像上解译的所谓地质编录成果，其清晰度、精度等方面仍与地质要求相差甚远，更无法成为精确地质建模的依据。

4.1.2　大型地下洞室仪测成像可视化地质编录技术

大型洞室仪测成像可视化地质编录技术是一套全新的可视化地质编录的技术思路和工作流程(图 4.1-1),它是在三峡工程地下电站主厂房施工开挖初期构思、试验验证与生产实践过程中逐步完善起来并应用于主厂房、尾水隧洞等大型洞室的生产实践,最终取得国家发明专利证书。该技术通过研发专用激光标点器和引入免棱镜全站仪等,单幅图片均可实现四点(或以上)测量定位,突破了传统可视化编录中无法单张图片精确定位和定点矫正拼接的最大难题;并通过地质及测量人员合理的工作组合,成功地实现了高清数码成像技术、激光遥测技术、计算机自动处理技术及常规地质编录的有机结合,包含系统定位、测量与高清成像、系统矫正与拼接、地质解译与成图等关键技术和标准化工作流程,实现了真正意义上的、可大规模应用于生产的、符合规程规范的可视化地质编录技术。

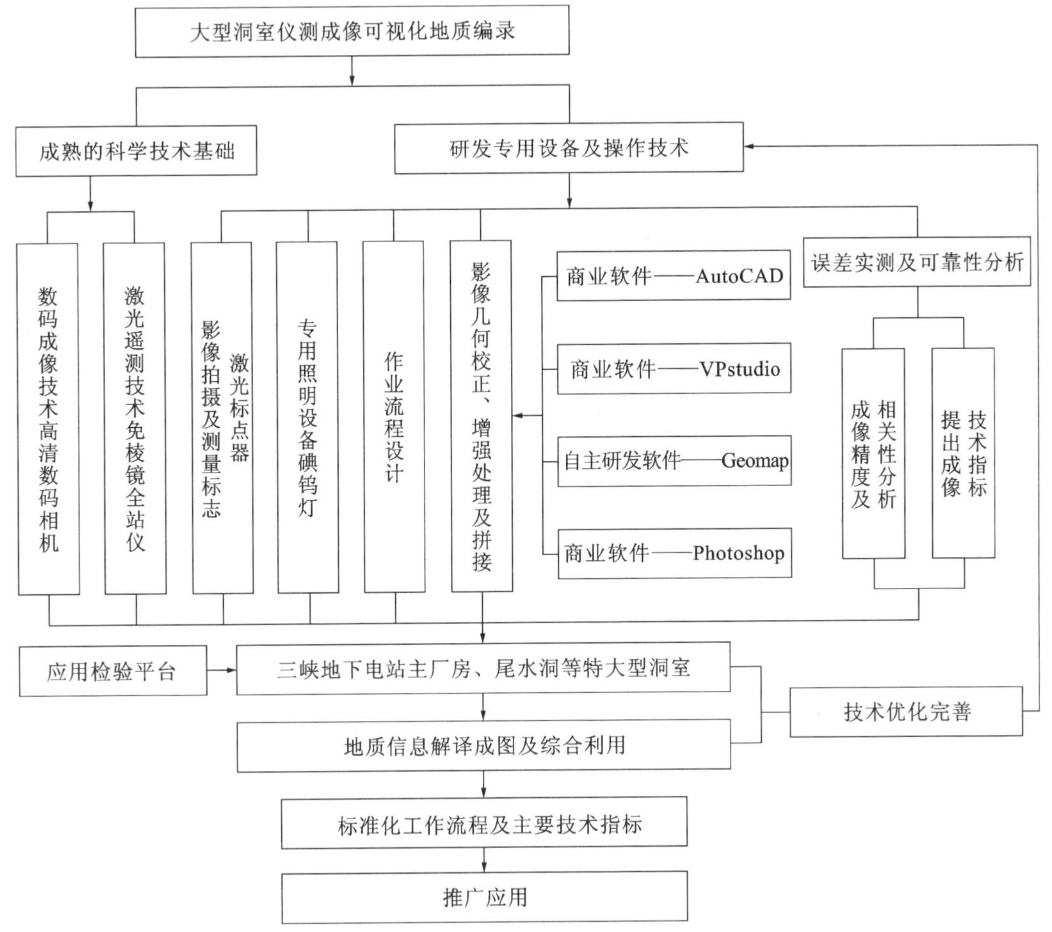

图 4.1-1　大型洞室仪测成像可视化地质编录方法研发流程框图

该技术最终形成的具有精确比例尺的高清地质线划影像图,所包含的地质信息、精确度等大大超过常规地质编录图,解决了传统手工素描地质编录方法成图精度较差、地质内容单调、不具可视化和综合利用效果较差等缺陷,成果便于保存和综合利用。其突出的优点如下:

(1)测量技术、数码成像技术、计算机自动处理技术与常规地质编录的完整结合,精度具可控制性,成功解决了一般可视化编录中地质体没有精准定位及与常规地质编录的结合问题。

(2)操作简便快捷,不需要额外专业技术人员。工作中一次仅需地质或测量人员 2～3 人,有利于大规模生产应用。

(3)对于施工地质承担单位,基本不需要增加额外硬件及软件投入。

(4)成果不仅满足规程规范要求,且质量良好,地质线划影像图真实、客观地再现了开挖面所揭露的地质现象,图中每点通过相应换算都有与之对应的三维空间坐标,是一幅具有较高精度的数字化地质图,资料便于永久保存和综合利用,如关键块体搜索及分析、结构面起伏度、规模、产状、密度、排列及微观特征研究、岩体结构和围岩类型的划分和统计,还可用于精确三维地质建模等。

4.2 作业流程

4.2.1 作业流程设计

大型洞室仪测成像可视化地质编录技术的核心在于形成了一套完整的技术思路和简易可操作并标准化的作业流程。经过技术初步设计并在三峡地下电站主厂房及尾水洞等大型、特大型洞室的施工地质应用中创新总结和逐步完善,形成图 4.2-1 所示的标准化作业流程,主要操作过程说明如下:

(1)作业准备

主要为常规器材准备:照相机、免棱镜全站仪、碘钨灯、激光标点器、皮尺等。岩面冲洗及施工放样(包括测量控制点及壁面桩号标注等)由施工单位准备。

(2)系统定位

包括照相器材的水平及垂直定位以及数码影像标识点的激光遥测定位。免棱镜全站仪的应用还可以对围岩中的重要结构面进行快速的测量定位和产状换算。

(3)高清数码成像

采用具有红外摄像功能、500 万像素以上的标准镜头数码相机,要求岩面清洗干净,并选择理想的光源。被摄岩面上要求布置四个以上用于照片拼接和测量定位的指示光源点。

(4)系统校正与拼接(影像处理)

采用 VPstudio 或 Geomap 软件,输入每幅照片中已明确标示的测量点坐标(至少 4 个),可实现照片的自动几何校正,利用 Geomap 软件进行自动拼接后,在 Photoshop 中进行色差、亮度等增强处理并最终分段拼接和拼接到总图,作为矢量化成图的依据。

(5)地质解译与成图

实现较高精度拼接的照片可在现场进行精确的地质解译,形成包含照片信息的地质线划图。高清影像图可直观地进行岩性、断裂构造迹线、地质块体及围岩类别等地质信息的分析鉴定。

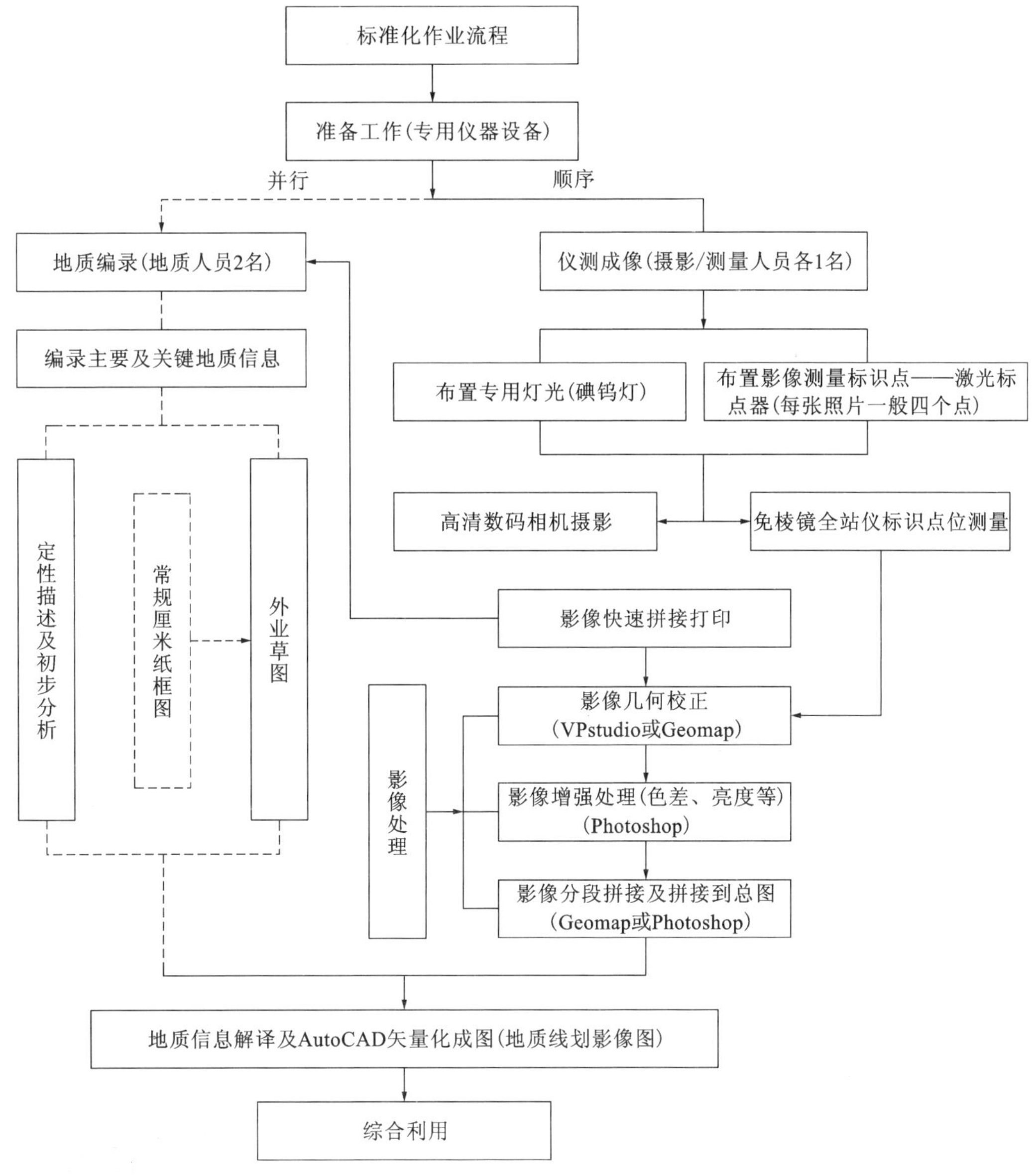

图 4.2-1 系统作业流程框图

注:①顺序模式:现场定位摄影→室内快速拼接打印初步影像图→再到现场勾绘影像地质草图→最终影像地质线划图;

②并行模式:现场定位摄影与常规地质编录同步进行→比对外业厘米纸草图与精细处理影像矢量化成图。

根据施工现场情况选择合适方式进行,推荐采用顺序模式。

4.2.2 照相及测量

1)人员及设备

(1)人员

地质及测量人员各1名。

(2)设备

①智能化激光遥测仪(Trimble 5000-series):1 台套。

②高清数码相机(500 万像素以上)及带居中设施三脚架:1 台套。

③专用碘钨灯 1～2 个及激光标点器数个(一般 6～10 个)。由标点器与碘钨灯组合在洞壁面形成的效果见图 4.2-2。

④皮尺及记录纸。

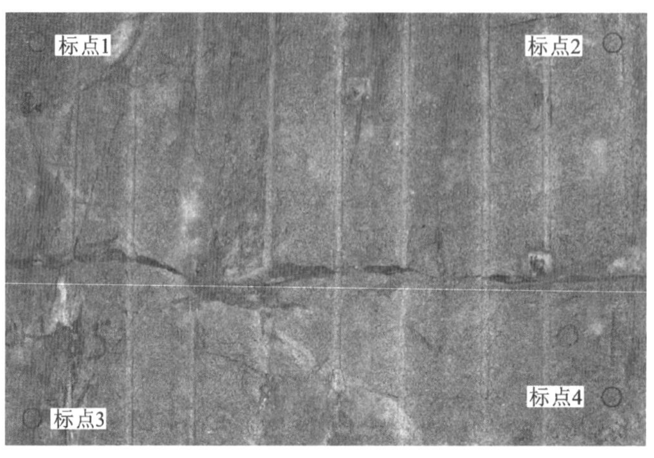

图 4.2-2　标点器形成的标识点及碘钨灯照明效果示意图

2)照相

光照效果及洞壁岩面的干净程度是洞内摄像获取高质量图像最主要的外在制约因素。通过配置专用照明设备来保证充足的光照条件,并要求施工单位配合对岩面采用风枪及清水冲洗干净,对影响拍摄线路和成像的遮挡物予以清理。

现场拉一条平行于壁面的皮尺,相机(含三脚架)及激光标点器在此皮尺上平行移动。四个(或以上)激光标点器标示壁面被摄像范围(尽量形成矩形)内,平移照相时保证相接部位两点不动,便于照片拼接(图 4.2-3)。照相的同时,用免棱镜全站仪对激光标点器在壁面的标示点进行三维坐标测量并记录(标点坐标未测量前不得移动)。

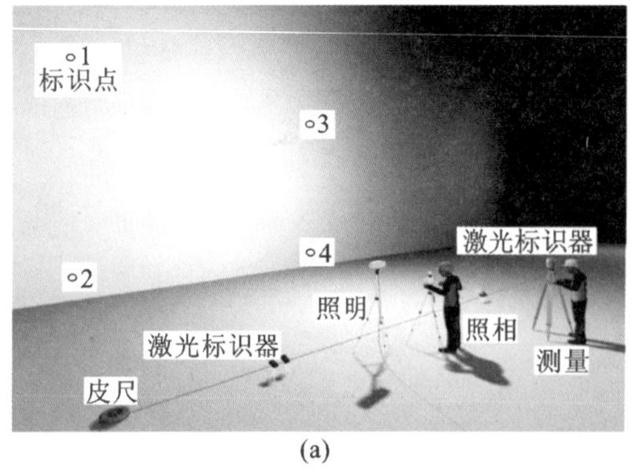

(a)

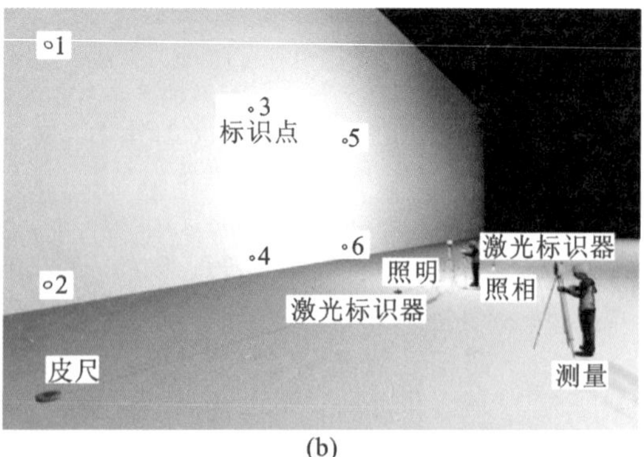

(b)

图 4.2-3　标识及现场摄像效果图

(a)、(b)分别示意相邻照片的拍摄

4.2.3 校正与拼接

1)坐标系系统

快速可视化地质编录技术建立三个层面上的坐标:一是以洞室整体洞型建立系统坐标,与绝对坐标建立对应转换关系;二是像平面坐标系,是确定摄像中心及摄像范围的依据;三是局部物平面坐标系,是进行图像几何校正的依据。

(1)系统坐标

系统坐标采用洞室设计轮廓建立,以常见圆拱直墙洞型为例(图 4.2-4),水平面坐标系 XOY 以垂直洞轴线为 X 轴、以平行轴线方向为 Y 轴;垂直水平面方向为 Z 轴,以海拔高度或洞底板为零点的相对坐标值计。对应各平面图(或展示图)坐标系见图 4.2-5。其中顶拱正射影像展示图一般按弧长展开,将 X 值换算成相应的弧长值,以减小成图误差,以 X、Y 坐标控制图像的校正和拼接,通过对图像进行镜像处理就可实现与传统地质展示图(向下投影)一致;边墙正射展示图以 Y、Z 坐标控制。最终成图中每点通过对应换算都能取得其三维坐标值。

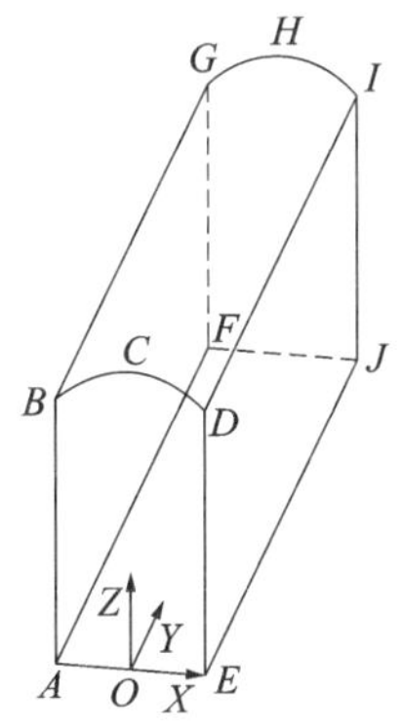

图 4.2-4 成图系统坐标系立体图

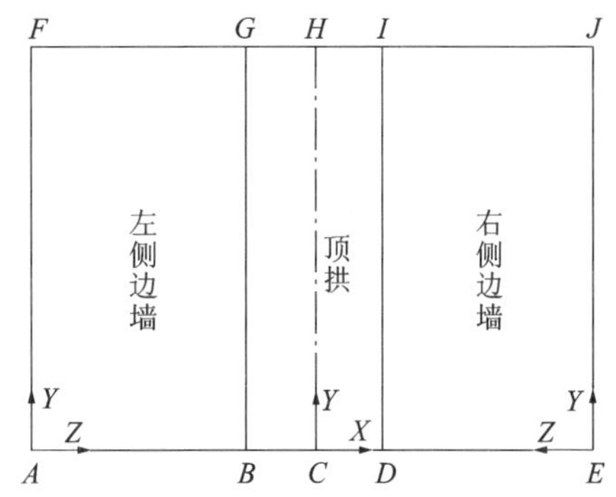

图 4.2-5 展示图平面坐标系

(2)像平面坐标系

相机拍摄获取图像面,原点为相机主光轴与像平面的交点,y 轴一般为水平线向(与系统坐标对应)、z 轴垂直于 y 轴,则 $yo'z$ 称为像平面坐标系(图 4.2-6)。

(3)局部物平面坐标系

相机成像区域展开的平面,以某一测量标识点为原点(进行图像几何校正的相对参考点),作 y、z 轴与系统坐标 y、z 轴平行,则 ycz 称为局部物平面坐标系(图 4.2-7)。

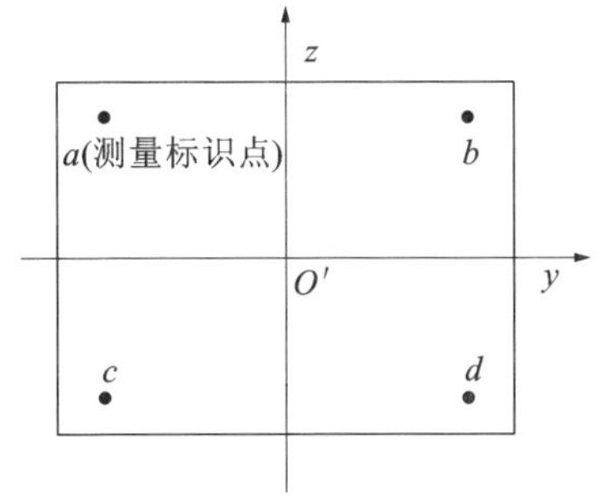

图 4.2-6 像平面坐标系

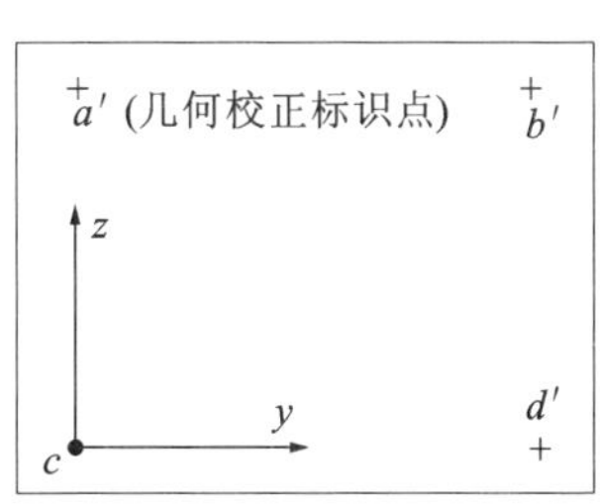

图 4.2-7 局部物平面坐标系

2)专用软件及计算机处理

(1)照片校正及拼接方式

照片校正及拼接方式如图 4.2-8 所示。单张照片以四角布置的 4 个标点测量资料为依据,换算成目标面局部物平面坐标系进行几何校正及局部拼接,再换算成系统坐标拼接到总图,几何校正及相互拼接均以标识点为依据。

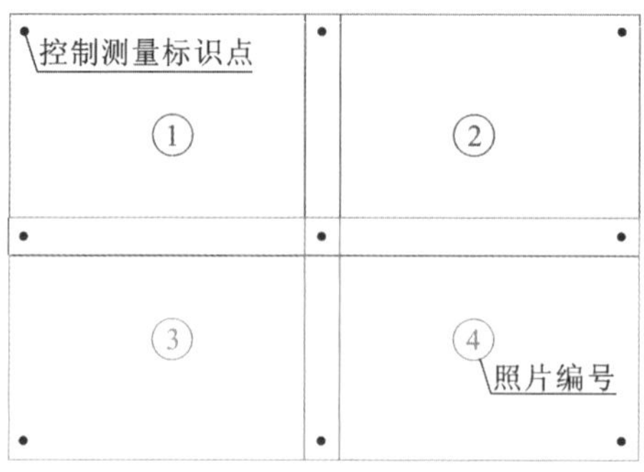

图 4.2-8　照片标识点布置及拼接示意图

(2)软件

根据照片拼接需要,编写了摄像坐标点生成程序,采用 VPstudio 或 Geomap 对图像进行几何校正处理,采用 Adobe Photoshop 对图像进行拼接和增强处理等,Geomap 可实现照片自动拼接,但考虑照片需增强处理(目前该程序还不具备色差等处理功能),一般直接在 Adobe Photoshop 中进行增强处理后直接拼接。

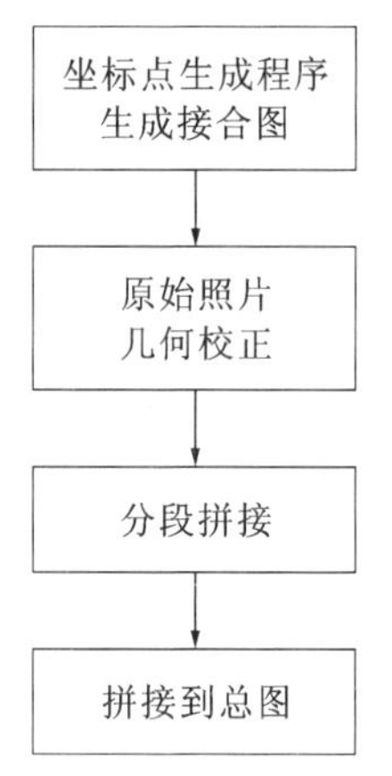

图 4.2-9　照片拼接流程图

(3)计算机处理

照片拼接分 4 步完成,基本流程见图 4.2-9。

步骤一:坐标点生成程序生成接合图。

坐标点生成程序(图 4.2-10)从测量人员提供的 Excel 文件中把坐标读取出来,设置相应的参数,然后点击【成图】后程序在 AutoCAD 中生成照片的接合图(图 4.2-11),接合图上显示照片的编号及测量坐标点坐标。

顶拱照片拼接,先通过两点坐标及顶拱弧的半径,利用公式计算出坐标点弧长,单圆弧拱公式为已知两点 $A(X_1,Y_1)$、$B(X_2,Y_2)$,求弧长 L 和圆心角 B。

①首先求弦长 a

$a=\sqrt{[(X_2-X_1)^2+(Y_2+Y_1)^2]}$,求得 a 的值。

②利用正弦定理 $\sin(\beta/2)=\frac{a}{2r}$,有:

$$\beta=2\arcsin\frac{a}{2r}$$

查表或者利用科学计算器得圆心角 β 值。

③弧长 $L=\beta\pi r/180$

步骤二:采用 VPstudio 进行图像几何校正。

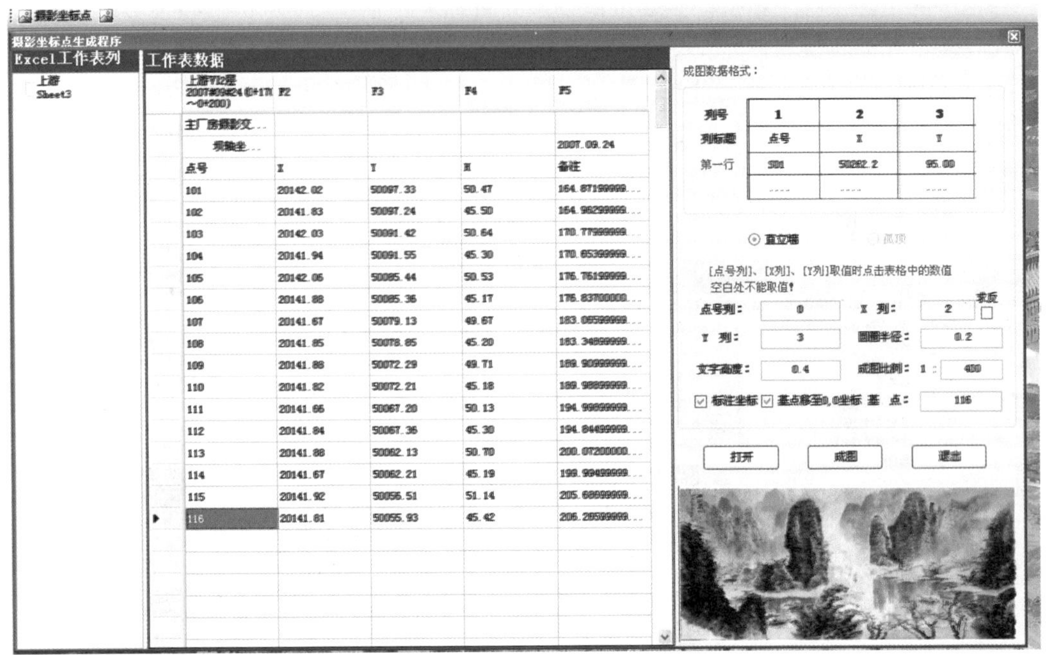

图 4.2-10 坐标点生成程序

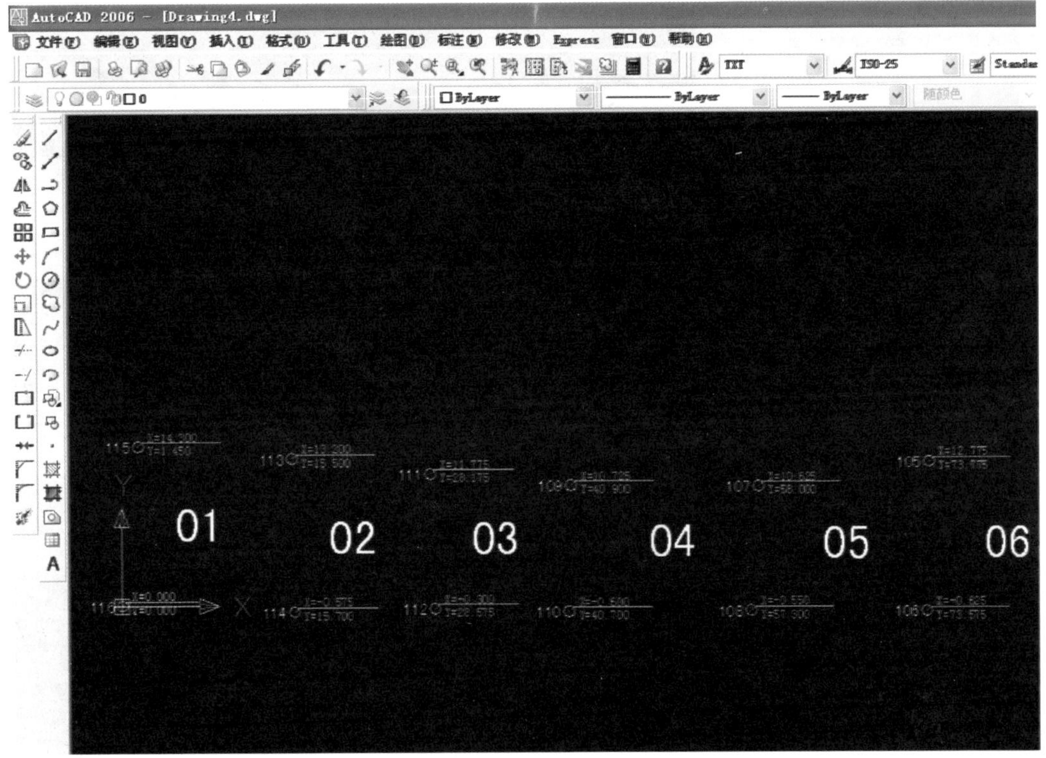

图 4.2-11 在 AutoCAD 中生成照片接合图

为把不同工况条件下拍摄的数码影像投影到目标展示面上，必须将中心投影的像点位移图像通过图形处理转换软件转变成正射投影图像。

VPstudio 是德国 Softelec 公司推出的先进光栅处理软件，该软件可让用户操纵扫描仪对图纸文件进行扫描，在屏幕上动态地、快速地进行净化、倾斜校正、图像校准或进行切除与粘贴。采用图像校准功能(图 4.2-12)，选择多点进行图像校准，把照片上红色激光点的坐标按在 AutoCAD 生成的接合图的四点坐标进行调整(图 4.2-13)。

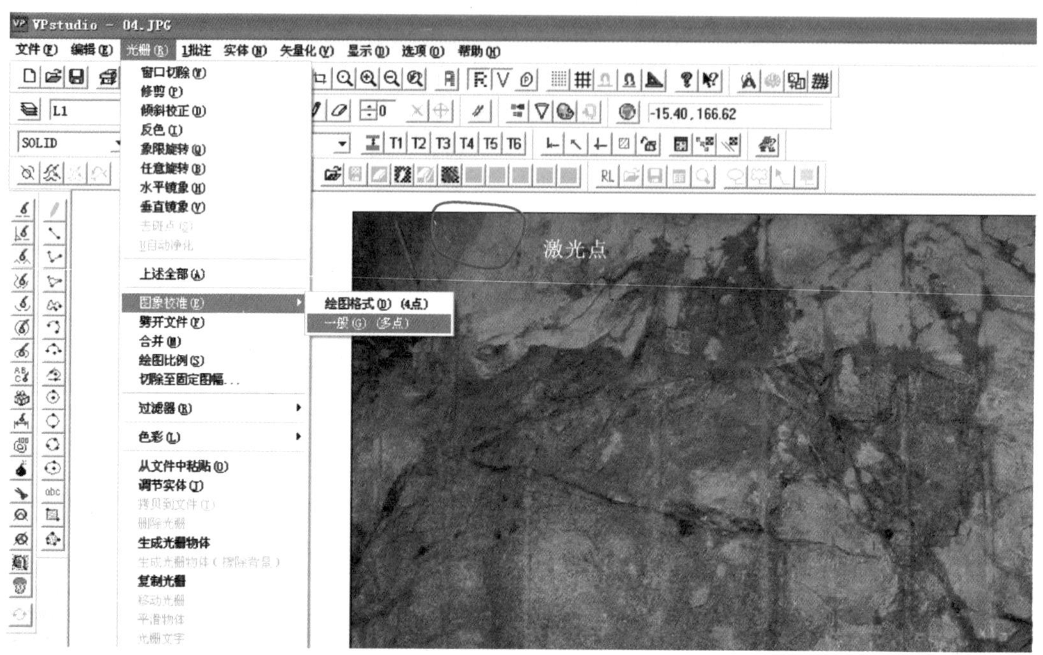

图 4.2-12　VPstudio 的图像校准功能

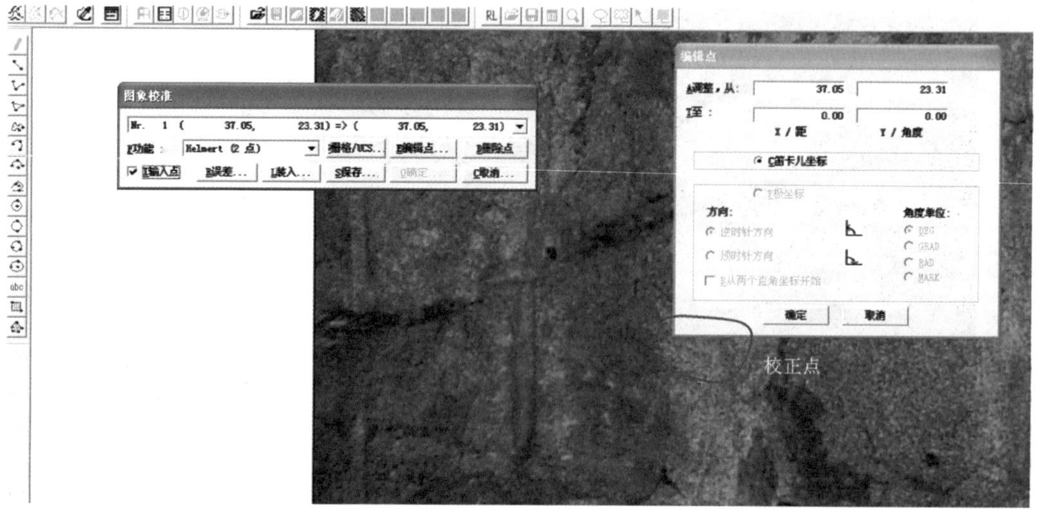

图 4.2-13　校正图像坐标点

步骤三:分段拼接

在 VPstudio 中有自动拼接功能,但因为像片在洞室中受粉尘及灯光的影响,色彩上有所差异,所以在 Photoshop 中进行图像色彩调整及拼接,先拼接当天所拍摄的一段照片,接完后在拼接的照片上标明桩号及高程,以便和整体照片进行拼接(图 4.2-14)。

图 4.2-14 拼接分部照片

步骤四:拼接到总图。

分段拼接完成后把总图打开,按桩号及高程把分部照片拼接到总图(图 4.2-15)上,再根据总图的色彩对分段照片进行调整。

4.2.4 地质解译与成图

(1)图片的现场解译

目前,其他快速可视化编录技术通常趋向于通过在室内的地质解译获得地质编录的主要信息(甚至力图代替现场地质编录),并为此在技术上有较大的投入。这一做法并不科学。地质编录所需的主要地质信息仍应来自现场解译。

洞室拍摄拼接照片是开挖面的真实再现,与开挖面具有一一对应关系,地质员可以在图片上(为快捷起见,有时为未校正的拼接图)与现场开挖面比对勾画进行地质编录,通过图上画出地层岩性(包括岩脉)、断层、裂隙、软弱夹层、不利结构面组合块体等地质信息并进行标注,再对其产状、性状、规模等进行量测和描述。一般情况下,只需两个地质员即可完成相应的地质编录,一个地质员手持图片对所需编录的地质信息直接在图上进行勾画、标注编号等,并对另一名地质员观测的产状、性状、块体构成的范围等信息进行记录,完成相应开挖面的地质编录(草图)。

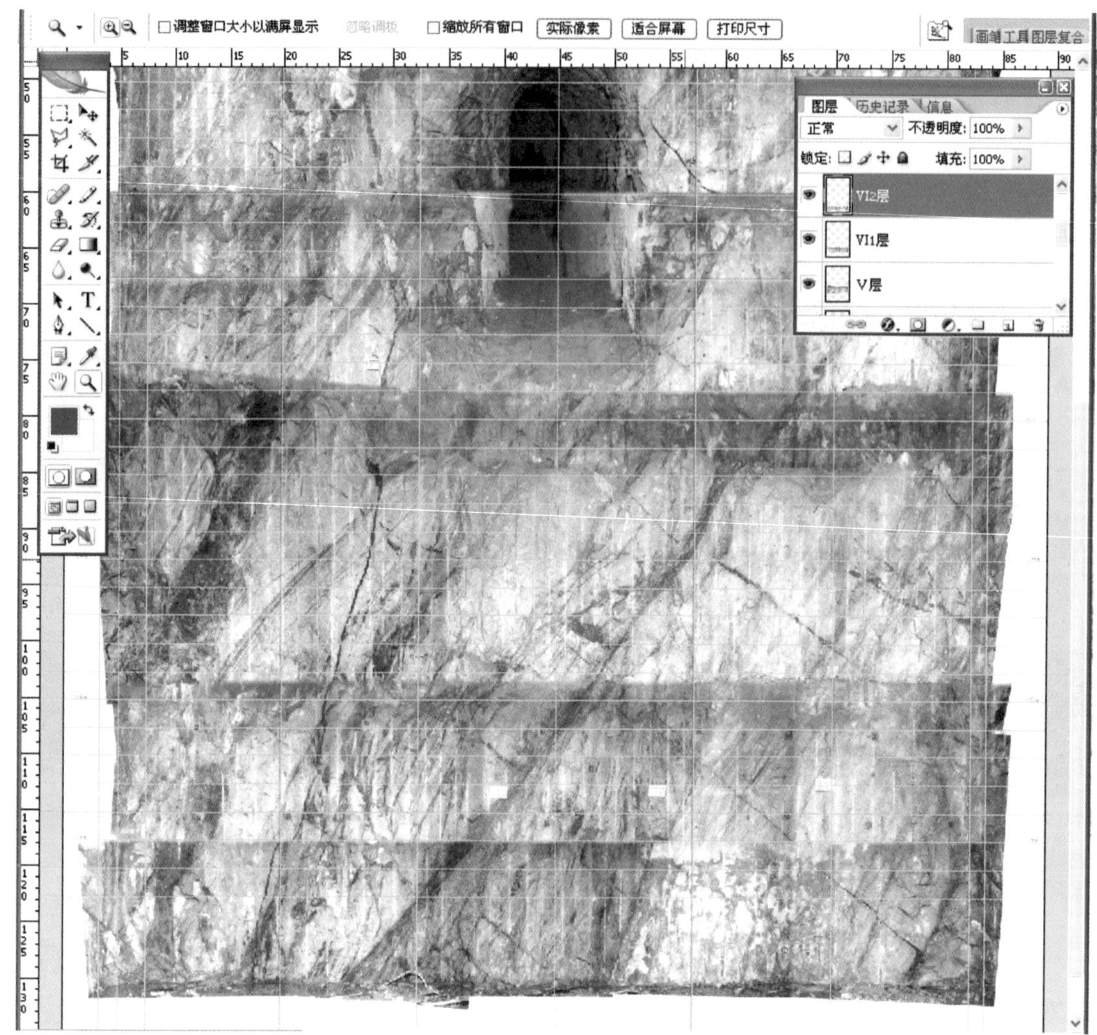

图 4.2-15　分段照片拼接到总图

(2)数字影像线划图

数字影像线划图在室内进行，对仪测影像图片作几何校正及增强和拼接处理后比对现场编录草图，在 AutoCAD 中以图片为背景矢量化成图。成图信息包括地层岩性、构造(含产状)、岩体结构、水文地质、围岩类别、地质块体等。

顶拱等处部分结构面可能无法在现场量测，必要时可通过图片平面坐标找到对应的空间坐标，并用 KT(块体稳定性分析 3.0)程序附加产状计算程序自动计算产状(图 4.2-16)。

线划图和图片分图层保存，应用时可叠加。

地质综合描述及其他文字记录应另存。

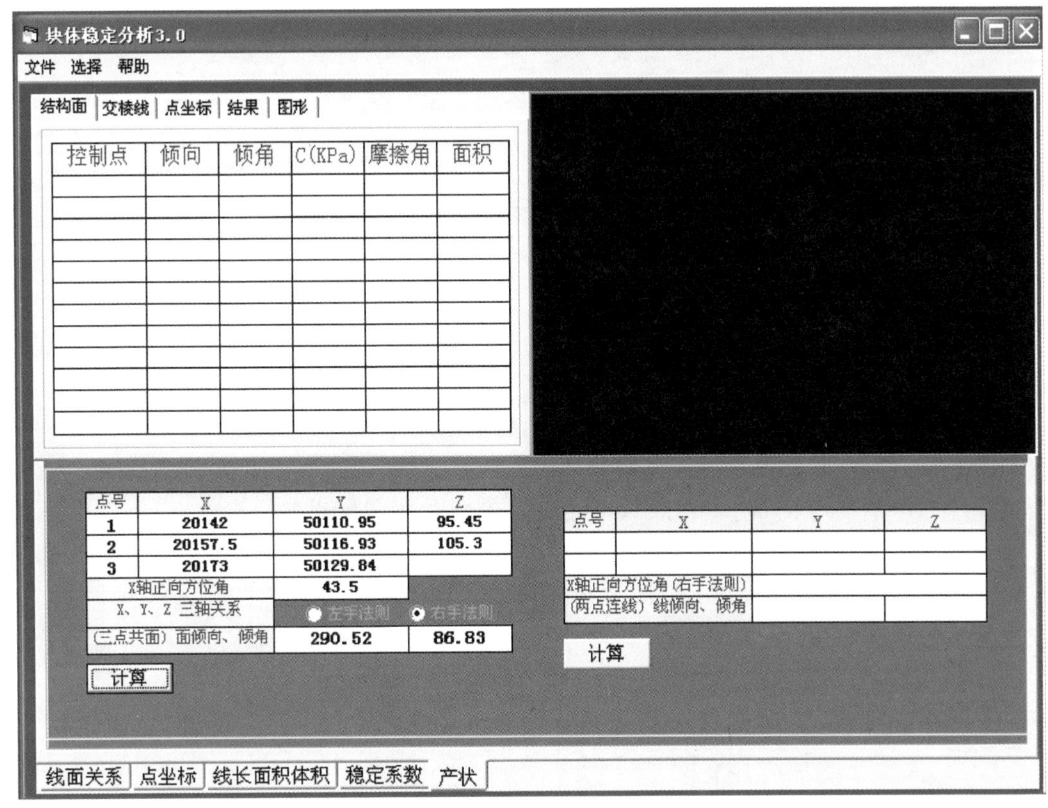

图 4.2-16　自动计算产状程序界面示意图

4.3　可靠性验证

4.3.1　误差来源

仪测成像的精度取决于照相机、拍摄角度、岩面超欠挖程度、校正残差等编录工作方式和作业条件等。

数码成像误差包括畸变误差、中心投影转换至目标面正射投影校正残差。误差的产生主要是由镜头畸变、内方位元素稳定性、拍摄距离与拍摄角度以及在投影转换过程中形成。根据有关文献实测分析[11]，数码相机内方位元素稳定性误差和镜头畸变误差实测最大值小于 20 个像素，对成果精度的影响为几个毫米级，相对较小。事实上，影像误差主要由洞室不规则开挖引起的投影变形（成图时一般按设计轮廓展开）及拍摄角度等影响构成。

国内可视化快速编录主要应用于大型边坡，突出了快速特点，一般误差在 20～60cm；洞室编录一般应用于小型洞室（一般小于 10m），正常误差范围在 10～20cm。

基于地下电站大型厂房洞室群形成的仪测成像可视化地质编录技术，在误差控制方面突出对误差的总体控制，对每张照片控制拍摄距离和角度，并对四个角点布置坐标测点并以此直接进行几何校正，得到目标影像并进行拼接成图，并对本技术思路形成的目标影像误差进行实测和可靠性分析，忽略对相机自身（当然对相机质量有要求）原理成像误差的影响和测定换算，方便生产和灵活应用。其突出优点如下：

(1)单张照片的测量控制，消除了累计误差；

(2)边缘测量控制并以此进行校正和拼接，实际上是针对变形最大的边缘区域进行控制，对消除边际效应十分有利；

(3)可根据地质需求对精度要求进行调控，如减小取影范围或增加校正控制点，某些重要地质信息成像时直接在其迹线上布置校正测点等。

4.3.2　误差实测

由于误差主要取决于洞室不规则开挖和拍摄工作方式，而前者是地质工作无法控制的。因此，本研究中主要考虑实测不同取景范围、拍摄角度等条件下最终成图误差，分析研究可视化地质编录时摄像应该遵循的标准。

选择代表性洞室及平整墙面进行实地拍摄和误差分析，图像实测变形研究基本布置见图4.3-1，照片四角布置4个几何校正点(1、2、3、4)，内部布置变形程度校测点(5、6、7、8、9等)。实测过程中采用不同的拍摄距离和仰角进行；采用与实际工作相同的SONY707相机，一般镜头焦距固定为50mm左右。

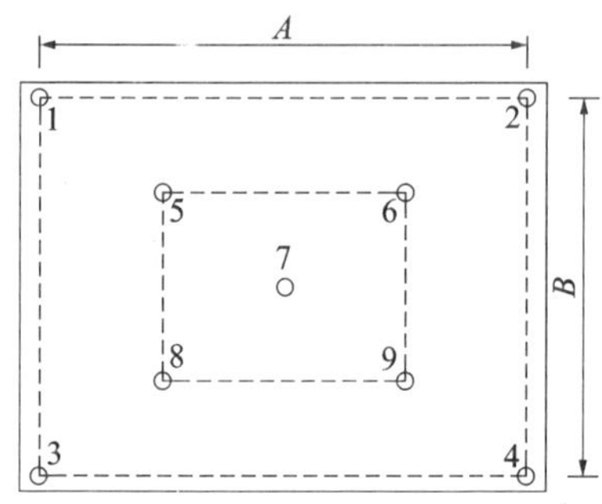

图4.3-1　图像变形实测布置示意图

(1)洞壁面实测误差分析

选一较规则洞壁面进行实测误差分析，单张照片校正点尺寸$A \times B$按4m×3m、6m×4m、10m×5m控制，相机取影范围为框住四个校正点(注：后同)，4m×3m范围拍摄点距分别按4m、6m、9m进行；6m×4m范围拍摄点距分别按6m、9m进行；10m×5m范围拍摄点距按10m点距进行拍摄，由于测试洞壁及洞室宽度限制，无法对10m×5m范围进行更多拍摄点拍摄，设置了10个误差校正点，各拍摄过程记录拍摄时相机的倾斜角度。对于拍摄及实测成果，采用VPstudio程序依据四个角度测量资料进行几何校正(以洞室设计边墙为投影参照面，后同)，转换成正射影像图后，对比照片中间设置误差分析点与实测点位置进行误差分析，结果见表4.3-1至表4.3-6。

表4.3-1　$A \times B$=4m×3m，拍摄距离4m，拍摄仰角18°误差分析统计表

校测点	实际坐标		照片校正后坐标		误差(m)
	X	Y	X	Y	
5	49999.71	104.85	49999.64	104.96	0.13
6	50001.40	104.79	50001.37	104.97	0.18
7	49999.78	103.51	49999.70	103.64	0.15
8	50001.51	103.55	50001.49	103.63	0.08
9	50000.61	104.25	50000.55	104.41	0.17
平　均					0.14

表 4.3-2 $A \times B = 4 \times 3$m，拍摄距离 6m，拍摄仰角 12°误差分析统计表

校测点	实际坐标		照片校正后坐标		误差(m)
	X	Y	X	Y	
5	49999.71	104.85	49999.70	104.92	0.07
6	50001.40	104.79	50001.42	104.90	0.11
7	49999.78	103.51	49999.77	103.59	0.08
8	50001.51	103.55	50001.53	103.59	0.04
9	50000.61	104.25	50000.61	104.35	0.09
平　　均					0.08

表 4.3-3 $A \times B = 4$m$\times 3$m，拍摄距离 9m，拍摄仰角 8°误差分析统计表

校测点	实际坐标		照片校正后坐标		误差(m)
	X	Y	X	Y	
5	49999.71	104.85	49999.69	104.88	0.04
6	50001.40	104.79	50001.39	104.85	0.05
7	49999.78	103.51	49999.76	103.55	0.05
8	50001.51	103.55	50001.51	103.57	0.01
9	50000.61	104.25	50000.60	104.30	0.05
平　　均					0.04

表 4.3-4 $A \times B = 6$m$\times 4$m，拍摄距离 6m，拍摄仰角 21°误差分析统计表

校测点	实际坐标		照片校正后坐标		误差(m)
	X	Y	X	Y	
5	49999.71	104.85	49999.67	105.00	0.15
6	50001.40	104.79	50001.41	104.97	0.17
7	49999.78	103.51	49999.74	103.66	0.16
8	50001.51	103.55	50001.51	103.66	0.11
9	50000.61	104.25	50000.59	104.42	0.16
平　　均					0.15

表 4.3-5 $A\times B=6m\times 4m$，拍摄距离 9m，拍摄仰角 14°误差分析统计表

校测点	实际坐标		照片校正后坐标		误差(m)
	X	Y	X	Y	
5	49999.71	104.85	49999.64	104.92	0.10
6	50001.40	104.79	50001.36	104.88	0.10
7	49999.78	103.51	49999.70	103.59	0.11
8	50001.51	103.55	50001.47	103.60	0.06
9	50000.61	104.25	50000.55	104.33	0.10
平　均					0.09

表 4.3-6 $A\times B=10m\times 5m$，拍摄距离 10m，拍摄仰角 23°误差分析统计表

校测点	实际坐标		照片校正后坐标		误差(m)
	X	Y	X	Y	
5	49999.71	104.85	49999.63	104.93	0.10
6	50001.40	104.79	50001.36	104.90	0.12
7	49999.78	103.51	49999.68	103.61	0.14
8	50001.51	103.55	50001.48	103.63	0.09
9	50000.61	104.25	50000.55	104.35	0.11
11	49998.63	104.39	49998.57	104.49	0.12
12	50002.37	104.53	50002.41	104.65	0.13
13	49998.78	102.14	49998.72	102.17	0.06
14	50002.42	102.15	50002.46	102.19	0.05
15	50000.58	103.40	50000.56	103.48	0.08
平　均					0.10

(2)洞室顶拱实测误差

由于顶拱不能设置不同的拍摄距离，基本按图 4.3-1 所示布置校测，在中间增加校测点。单张照片校正点尺寸 $A\times B$ 采用 10m×6m、7m×5m、5m×3m 进行，其中 10m×6m 范围中间设置 9 个误差校测点，7m×5m 范围设置 5 个误差校测点，5m×3m 范围设置了 1 个误差校测点。误差分析结果见表 4.3-7、表 4.3-8，其中顶拱照相范围 5m×3m 经校正后，中间 1 个校测点误差为 0.01m。

(3)墙壁实测

选一平整墙面进行误差实测，校正点尺寸 $A\times B$ 采取 2m×1.5m、4m×3m、5m×3.75m、7m×5.2m、8m×6m 进行。拍摄过程中采用不同拍摄距离和仰角进行，并对拍摄时相机中心位置进行了坐标测量，以准确计算拍摄距离及相应的仰角。实测分析结果见表 4.3-9～表 4.3-36。

表 4.3-7　顶拱 $A\times B=10m\times 6m$ 误差分析统计表

校测点	实际坐标		照片校正后坐标		误差(m)
	X	Y	X	Y	
5	49004.55	1003.71	49004.5479	1003.636	0.07
6	49003.39	1004.67	49003.4417	1004.602	0.08
7	49006.04	1004.74	49005.9627	1004.629	0.13
8	49003.21	1002.45	49003.272	1002.409	0.07
9	49006.01	1002.54	49005.9349	1002.496	0.09
10	49001.69	1006.00	49001.8292	1005.959	0.14
11	49007.55	1006.30	49007.4742	1006.224	0.11
12	49001.80	1001.24	49001.8643	1001.239	0.06
13	49007.60	1001.29	49007.4902	1001.257	0.11
平　均					0.10

表 4.3-8　顶拱 $A\times B=7m\times 5m$ 误差分析统计表

校测点	实际坐标		照片校正后坐标		误差(m)
	X	Y	X	Y	
201	49004.55	1003.71	49004.535	1003.694	0.02
202	49003.39	1004.67	49003.3804	1004.663	0.01
203	49006.04	1004.74	49005.9981	1004.709	0.05
204	49003.21	1002.45	49003.2334	1002.436	0.03
205	49006.01	1002.54	49005.9767	1002.502	0.05
平　均					0.03

表 4.3-9　墙壁 $A\times B=2m\times 1.5m$，拍摄距离 4m，仰角 7°误差分析统计表

校测点	实际坐标		照片校正后坐标		误差(m)
	X	Y	X	Y	
303	4993.717	102.481	4993.715	102.5052	0.02
304	4994.509	102.499	4994.508	102.5215	0.02
305	4994.15	102.134	4994.149	102.1621	0.03
306	4993.706	101.792	4993.704	101.819	0.03
307	4994.523	101.742	4994.523	101.766	0.02
平　均					0.024

表 4.3-10 墙壁 $A\times B=2m\times1.5m$，拍摄距离 4m，仰角 21°误差分析统计表

校测点	实际坐标		照片校正后坐标		误差(m)
	X	Y	X	Y	
303	4993.717	102.481	4993.707	102.531	0.05
304	4994.509	102.499	4994.501	102.5433	0.05
305	4994.15	102.134	4994.139	102.1985	0.07
306	4993.706	101.792	4993.698	101.8455	0.05
307	4994.523	101.742	4994.513	101.7937	0.05
平　均					0.05

表 4.3-11 墙壁 $A\times B=2m\times1.5m$，拍摄距离 6.5m，仰角 13°误差分析统计表

校测点	实际坐标		照片校正后坐标		误差(m)
	Y	Z	Y	Z	
303	4993.717	102.481	4993.714	102.5006	0.02
304	4994.509	102.499	4994.502	102.5136	0.02
305	4994.15	102.134	4994.14	102.1637	0.03
306	4993.706	101.792	4993.704	101.817	0.03
307	4994.523	101.742	4994.511	101.7682	0.03
平　均					0.02

表 4.3-12 墙壁 $A\times B=2m\times1.5m$，拍摄距离 6.5m，仰角 5°误差分析统计表

校测点	实际坐标		照片校正后坐标		误差(m)
	Y	Z	Y	Z	
303	4993.717	102.481	4993.719	102.4903	0.01
304	4994.509	102.499	4994.507	102.504	0.01
305	4994.15	102.134	4994.146	102.1512	0.02
306	4993.706	101.792	4993.71	101.8057	0.01
307	4994.523	101.742	4994.517	101.7572	0.02
平　均					0.01

表 4.3-13 墙壁 $A\times B=2m\times1.5m$，拍摄距离 8.6m，仰角 4°误差分析统计表

校测点	实际坐标		照片校正后坐标		误差(m)
	Y	Z	Y	Z	
303	4993.717	102.481	4993.717	102.4856	0.00
304	4994.509	102.499	4994.508	102.4988	0.00
305	4994.15	102.134	4994.145	102.1462	0.01

续表 4.3-13

校测点	实际坐标		照片校正后坐标		误差(m)
	Y	Z	Y	Z	
306	4993.706	101.792	4993.708	101.8002	0.01
307	4994.523	101.742	4994.519	101.752	0.01
平　均					0.01

表 4.3-14　墙壁 $A\times B$=2m×1.5m，拍摄距离 8.6m，仰角 10°误差分析统计表

校测点	实际坐标		照片校正后坐标		误差(m)
	Y	Z	Y	Z	
303	4993.717	102.481	4993.713	102.4942	0.01
304	4994.509	102.499	4994.505	102.5056	0.01
305	4994.15	102.134	4994.145	102.1549	0.02
306	4993.706	101.792	4993.707	101.8053	0.01
307	4994.523	101.742	4994.518	101.7575	0.02
平　均					0.01

表 4.3-15　墙壁 $A\times B$=4m×3m，拍摄距离 5m，仰角 11°误差分析统计表

校测点	实际坐标		照片校正后坐标		误差(m)
	Y	Z	Y	Z	
5	4993.114	102.704	4993.085	102.7817	0.08
6	4995.302	102.774	4995.334	102.8414	0.07
7	4994.193	101.908	4994.195	101.9837	0.08
8	4993.151	101.251	4993.128	101.2937	0.05
9	4995.205	101.232	4995.236	101.262	0.04
平　均					0.07

表 4.3-16　墙壁 $A\times B$=4m×3m，拍摄距离 5m，仰角 17°误差分析统计表

校测点	实际坐标		照片校正后坐标		误差(m)
	Y	Z	Y	Z	
5	4993.114	102.704	4993.077	102.819	0.12
6	4995.302	102.774	4995.326	102.8798	0.11
7	4994.193	101.908	4994.181	102.0308	0.12
8	4993.151	101.251	4993.115	101.3296	0.09
9	4995.205	101.232	4995.224	101.3035	0.07
平　均					0.10

表 4.3-17　墙壁 $A \times B = 4m \times 3m$，拍摄距离 5m，仰角 12°误差分析统计表

校测点	实际坐标		照片校正后坐标		误差(m)
	Y	Z	Y	Z	
5	4993.114	102.704	4993.095	102.763	0.06
6	4995.302	102.774	4995.282	102.8275	0.06
7	4994.193	101.908	4994.163	101.9781	0.08
8	4993.151	101.251	4993.134	101.308	0.06
9	4995.205	101.232	4995.184	101.2856	0.06
平　均					0.06

表 4.3-18　墙壁 $A \times B = 4m \times 3m$，拍摄距离 7m，仰角 6°误差分析统计表

校测点	实际坐标		照片校正后坐标		误差(m)
	Y	Z	Y	Z	
5	4993.114	102.704	4993.092	102.7428	0.04
6	4995.302	102.774	4995.276	102.8082	0.04
7	4994.193	101.908	4994.157	101.9529	0.06
8	4993.151	101.251	4993.126	101.2885	0.04
9	4995.205	101.232	4995.177	101.265	0.04
平　均					0.05

表 4.3-19　墙壁 $A \times B = 4m \times 3m$，拍摄距离 8.7m，仰角 6°误差分析统计表

校测点	实际坐标		照片校正后坐标		误差(m)
	Y	Z	Y	Z	
5	4993.114	102.704	4993.107	102.7288	0.03
6	4995.302	102.774	4995.282	102.7953	0.03
7	4994.193	101.908	4994.17	101.9438	0.04
8	4993.151	101.251	4993.146	101.2823	0.03
9	4995.205	101.232	4995.182	101.2591	0.04
平　均					0.03

表 4.3-20　墙壁 $A \times B = 4m \times 3m$，拍摄距离 8.7m，仰角 10°误差分析统计表

校测点	实际坐标		照片校正后坐标		误差(m)
	Y	Z	Y	Z	
5	4993.114	102.704	4993.107	102.7442	0.04
6	4995.302	102.774	4995.277	102.8097	0.04

续表 4.3-20

校测点	实际坐标		照片校正后坐标		误差(m)
	Y	Z	Y	Z	
7	4994.193	101.908	4994.165	101.9647	0.06
8	4993.151	101.251	4993.141	101.3017	0.05
9	4995.205	101.232	4995.178	101.279	0.05
平　均					0.05

表 4.3-21　墙壁 $A\times B$=4m×3m,拍摄距离 4.5m,仰角 29°误差分析统计表

校测点	实际坐标		照片校正后坐标		误差(m)
	Y	Z	Y	Z	
5	4993.114	102.704	4993.081	106.2384	0.20
6	4995.302	102.774	4995.297	106.2573	0.21
7	4994.193	101.908	4994.195	105.527	0.28
8	4993.151	101.251	4993.116	104.655	0.22
9	4995.205	101.232	4995.316	104.57	0.21
平　均					0.22

表 4.3-22　墙壁 $A\times B$=4m×3m,拍摄距离 6.7m,仰角 21°误差分析统计表

校测点	实际坐标		照片校正后坐标		误差(m)
	Y	Z	Y	Z	
5	4993.114	102.704	4993.079	106.1569	0.12
6	4995.302	102.774	4995.256	106.1735	0.12
7	4994.193	101.908	4994.169	105.4212	0.17
8	4993.151	101.251	4993.117	104.5834	0.15
9	4995.205	101.232	4995.267	104.5075	0.14
平　均					0.14

表 4.3-23　墙壁 $A\times B$=4m×3m,拍摄距离 8.8m,仰角 16°误差分析统计表

校测点	实际坐标		照片校正后坐标		误差(m)
	Y	Z	Y	Z	
5	4993.114	102.704	4993.076	106.1085	0.07
6	4995.302	102.774	4995.239	106.1311	0.08
7	4994.193	101.908	4994.151	105.371	0.12
8	4993.151	101.251	4993.11	104.5408	0.10
9	4995.205	101.232	4995.254	104.4685	0.11
平　均					0.10

表 4.3-24　墙壁 $A\times B$=5m×3.75m,拍摄距离 6.3m,仰角 17°误差分析统计表

校测点	实际坐标		照片校正后坐标		误差(m)
	Y	Z	Y	Z	
5	5008.14	63.659	5008.132	63.747	0.09
6	5005.672	63.262	5005.598	63.385	0.14
7	5007.375	63.129	5007.347	63.25	0.12
8	5006.612	62.605	5006.556	62.731	0.14
9	5005.742	61.956	5005.665	62.053	0.12
10	5007.379	61.947	5007.352	62.045	0.10
11	5004.964	61.254	5004.899	61.319	0.09
12	5008.174	61.284	5008.165	61.341	0.06
平　均					0.10

表 4.3-25　墙壁 $A\times B$=5m×3.75m,拍摄距离 6.3m,仰角 19°误差分析统计表

校测点	实际坐标		照片校正后坐标		误差(m)
	Y	Z	Y	Z	
5	5008.14	63.659	5008.139	63.672	0.01
6	5005.672	63.262	5005.6	63.405	0.16
7	5007.375	63.129	5007.352	63.27	0.14
8	5006.612	62.605	5006.559	62.751	0.16
9	5005.742	61.956	5005.662	62.076	0.14
10	5007.379	61.947	5007.352	62.069	0.12
11	5004.964	61.254	5004.901	61.331	0.10
12	5008.174	61.284	5008.17	61.355	0.07
平　均					0.11

表 4.3-26　墙壁 $A\times B$=5m×3.75m,拍摄距离 6.3m,仰角 22°误差分析统计表

校测点	实际坐标		照片校正后坐标		误差(m)
	Y	Z	Y	Z	
5	5008.14	63.659	5008.134	63.78	0.12
6	5005.672	63.262	5005.589	63.433	0.19
7	5007.375	63.129	5007.34	63.301	0.18
8	5006.612	62.605	5006.544	62.793	0.20
9	5005.742	61.956	5005.654	62.118	0.18

续表 4.3-26

校测点	实际坐标		照片校正后坐标		误差(m)
	Y	Z	Y	Z	
10	5007.379	61.947	5007.34	62.107	0.16
11	5004.964	61.254	5004.888	61.365	0.13
12	5008.174	61.284	5008.156	61.389	0.11
平　均					0.16

表 4.3-27　墙壁 $A\times B$=5m×3.75m，拍摄距离 6.3m，仰角 24°误差分析统计表

校测点	实际坐标		照片校正后坐标		误差(m)
	Y	Z	Y	Z	
5	5008.14	63.659	5008.129	63.791	0.13
6	5005.672	63.262	5005.589	63.454	0.21
7	5007.375	63.129	5007.341	63.323	0.20
8	5006.612	62.605	5006.545	62.815	0.22
9	5005.742	61.956	5005.657	62.145	0.21
10	5007.379	61.947	5007.341	62.134	0.19
11	5004.964	61.254	5004.892	61.383	0.15
12	5008.174	61.284	5008.155	61.412	0.13
平　均					0.18

表 4.3-28　墙壁 $A\times B$=5m×3.75m，拍摄距离 9m，仰角 12°误差分析统计表

校测点	实际坐标		照片校正后坐标		误差(m)
	Y	Z	Y	Z	
5	5008.14	63.659	5008.116	63.697	0.04
6	5005.672	63.262	5005.643	63.318	0.06
7	5007.375	63.129	5007.342	63.186	0.07
8	5006.612	62.605	5006.574	62.67	0.08
9	5005.742	61.956	5005.713	62.023	0.07
10	5007.379	61.947	5007.344	62.012	0.07
11	5004.964	61.254	5004.947	61.308	0.06
12	5008.174	61.284	5008.141	61.331	0.06
平　均					0.06

表 4.3-29　墙壁 $A \times B = 5m \times 3.75m$，拍摄距离 9m，仰角 13°误差分析统计表

校测点	实际坐标		照片校正后坐标		误差(m)
	Y	Z	Y	Z	
5	5008.14	63.659	5008.118	63.704	0.05
6	5005.672	63.262	5005.649	63.327	0.07
7	5007.375	63.129	5007.351	63.196	0.07
8	5006.612	62.605	5006.581	62.683	0.08
9	5005.742	61.956	5005.716	62.033	0.08
10	5007.379	61.947	5007.351	62.025	0.08
11	5004.964	61.254	5004.952	61.319	0.07
12	5008.174	61.284	5008.146	61.344	0.07
平　均					0.07

表 4.3-30　墙壁 $A \times B = 5m \times 3.75m$，拍摄距离 9m，仰角 16°误差分析统计表

校测点	实际坐标		照片校正后坐标		误差(m)
	Y	Z	Y	Z	
5	5008.14	63.659	5008.114	63.718	0.06
6	5005.672	63.262	5005.642	63.342	0.09
7	5007.375	63.129	5007.342	63.213	0.09
8	5006.612	62.605	5006.577	62.7	0.10
9	5005.742	61.956	5005.714	62.052	0.10
10	5007.379	61.947	5007.344	62.044	0.10
11	5004.964	61.254	5004.947	61.332	0.08
12	5008.174	61.284	5008.144	61.354	0.08
平　均					0.09

表 4.3-31　墙壁 $A \times B = 5m \times 3.75m$，拍摄距离 9m，仰角 18°误差分析统计表

校测点	实际坐标		照片校正后坐标		误差(m)
	Y	Z	Y	Z	
5	5008.14	63.659	5008.117	63.724	0.07
6	5005.672	63.262	5005.646	63.358	0.10
7	5007.375	63.129	5007.347	63.227	0.10
8	5006.612	62.605	5006.581	62.718	0.12
9	5005.742	61.956	5005.718	62.067	0.11
10	5007.379	61.947	5007.351	62.057	0.11

续表 4.3-31

校测点	实际坐标		照片校正后坐标		误差(m)
	Y	Z	Y	Z	
11	5004.964	61.254	5004.952	61.343	0.09
12	5008.174	61.284	5008.145	61.367	0.09
平　均					0.10

表 4.3-32　墙壁 $A\times B=7m\times5.2m$，拍摄距离 8.8m，仰角 12°误差分析统计表

校测点	实际坐标		照片校正后坐标		误差(m)
	Y	Z	Y	Z	
5	5005.769	64.561	5005.822	64.499	0.08
6	5009.078	64.53	5009.121	64.516	0.05
7	5007.666	63.138	5007.462	63.265	0.24
8	5005.781	61.866	5005.891	61.894	0.11
9	5009.09	61.844	5009.29	62.038	0.28
平　均					0.15

表 4.3-33　墙壁 $A\times B=7m\times5.2m$，拍摄距离 8.7m，仰角 14°误差分析统计表

校测点	实际坐标		照片校正后坐标		误差(m)
	Y	Z	Y	Z	
5	5005.769	64.561	5005.875	64.43	0.17
6	5009.078	64.53	5009.093	64.445	0.09
7	5007.666	63.138	5007.48	63.211	0.20
8	5005.781	61.866	5005.943	61.879	0.16
9	5009.09	61.844	5009.248	62.02	0.24
平　均					0.17

表 4.3-34　墙壁 $A\times B=7m\times5.2m$，拍摄距离 8.7m，仰角 17°误差分析统计表

校测点	实际坐标		照片校正后坐标		误差(m)
	Y	Z	Y	Z	
5	5005.769	64.561	5005.907	64.371	0.24
6	5009.078	64.53	5009.155	64.407	0.14
7	5007.666	63.138	5007.427	63.439	0.38
8	5005.781	61.866	5005.937	61.82	0.16
9	5009.09	61.844	5009.221	62.033	0.23
平　均					0.23

表 4.3-35　墙壁 $A \times B = 7m \times 5.2m$，拍摄距离 8.7m，仰角 18°误差分析统计表

校测点	实际坐标		照片校正后坐标		误差(m)
	Y	Z	Y	Z	
5	5005.769	64.561	5005.918	64.363	0.25
6	5009.078	64.53	5009.154	64.406	0.15
7	5007.666	63.138	5007.424	63.441	0.39
8	5005.781	61.866	5005.954	61.829	0.18
9	5009.09	61.844	5009.213	62.049	0.24
平　均					0.24

表 4.3-36　照相范围 8m×6m，拍摄距离 10m，仰角 12°误差分析统计表

校测点	实际坐标		照片校正后坐标		误差(m)
	Y	Z	Y	Z	
5	4992.259	105.689	4992.174	105.8614	0.19
6	4996.057	105.542	4996.061	105.7009	0.16
7	4994.154	104.111	4994.097	104.3023	0.20
8	4992.268	102.605	4992.17	102.739	0.17
9	4996.13	102.624	4996.142	102.7559	0.13
平　均					0.17

4.3.3　误差综合分析及结论

1)实测误差成果汇总及相应成图误差

根据前述校正误差实测结果，图片校正后对校测点的误差汇总统计见附表 36，并且以四个几何校正点误差为零的条件下分析以相应图片作为底图最终形成地质影像线划图的成图精度，其结果列于表 4.3-37。

表 4.3-37　地下洞室仪测成像可视化地质编录技术成图精度分析

测试部位	校正范围 $A \times B$(m)	拍摄距离(m)	拍摄仰角(°)	校正后校测点误差平均值(cm)	1/100 成图图像误差均值(mm)
洞壁	4×3	4	18	14	0.8
		6	12	8	0.4
		9	8	4	0.2
	6×4	6	21	15	0.8
		9	14	9	0.5
	10×5	10	23	10	0.7
洞顶	10×6		近垂直拍摄面	10	0.7
	7×5			3	0.2

续表 4.3-37

测试部位	校正范围 $A\times B$(m)	拍摄距离(m)	拍摄仰角(°)	校正后校测点误差平均值(cm)	1/100 成图图像误差均值(mm)
墙壁	2×1.5	4	7	3	0.2
		4	21	5	0.3
		6.5	13	2	0.1
		6.5	5	1	0.1
		8.6	4	1	0.1
		8.6	10	1	0.1
	4×3	5	11	7	0.4
		5	12	6	0.3
		5	17	10	0.6
		7	6	5	0.3
		8.7	6	3	0.2
		8.7	10	5	0.3
		4.5	29	22	1.2
		6.7	21	14	0.8
		8.8	16	10	0.6
	5×3.75	6.3	17	10	0.7
		6.3	19	11	0.7
		6.3	22	16	1.1
		6.3	24	18	1.2
		9	12	6	0.4
		9	13	7	0.5
		9	16	9	0.6
		9	18	10	0.7
	7×5.2	8.8	12	15	0.8
		8.7	14	17	0.9
		8.7	17	23	1.3
		8.7	18	24	1.3
	8×6	10	12	17	0.9

2)校正误差的相关性分析

(1)与拍摄仰角的相关性

拍摄仰角是指拍摄时相机中心到取影范围中心连线与取影面的交角，从实测成果表及汇总统计表均可看出，拍摄仰角对校测点误差的影响最大、相关性最高，相关程度根据汇总统计表中总的样本数统计见图 4.3-2，相关系数=0.68。实际上，以某一固定取景范围的不同角度拍摄工况下的相关性更为明显，图 4.3-3、图 4.3-4 所示分别为 $A\times B=4\text{m}\times3\text{m}$、$A\times B=5\text{m}\times3.75\text{m}$拍摄仰角与校正误差平均值的相关性统计，两者相关系数均为 0.98，相关性很高。分析结果表明，拍摄仰角越小，则误差相对越小。

(2)与校正范围 A 值的相关性

根据汇总表的样本数统计校正误差与校正范围的相关性见图 4.3-5，相关系数为 0.53，有

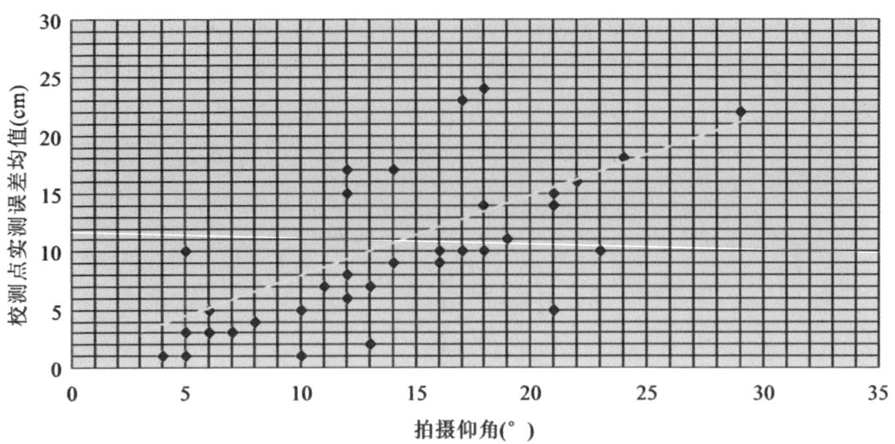

图 4.3-2　仪测成像校测点实测误差平均值(总样本)与仰角的相关性统计图

注:相关系数=0.68,线性回归方程 $y=0.7x-0.10$。

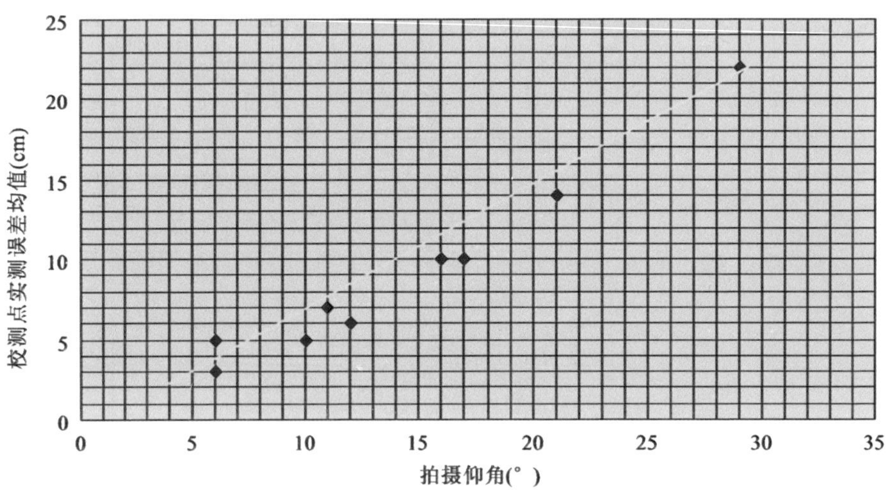

图 4.3-3　$A\times B=4\mathrm{m}\times 3\mathrm{m}$ 仪测成像实测误差平均值与仰角的相关性统计图

注:相关系数=0.98,线性回归方程 $y=0.77x-1.88$。

一定程度的相关性;取拍摄仰角小于 15°的样本数统计成果见图 4.3-6,其相关性更明显,相关系数为 0.77。

分析结果表明,取影范围与误差精度存在较高的相关性,取影范围越大,误差相对越大,同时相片成像清晰度降低。

(3)与拍摄距离的相关性分析

对同一指定取影范围工况下,拍摄距离不同,实质上是拍摄仰角的不同,与仰角的相关性基本一致,显然情况就是拍摄距离越远,相片清晰度越低。

3)仪测成像可靠性分析及取影范围建议

根据此技术成像和几何校正方法下的误差实测及相关性分析,在采用合适的取影范围、适宜的拍摄角度和拍摄距离的条件下,是可以取得精度高、清晰度好的洞壁影像资料的,以其形成的地质影像线划图满足地质相关规范要求,并且可以采用不同的拍摄方式来满足地质上不同精度的需求。

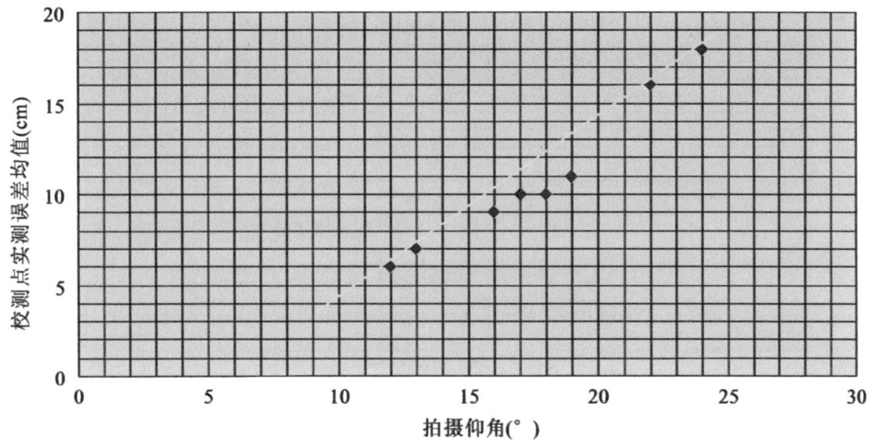

图 4.3-4 $A\times B$=5m×3.75m 仪测成像实测误差平均值与仰角的相关性统计图

注:相关系数=0.98,线性回归方程 $y=0.99x-6.56$。

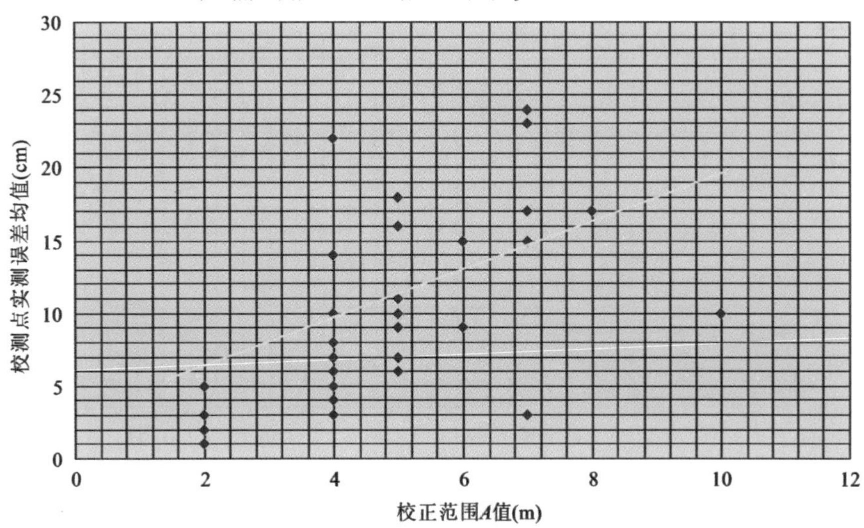

图 4.3-5 仪测成像校测点实测误差平均值与仰角的相关性统计图

注:相关系数=0.53,线性回归方程 $y=1.65x+1.75$。

作为大型地下洞室,一般采用分层开挖,分层高度一般为 5～10m,经过误差分析及实践总结,综合施工场地条件等考虑,建议成像范围控制在 6m×4m～7m×5m 之间,校正点水平间距 A 值采用 5m(与施工单位常规标注整 5m 桩号一致便于工作);拍摄仰角不大于 15°,不考虑较大超欠挖影响情况下,单张照片校正范围内的误差均值 5～8cm,最终误差均值可控制在 5cm 左右,即 1/100 成图图像精度为 0.5mm(图 4.3-7),大大超过了一般大型洞室 1/200 地质编录精度要求(规范要求控制误差为 2mm),可满足 1/50 的特殊地质素描需要(规范要求控制误差为 1mm)。

拍摄仰角为关键控制因素。若取影范围、拍摄距离受场地限制而不能满足拍摄仰角要求,建议采用高清相机,大范围成像后截取成图区间(成图区间及控制测量点仍在 6m×4m～7m×5m 之间)。而本技术流程中,拍摄角度与最终精度不推荐直接换算,不需精确控制和测定,实际操作只需总体控制即可;若局部存在较大超挖现象,如掉块形成凹坑等,可以采用增加校正点予以解决。

本项目技术在其他工程推广应用时,应根据所采用相机特点,按照本节所述可靠性验证方法进行试验分析,确定成像范围及拍摄仰角等控制参数。

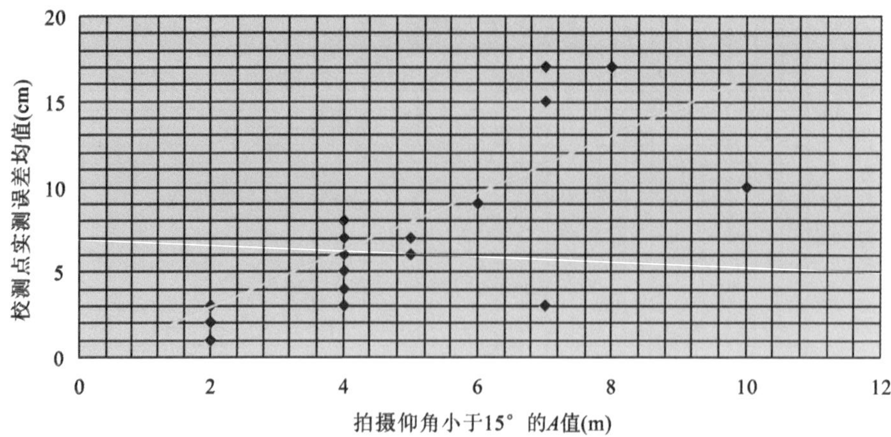

图 4.3-6　拍摄仰角小于 15°校测点实测误差均值与校正范围 A 值相关性统计图

注：相关系数=0.77，线性回归方程 $y=1.69x-1.37$。

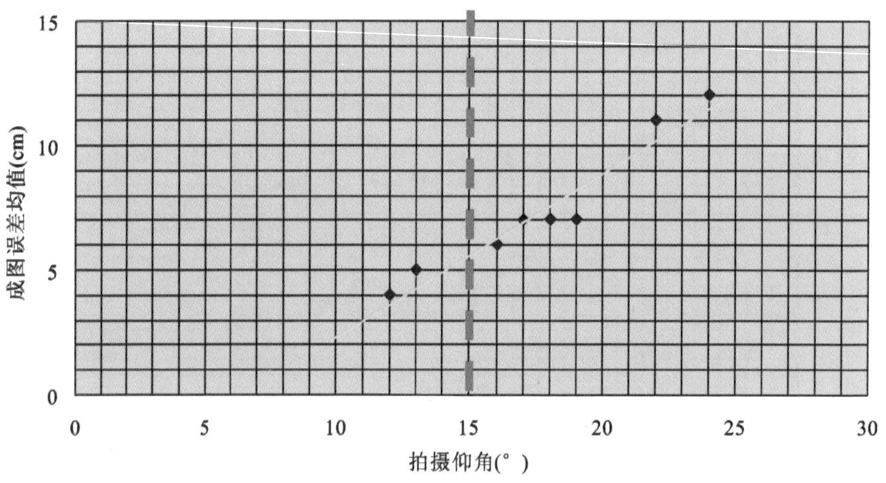

图 4.3-7　建议拍摄范围及仰角条件下成图误差可靠性分析图

4.4　应用成果展示

4.4.1　二维可视化应用

应用大型地下洞室仪测成像可视化地质编录技术，成功地在三峡水利枢纽工程地下电站主厂房、变顶高尾水洞等特大型洞室进行了快速施工地质编录和综合利用。由于每张照片都有测量坐标控制，最终成果可拼接形成完整的建筑物壁面影像图。以主厂房为例，长 311.3m、顶拱跨度为 32.6m 的主厂房顶拱及上、下游壁面可用一幅完整的影像图展示出来。该图在三峡工程施工地质工作中，广泛应用于施工地质简报、勘察报告、技术交流会议等的成果展示，并以其高精度、清晰、完整等，获得了业主和技术专家的一致好评。

图 4.4-1～图 4.4-5 所示分别为主厂房顶拱及边墙、变顶高尾水洞顶拱形成的局部可视化数字影像图及地质影像线划图示意。

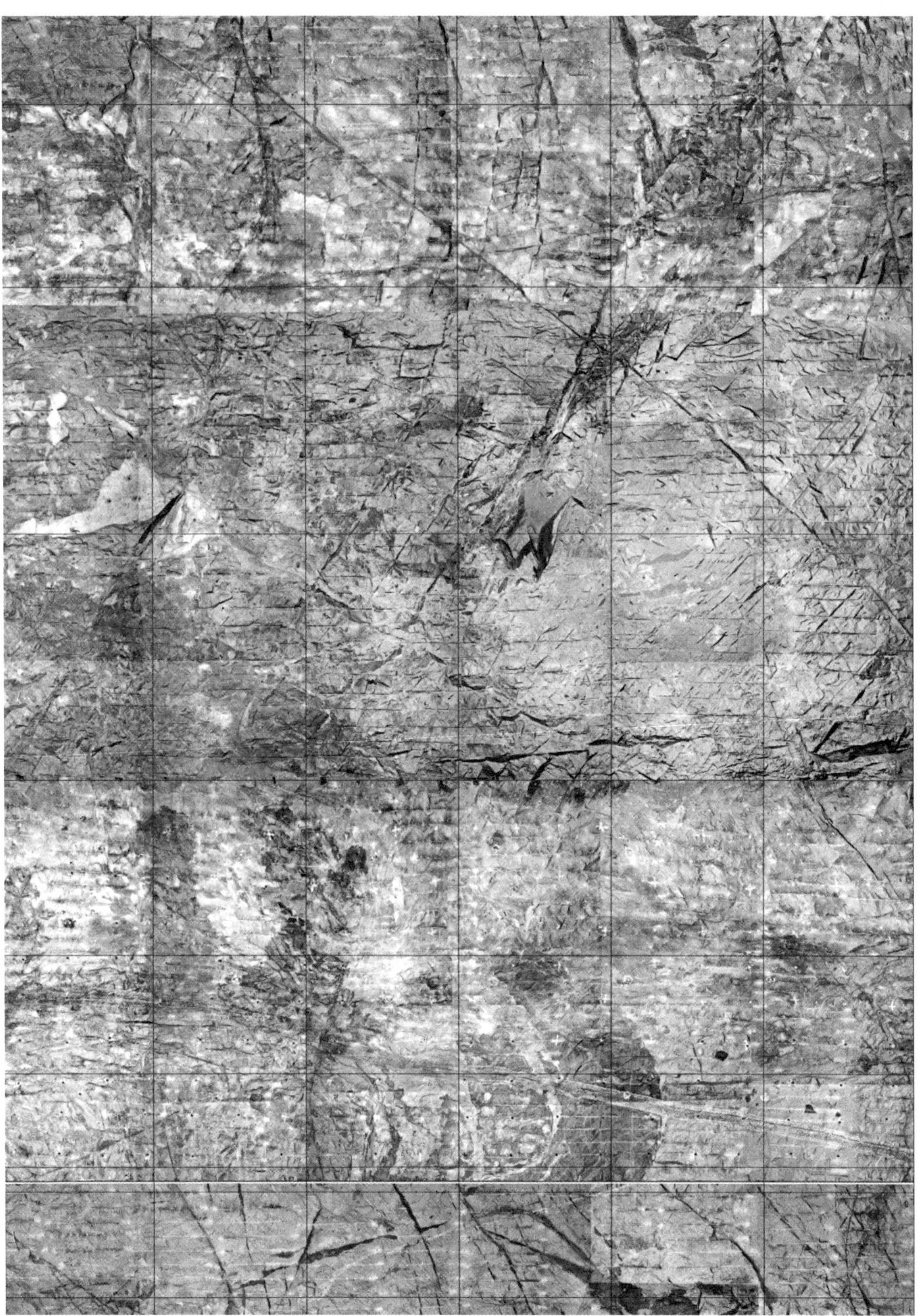

图 4.4-1 主厂房顶拱部分影像拼接图

注：长边方向为顶拱弧长。

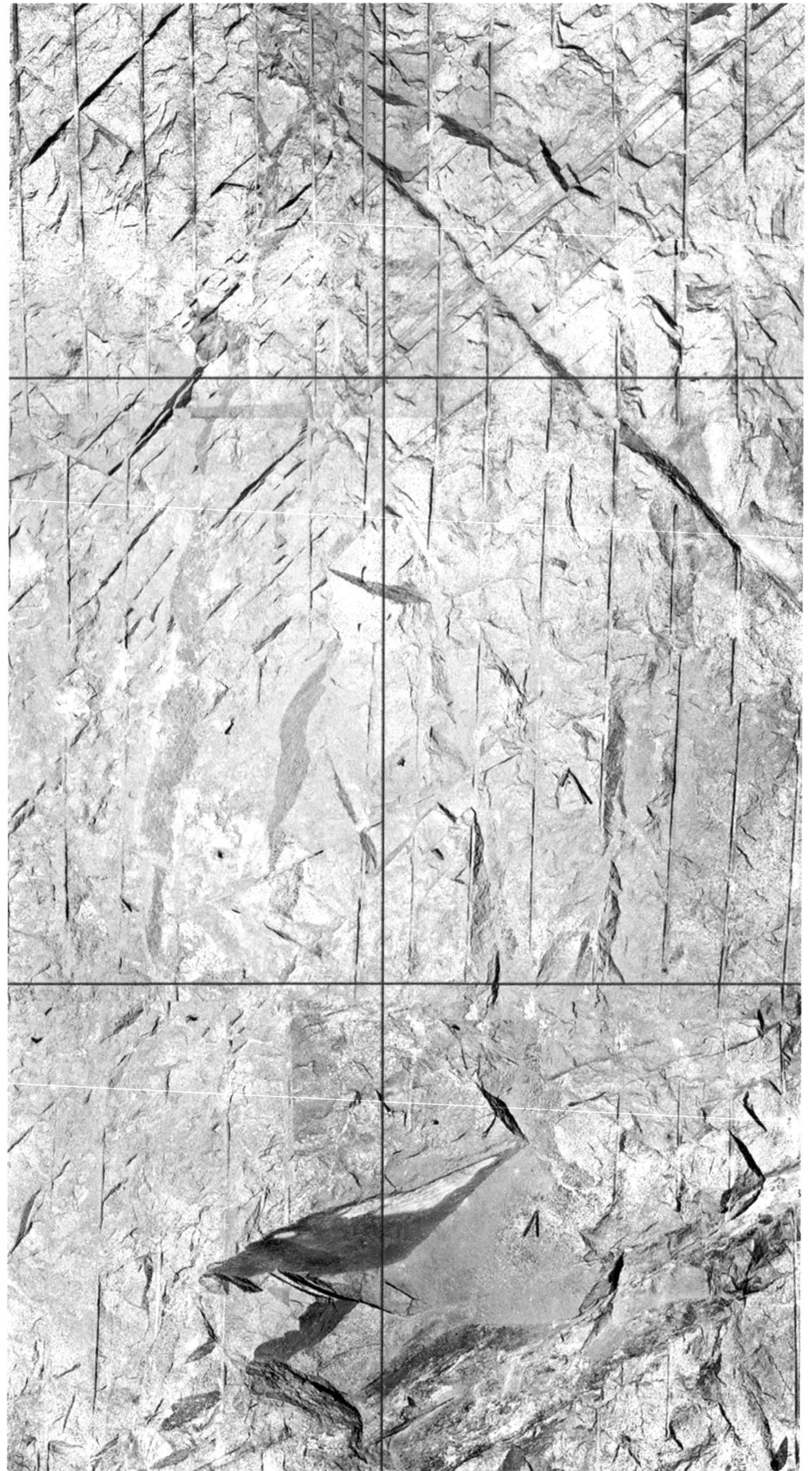

图 4.4-2　1/50 照片效果图(图 3.4-1 部分截图)

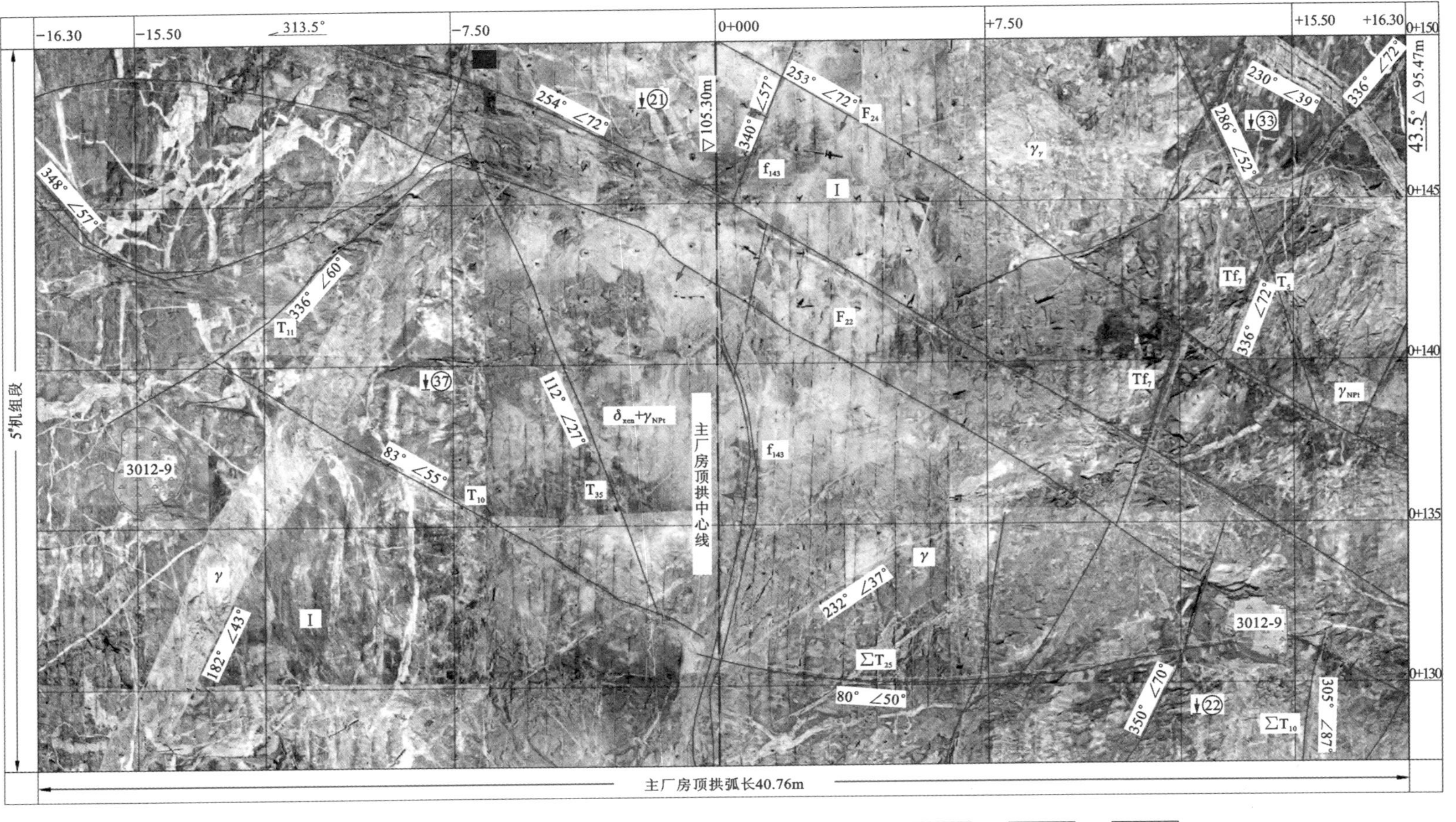

图 4.4-3　主厂房顶拱部分地质影像线划图

1—花岗岩脉、编号及产状；2—前震旦系闪长岩包裹体与闪云斜长花岗岩混合岩；3—闪云斜长花岗岩

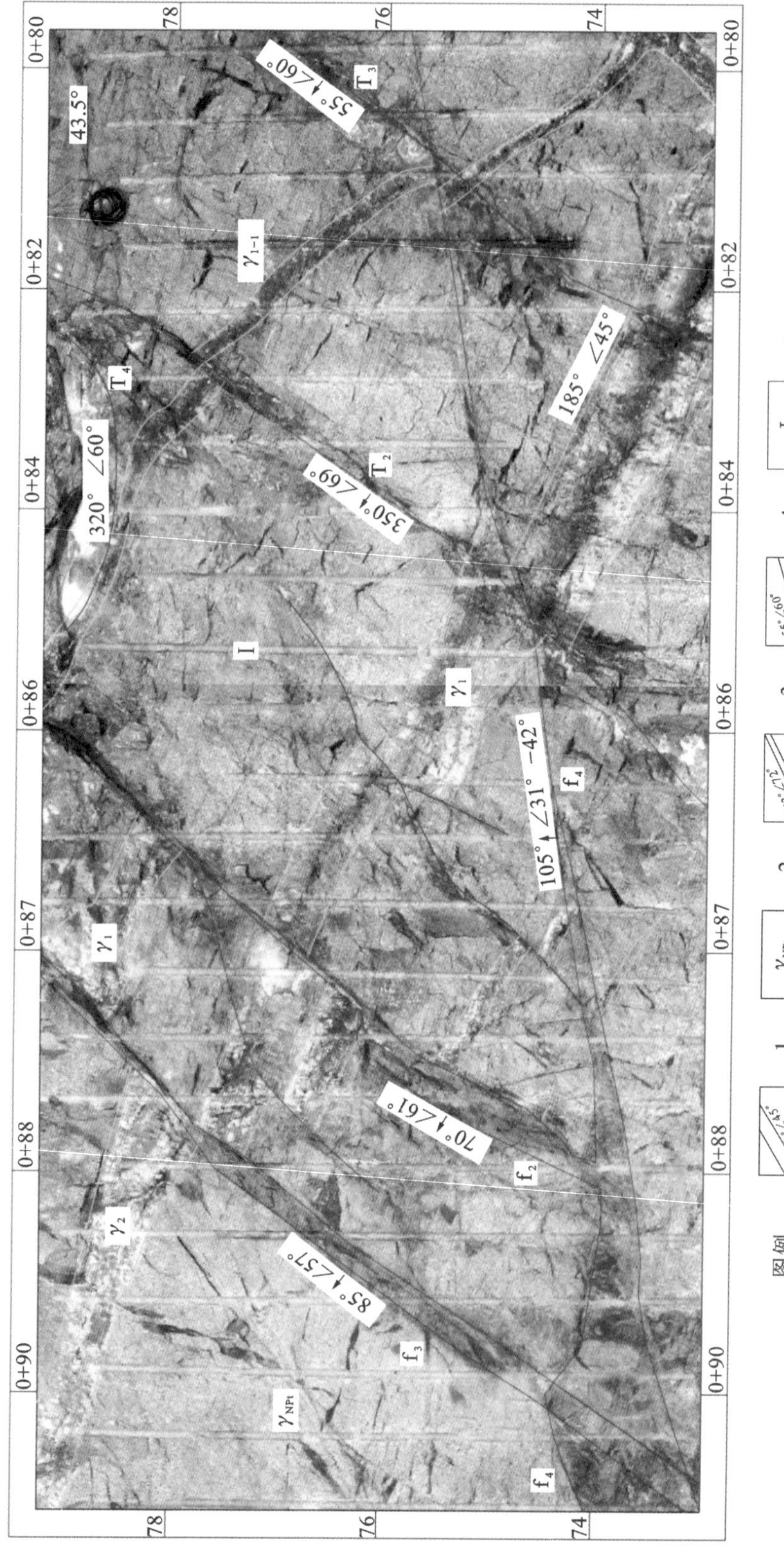

图 4.4-4　主厂房下游边墙局部地质影像线划图

1—花岗岩脉、编号及产状；2—前震旦系闪云斜长花岗岩；3—断层编号及产状（构造岩为碎裂××岩）；4—裂隙编号及产状

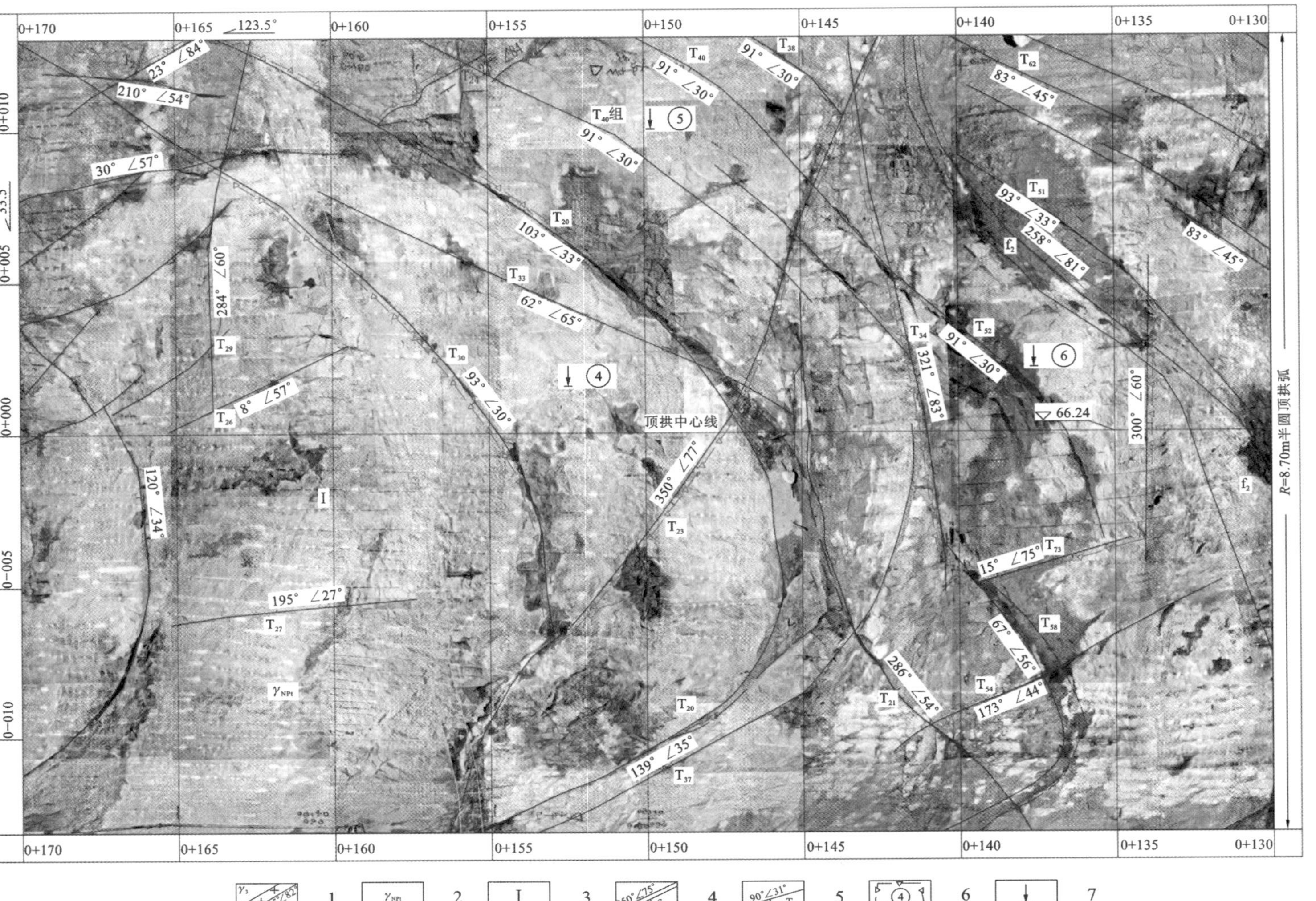

图 4.4-5 4# 尾水洞顶拱数字影像线划图

1—花岗岩脉、编号及产状；2—前震旦系闪云斜长花岗岩；3—微风化带；4—裂隙编号及产状

4.4.2　三维可视化

地质影像线划图中，各点都有相应的三维坐标，因此，该图可形成三维可视化图形，并有望在三维地质建模中获得广泛应用，如图 4.4-6 所示。

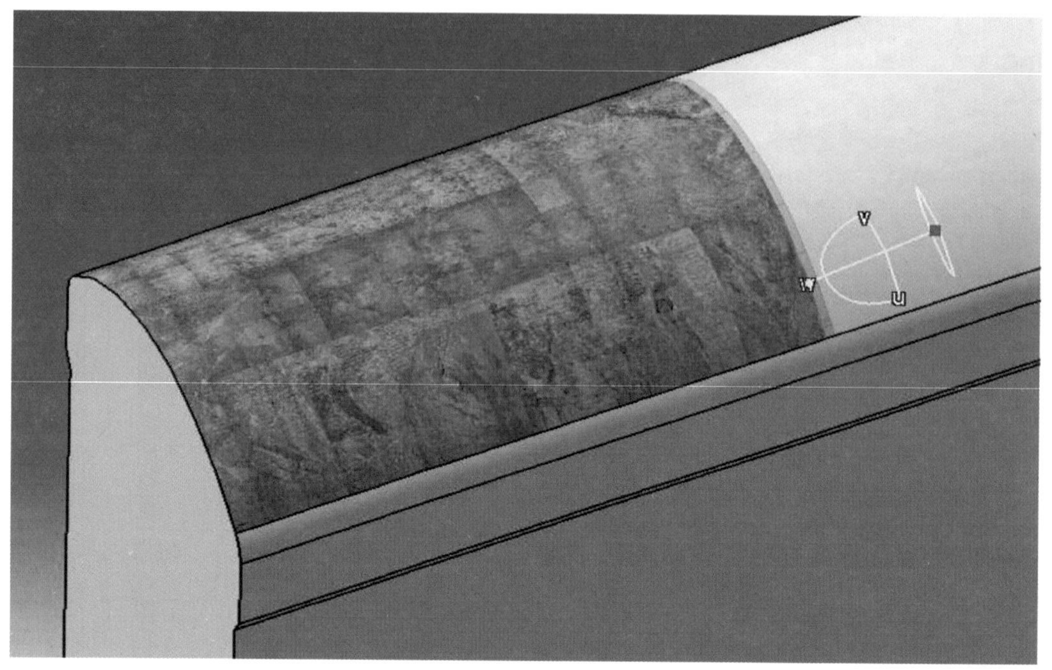

图 4.4-6　主厂房顶拱开挖面影像图用于三维模型表面贴图示意

4.4.3　地质分析应用

数字影像线划图真实、客观地再现了开挖面所揭露的地质现象，且具标准比例，图中每点通过相应换算都有与之对应的三维坐标，是一幅具有较高精度的数字化地质图，因此，可在图上进行综合性的地质观察和研究工作，如不利稳定块体的搜索及分析，断层起伏度研究，结构面的规模、产状、密度、排列及微观特征研究，岩体结构和围岩类型的划分和统计等，同时高清图像也为我们的研究成果及结论提供了直观有力的证据。

(1)在块体定位搜索及分析中的应用

关键块体是指在坚硬或半坚硬岩体中进行边坡或地下洞室开挖后，暴露在开挖临空面上的某些首先失稳的块体。对于硬质裂隙岩体中的大型洞室，块体问题无疑是最值得关注，也是最为重要的工程地质问题，因此，在地下洞室地质编录中必须快速搜索出那些稳定性差或潜在不稳定的块体并及时进行加固等处理，以保证围岩稳定及施工安全。在常规地质编录中，对围岩地质条件的把握完全靠在现场短暂的地质编录过程，随后的资料分析全靠信息量有限的编录图、综合描述记录以及对现场地质条件的感观记忆；若有的问题未完全搞清楚，必须回到现场再观察；若开挖面被覆盖，则不能再观察，给地质分析工作带来不便及潜在隐患。而可视化地质编录图完整地记录了开挖面揭露的地质现象，其一，可以严格地交待和追踪构成关键块体的各结构面的相互切割情况，特别是分层开挖之间主要结构面的对应和延伸关系，能清晰地进行复核和对应;其二,可以清晰地观察结构面的充填物及起伏度,为块体计算时结构面抗剪强度参数取值提供直观的依据,在不可能对每个结构面都进行剪切试验,而依靠数量有限的试验成果比照特征取值情况下尤为重要,这些在常规地质编录图上是无法完成的。图 4.4-3、图 4.4-5 中都展示了相关块体的组成情况及构成结构面的相互切割情况,设计部门可直接采用该图进行处理方案设计。

(2)断层起伏度研究实例

断层起伏度研究对于分析大型块体稳定性、提出安全经济合理的加固措施意义重大。常规做法一般是没有单独考虑结构面的起伏情况对块体稳定的有利贡献,仅在结构面参数取值时考虑结构面起伏的粗糙程度适当增减结构面的 C、φ 值来予以表现。对于一般小型块体来说,这是合理有效且适用的;而对于那些大型块体,构成结构面一般为延伸长度较大的断层构成,若为平直的剪性结构面及有较大厚风化碎屑或夹层的张性结构面来说仍按常规取值。而对于那些张性硬性结构面,在空间一般呈波状起伏的三维曲面,有的甚至呈锯齿状,对块体的咬合作用不言而喻,因而其对块体稳定的贡献大、有挖掘潜力,也是客观存在的;但是在常规编录地质图时进行这样的分析研究,由于可视性和精度均较差,研究成果可靠性差,不具说服力,一般也不会采用。而有了可视化地质编录图就可以做这方面的研究工作并应用于生产实践,且精度有保障。图 4.4-7 所示是主厂房顶拱断层 f_{143} 的起伏度研究实例示意图。

(3)其他地质分析统计应用

围岩结构面发育程度及围岩类型的划分是地下洞室地质工作要重点研究和分析的工作之一,是进行洞室围岩工程地质条件综合分析和评价的基础工作。在常规地质编录中,一般只对长大结构面和关键结构面进行编录。而对于那些短小但其对岩体结构特征又有重要影响的结构面一般未做编录,对结构类型及围岩类别在现场通过目测进行估计和判断,并进行相应的划分和圈定,显然带有较大成分的经验性和主观性。而可视化地质编录技术就不一样了,如图 4.4-8 所示,在现场仍采用对长大和关键结构面进行编录,对结构面发育程度和围岩类型的划分工作完全可在室内,即可视化地质编录图上来进行和完成。对那些短小结构面可在图上标出并根据对现场地质条件的把握和结构面出露迹线来判断结构面的产状并进行归类,进而采用统计窗法或迹线法进行结构面发育程度分析统计,并以此进行围岩类型综合划分和圈定,并且能快速统计出各围岩类别所占百分比。这从另一方面也印证了在现场编录工作的快速性。

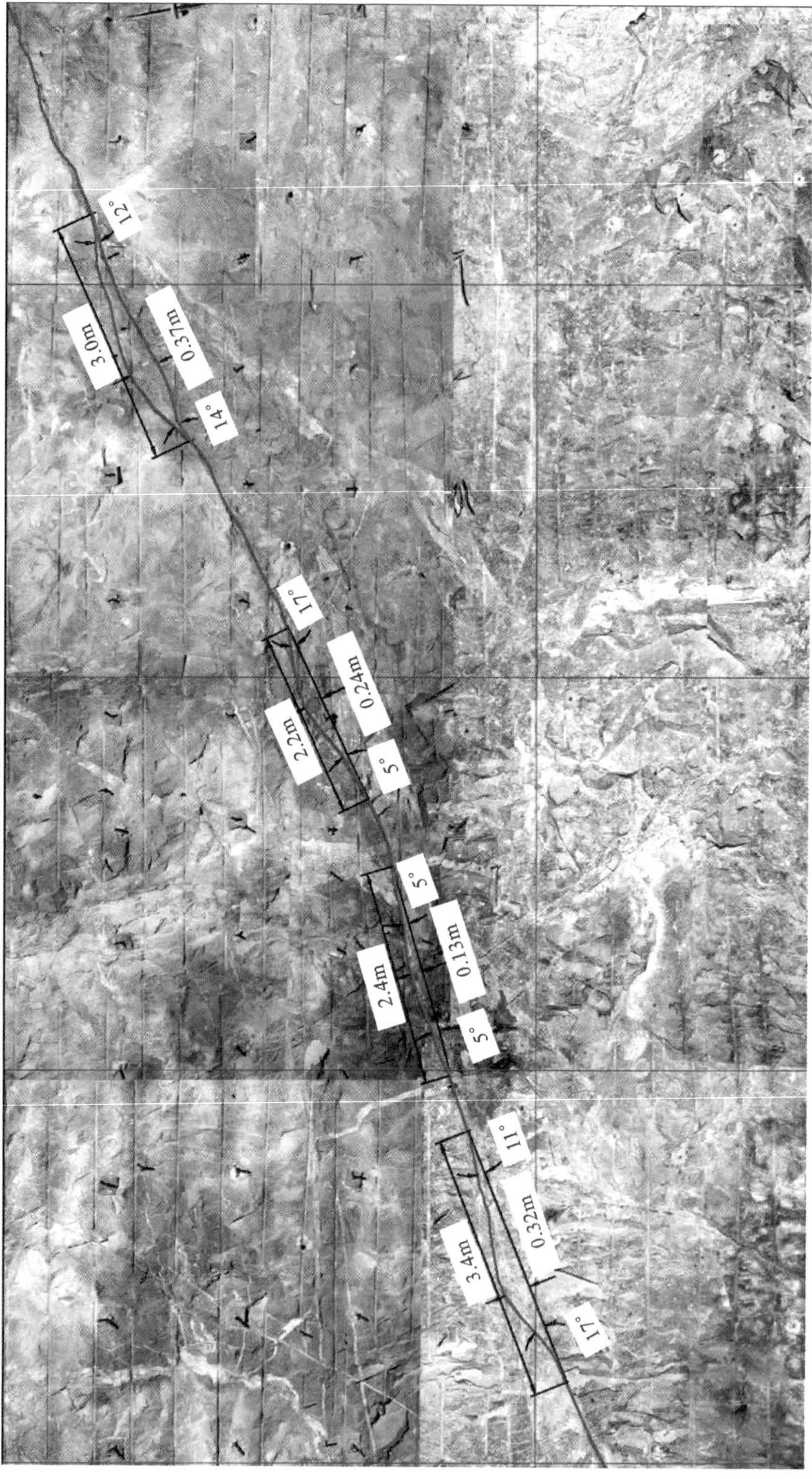

图 4.4-7　主厂房顶拱断层 f_{143} 断面起伏度研究实例示意图

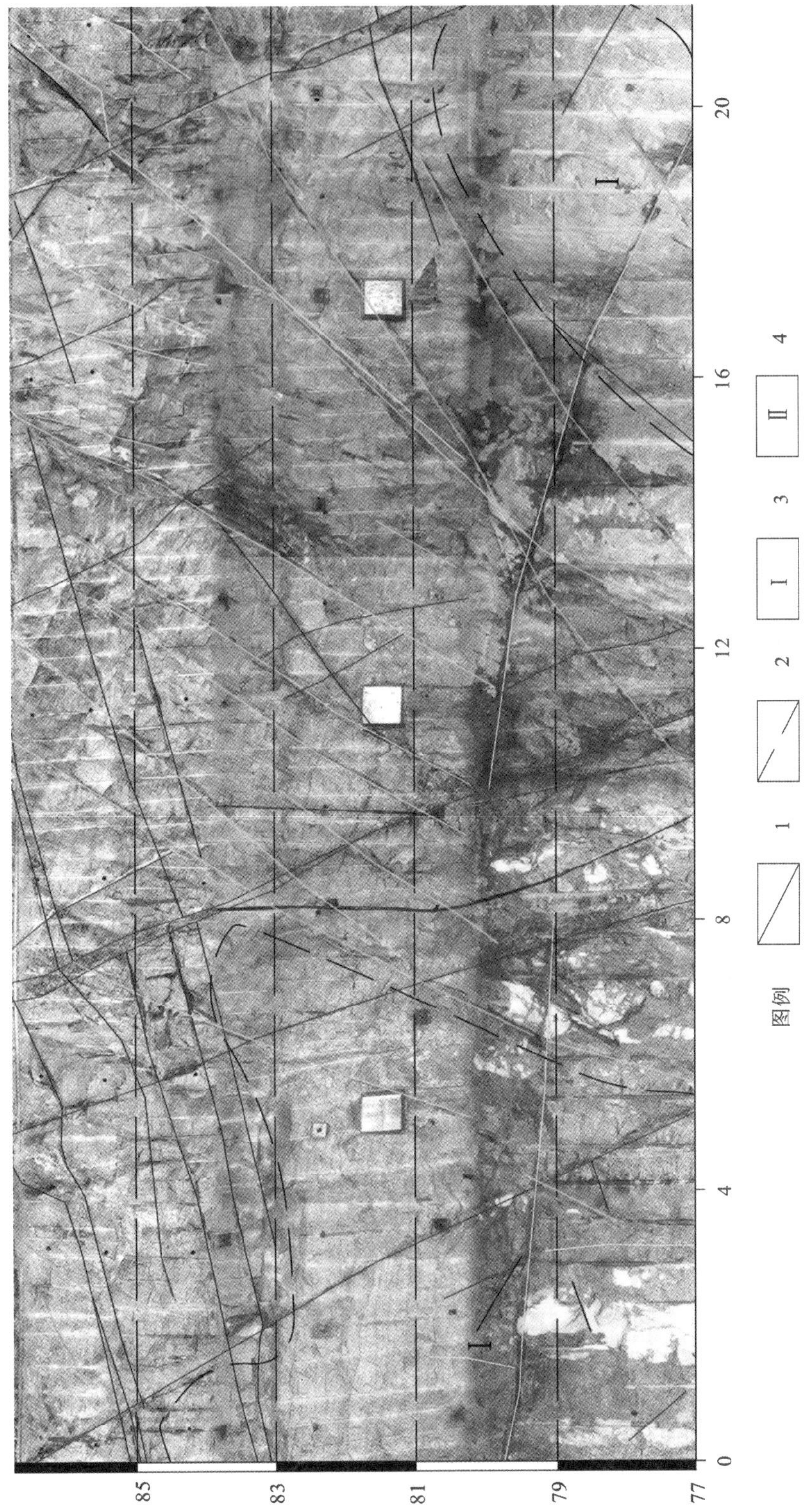

图 4.4-8 主厂房下游边墙局部结构面及围岩类型统计实例示意图

1—结构面迹线(不同颜色表示不同方向结构面);2—围岩分类线;3—Ⅰ类围岩;4—Ⅱ类围岩

5　三维岩石块体自动搜索与稳定性分析系统 GeneralBlock

5.1　概　　述

由于大型洞室围岩往往以坚硬、优质岩体为主，因此，在工程实践中，围岩稳定问题，尤其是结构面组合切割所形成的岩石块体稳定问题，往往成为需要面对的最为关键的工程地质问题。

块体问题的研究以研究结构面的空间展布、性状等为前提，其本身研究又可分为三个相对独立的研究内容，即块体的识别问题、块体的几何可移动问题、块体的稳定性分析计算。

长期以来，国内一些科研院所及国外许多研究者对块体问题进行了大量的探索研究，取得了丰硕成果，尤其以块体计算而论，理论及应用成果十分丰富。但通常情况下，所能涉及的块体研究往往存在两个方面的不足：

(1)结构面被假定为无限延伸的平面，这使得块体理论在理论上只能识别简单的凸形楔形体，因此，解决实际工程问题的能力受到限制。

(2)复杂边坡、洞室工程中块体搜索识别困难，块体模式往往被固定为特定几种，对多结构面复杂组合块体的分析难以实现。如何适应各种洞型、进行任意多结构面条件下三维块体自动搜索和稳定性分析尚是洞室工程的重要制约技术，同期一些块体分析软件主要是基于边坡工程及 1～5 种不等固定块体模式以及单级边坡条件下的块体稳定性计算[17-18]，非三维状态下快速自动搜索和稳定性判别与计算，除能较方便地应用于边墙块体分析外，对于顶拱块体或边顶联合块体均无能为力。

20 世纪 90 年代，三峡工程永久船闸高边坡块体问题再次成为国内研究人员关注的焦点。其中，中国地质大学(北京)于青春教授等开始着手进行攻克上述难关的“一般块体理论”的研究工作。而称其为“一般块体理论”，主要为区别于前人假设裂隙无限大、以关键块体为主要研究对象的关键块体理论。其理论上的关键问题可以表述为任意大小(包括随机模拟和确定性裂隙)、任意岩体形状(如各种形状边坡和地下洞室)条件下三维岩石块体的识别、可移动性判别、稳定性评价的通用方法。多年来该研究持续进行，并取得了一定的研究成果[18]，而三峡地下电站工程的开工建设为该研究的生产应用及不断完善提供了关键技术平台。

自三峡工程永久船闸边坡开挖初期，长江三峡勘测研究院(武汉)即与中国地质大学(北京)于青春教授、成都理工大学许强教授等开始进行有关裂隙网络及块体问题的研究。其中，项目组与成都理工大学合作开发了边坡块体计算程序“SASW”，同时也自主开发了在工程上更为适用的边坡块体计算程序“KT”。由于直接用于生产实践加上不断地发展和完善，这两个软件在计算功能、操作简易性及成果输出方面一直处于国内领先水平。于青春教授与长江三峡勘测研究院有限公司(武汉)合作进行基于“一般块体理论”的研究也不断深入,并取得了重大进展。

三峡地下电站主厂房洞室为典型的裂隙性岩体,在勘察期查明主厂房下游边墙存在6个方量达数万立方米的大型块体。2005年,地下电站主体工程即将开挖施工,工程人员面临两个十分具体的问题:

(1)在开挖施工前,如何通过裂隙调查、统计、模拟等对开挖过程中可能出现的随机块体进行预测;

(2)在开挖后几何参数明确或部分明确时,块体的搜索分析及稳定计算以及指导快速准确的支护。

此间,基于“一般块体理论”研究的 GeneralBlock 软件基本成形[20],其研究方法和技术路线如图 5.1-1 所示,主要内容包括:

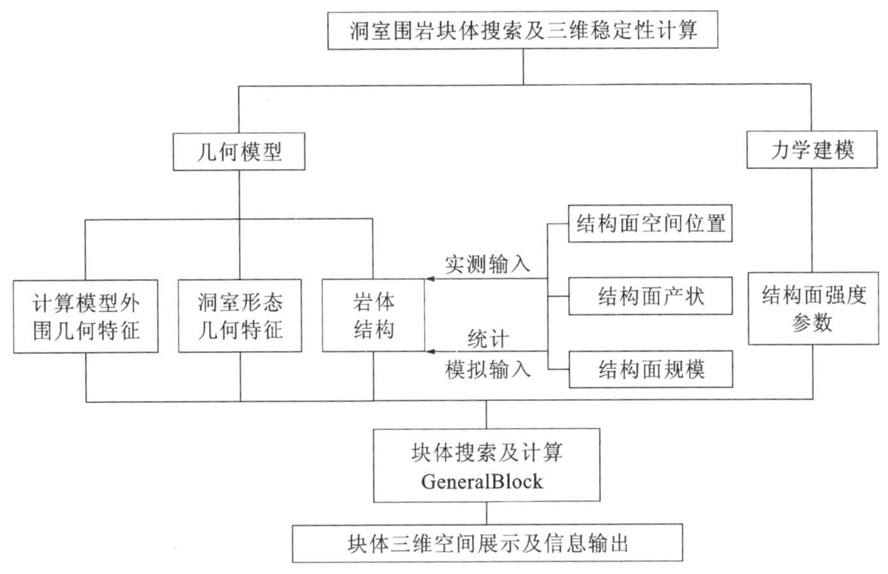

图 5.1-1　研究方法和技术路线框图

(1)针对地下电站主厂房等洞室工程的地质建模;

(2) GenerralBlock 软件应用调试,对输入界面及成果输出等进行完善;

(3)大型关键块体的搜索及跟踪计算分析等,解决了实际生产需求。

此项工作在三峡地下电站施工地质工作中取得了成功。从施工导洞开始,到主厂房分层开挖期间,地质块体的快速分析预报工作取得了良好应用效果。至2008年10月地下电站主要洞室开挖基本结束,其隧洞及边坡工程总计预报主要块体304处,其中主厂房预报主要块体105处、总体积近 $1.5\times10^5 m^3$。

5.2　系统软件 GeneralBlock

GeneralBlock 软件基于一般块体理论,建立解决任意大小岩石裂隙(包括随机模拟和确定性裂隙)、任意岩体形状(包括各种边坡和地下洞室)条件下三维岩石块体的识别和稳定性分析的通用方法[20],可实现块体与加固措施设计的三维可视化,具有与 AutoCAD 接口实现真三维功能。

5.2.1　总体流程

使用 GeneralBlock 软件进行块体分析的基本步骤如下：

(1)建立一个新项目。程序自动建立一个子目录，此后所有数据存放在此文档。

(2)定义研究区岩体和开挖面形状。

(3)输入或生成裂隙。确定性裂隙需输入，随机裂隙进行随机生成。

(4)计算裂隙在岩体表面上的迹线。

(5)裂隙筛选，去除对形成块体没有作用的裂隙。

(6)块体识别及稳定计算。

(7)检查块体识别及分析结果。

(8)锚杆、锚索界面登录，进行锚固设计。

这是 GeneralBlock 软件进行块体分析的主要步骤，其对应的启动方法如图 5.2-1 所示的 8 个菜单，一般来讲，点击上述每个菜单都会打开一个对话框，详细操作在这些对话窗上进行。

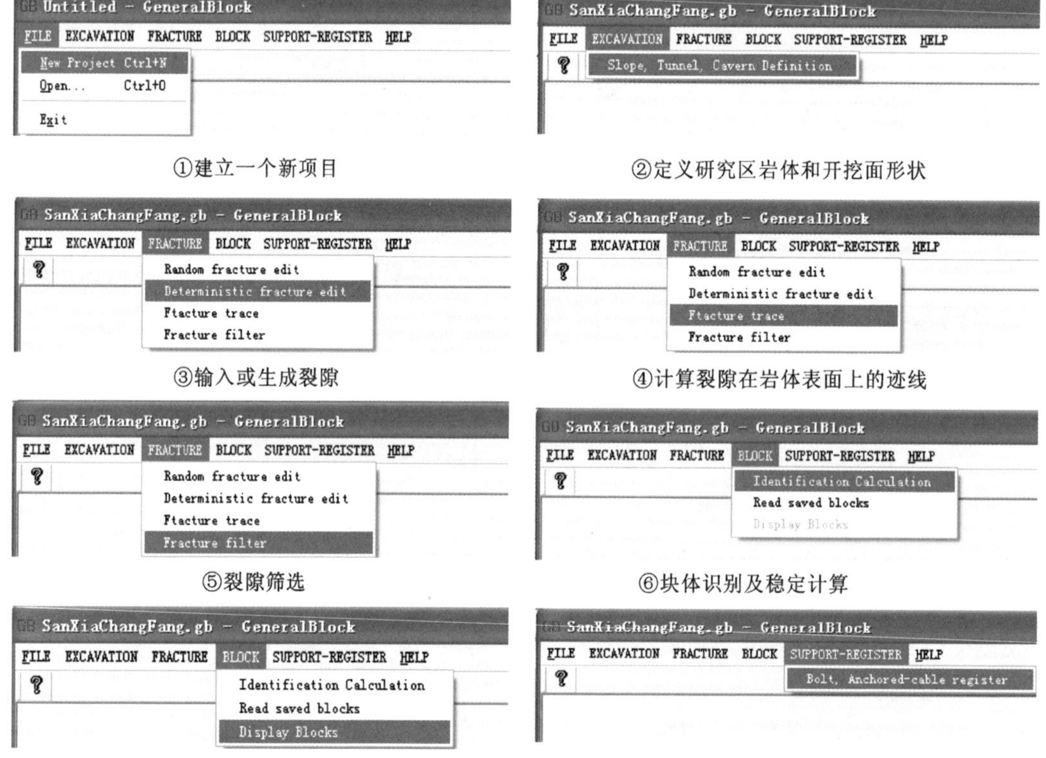

①建立一个新项目　②定义研究区岩体和开挖面形状

③输入或生成裂隙　④计算裂隙在岩体表面上的迹线

⑤裂隙筛选　⑥块体识别及稳定计算

⑦检查块体识别及分析结果　⑧锚杆、锚索登录，进行锚固设计

图 5.2-1　GeneralBlock 软件总体操作流程(图中①～⑧为执行顺序)

5.2.2　模型范围岩体及开挖面形状定义

GeneralBlock 软件把常见规则开挖空间形状定义做成可视化界面，包括规则形状的边坡、隧洞、地下洞室，用户只需在界面上输入几个参数就可完成研究范围定义。程序开始时为用户

提供一个标准模板，通过对模板修改而做成特定工程研究范围，离散化过程完全隐藏在背后，由程序自动完成。对于更复杂的开挖面形状，用户可以自己开发自动离散化软件生成相关数据文件，或者手工做成指定格式文本数据文件供 GeneralBlock 读用，GeneralBlock 为用户提供了开放接口。

(1)模型范围岩体及开挖面形状定义对话框

模型范围岩体及开挖面形状定义对话框如图 5.2-2(a)～图 5.2-2(c)所示，程序提供边坡(Slope)、隧洞(tunnel)及地下洞室(cavern)三种工程模型。

窗口右侧是三维图形显示区。窗口左侧提供 5 个独立控制板区：从上至下分别是开挖类型(excavation type)、边坡定义(slope definition)、隧洞定义(tunnel definition)、洞室定义(cavern definition)、边界条件(boundary condition)。

首先选择开挖类型，即在窗口左上角的三个按钮中选择其中一个。选择了开挖类型后，打开本类型对应的控制板上的输入数据表格，以供输入参数。通过修改标准模板定义特定工程岩体形状的数据输入一般遵从如下步骤：

①选择开挖类型(边坡、隧洞或地下洞室)。

②在几何形状定义板的空格处添上适当的数据以定义岩体形状。如果是地下洞室则点击“modify cavern shape”，打开专门为定义洞室形状而设计的窗口。由于定义洞室的参数较多，专门设计了窗口。

③点击窗口左下的“Renew 3D graphics”按钮，这时窗口右部的三维图形会刷新，所使用的数据即上一步输入的数据。这一步的目的是通过三维图形检验上一步输入的数据是否正确。

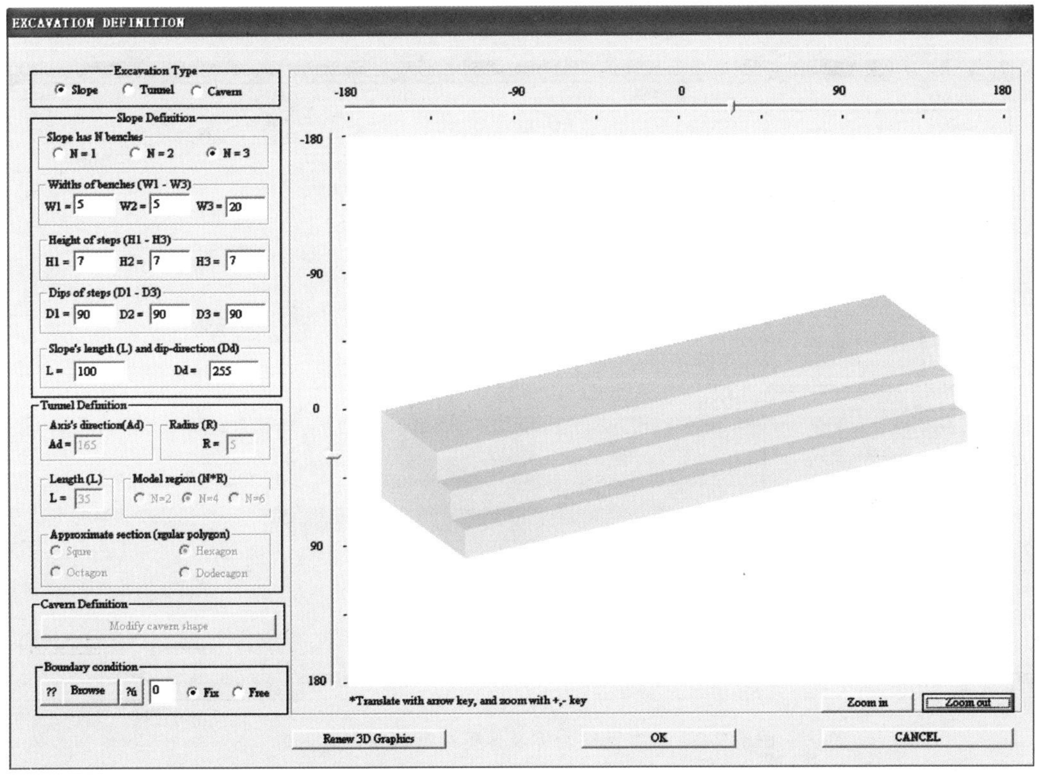

(a)

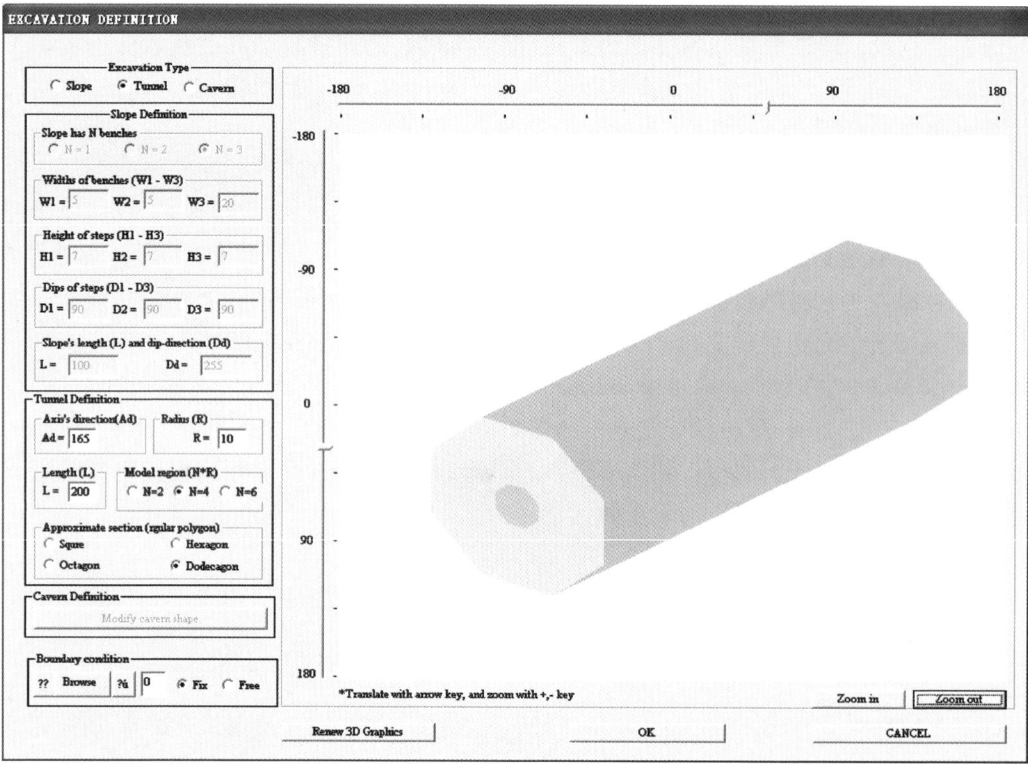

(b)

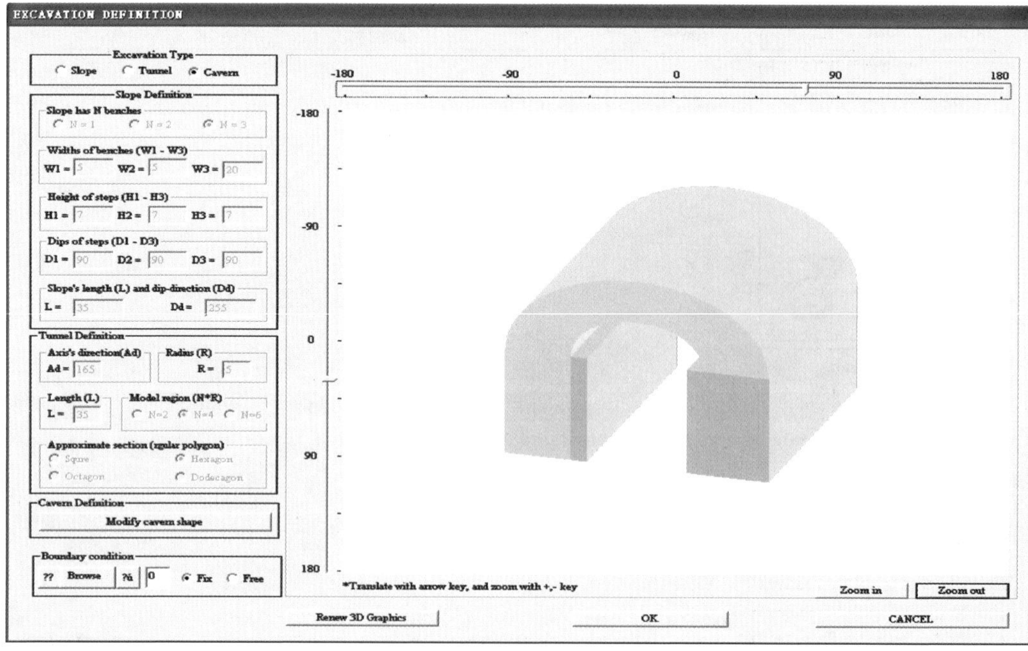

图 5.2-2　模型范围岩体及开挖面形状定义对话框

(a)边坡;(b)隧洞;(c)地下洞室

④点击“OK”按钮，确认输入的数据无误。这时程序自动把研究区域岩体离散化，并把有关数据全部以文本形式存入 model_domain. dat 文件。

⑤确认修改边界条件。边界条件指用以圈闭研究范围岩体的面，包括实际开挖面和为了封闭研究范围岩体而人工假想的面。GeneralBlock 在做岩体形状模板时为每个面设置了一种力学性质，即“Fix face”“Free face”，如果用户要修改这些面的力学性质，通过此窗口左下侧的“boundary condition”控制板上按钮及选项进行修改。

定义边坡形状需要输入的数据是各阶边坡的马道宽度(W_1,W_2,W_3)、高度(H_1,H_2,H_3)、倾角(D_1,D_2,D_3)，以及边坡的长度(L)和倾向(D_d)。各阶边坡的顺序是自下而上排定的；定义隧洞形状需输入的数据包括隧洞轴走向(D_d)、隧洞半径(R)、长度(L)，模型范围大小(可选 2 倍半径、4 倍半径或 6 倍半径)以及隧洞横截面形状的近似方法(可选正四边形、六边形、八边形或十二边形)。

程序标准模型中边坡最多设计 3 阶，隧洞只能处理圆柱形，用户如要分析更复杂的边坡及隧洞，或者要求更精确的截面近似方法，可以编写 model_domain. dat 文件。

GeneralBlock 的三维全局坐标采用右手坐标系：①对于边坡，x 轴指向边坡的倾向，y 轴沿边坡底线，xoy 平面水平与边坡的底面一致，z 轴铅直向上；②对于隧洞，y 轴与洞轴中心线一致，其方向与输入的隧洞走向一致，zoy 平面水平，坐标原点位于隧洞入口处，z 轴铅直向上；③对于地下洞室，坐标原点位于隧洞入口处，xoy 平面水平并与底板一致，y 轴方向与输入的洞室轴相一致，z 轴铅直向上。

(2)地下洞室几何形状的定义或修改

在图 5.2-2(c)所示窗口中选择地下洞室开挖类型，窗口右侧三维图形区自动给出一个地下洞室的三维图形。系统给出一个初始模板，要使模型与特定洞形相符，需要进行修改，点击窗口上的“Modify cavern shape”按钮，程序自动打开图 5.2-3 所示的洞室几何形状定义窗口。

该窗口左侧是参数输入区，右侧是图形显示区。图形显示区显示洞室横剖面图，内侧轮廓线表示开挖剖面形状，外侧轮廓线表示模型外边界。网格是辅助标尺，每格间距为 1m，为了显示清楚用户，可对图形进行连续放大。

参数输入区包括三个部分：

①上部是定义洞室形状的基本参数，包括边墙高度(sidewall height)、边墙长度(sidewall length)、边墙跨度(sidewall span，两侧边墙之间的距离)、拱顶跨度(crown span)、模型范围跨度(domain span，决定块体分析时在横向上外边界取多宽)、轴线走向(axis direction)等 6 个参数。

②参数输入区的中部是拱顶形状修正(Modify crown shape)控制板。要修改拱顶形状首先点击“specify a point”按钮，选定要修改的点，然后利用下面的箭头符号按钮移动选定点的坐标。

③左下侧的图形显示控制板(View)的功能是对图形进行放大、缩小、上下、左右移动，使图形达到最好的视觉效果。

修改完毕后点击“OK”按钮以保存新的数据，前窗口自动关闭回到上一个窗口。新定义的开挖形状在三维图形区显示出来，点击“OK”按钮，程序自动对研究区岩体进行离散，并把有关数据存于 model_domain. dat 文件。

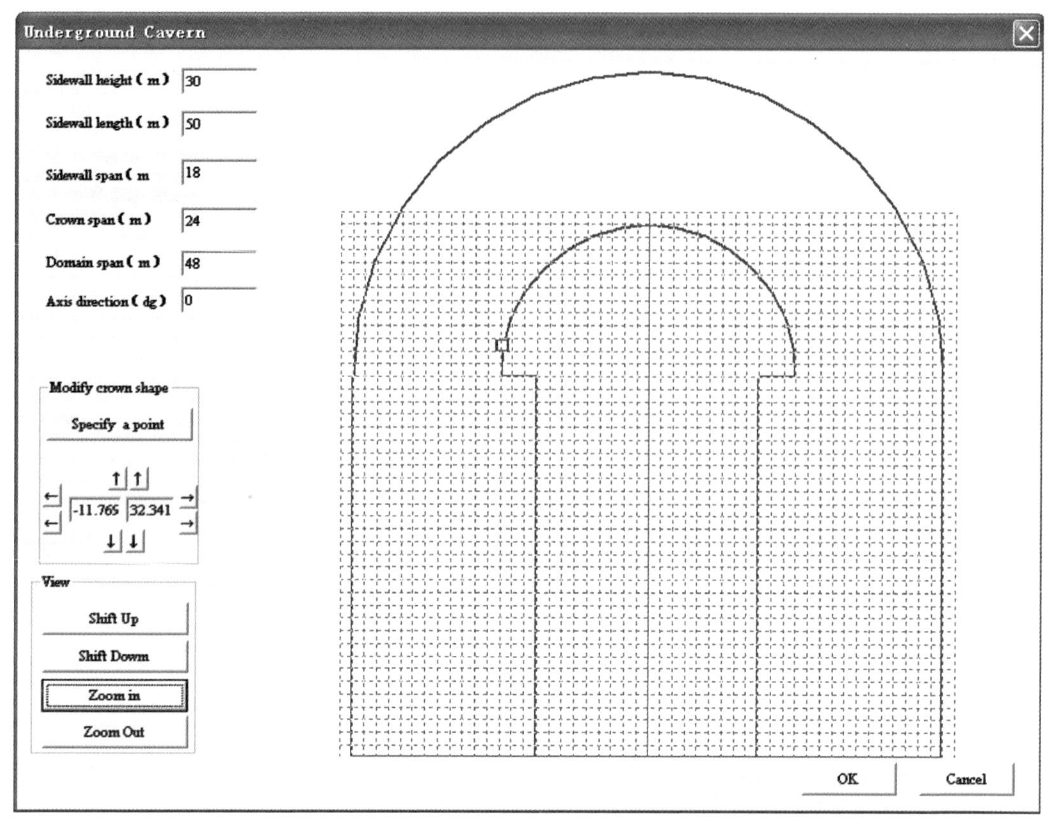

图 5.2-3　地下洞室几何形状定义窗口

5.2.3　裂隙的输入及随机模拟

GeneralBlock 的裂隙分为两种：一种是确定性裂隙，一般是野外通过露头面、钻孔、勘探平洞等方法实测得到的裂隙，它们的几何参数和力学参数都已确定；另一种是随机性裂隙，一般是通过随机模型生成的裂隙。两种裂隙在 GeneralBlock 中的定义完全一样，由裂隙中心点坐标、倾向、倾角、半径(圆盘模型)、张开宽度、黏滞系数(C)、摩擦角(φ)定义。

(1)确定性裂隙的输入

图 5.2-4 所示为确定性裂隙编辑窗口，每行存一个裂隙的参数，共有 9 个参数，即 X、Y、Z 坐标及倾向、倾角、半径、隙宽、裂隙面的 C 和 φ 值。要在某单元格中输入，双击鼠标左键，输入数据后回车确认。要删除某行，把鼠标光标移至次行，然后按键盘的“d”键；要在某行前插入一行，把鼠标光标移至次行，然后按键盘的“i”键。在这一窗口同样可以对筛选后的裂隙进行编辑。在窗口的右下侧有 2 个收音机按钮，可以进行筛选前后裂隙的切换。选择“All fractures”按钮时，窗口显示筛选前的裂隙表，选择“Connected fracture”按钮时，窗口显示筛选后的裂隙表。

确定性裂隙的输入数据存放在“large_fracture_xyzabr. dat”文件中，这是一个文本文件，可以用文本编辑器，图 5.2-5 所示为用记事本打开编辑“large_fracture_xyzabr. dat”文件，文件第一行为裂隙总数，此例有 5 条裂隙，文件最后两行的存在是为了和随机裂隙数据文件取得完全一致的数据格式，文件倒数第二行表明所有裂隙分为一组，最后一行表明第一组裂隙有 5 条，也就是说，对确定性裂隙来讲实际上不分组。

Large fracture edit

No	X(m)	Y(m)	Z(m)	Dip-dire.(deg)	Dip(deg)	Radius(m)	Aperture(mm)	Cohe.(kgf/cm2)	Fric. Angle(deg)
1	0.000	22.300	11.400	135.000	35.000	50.000	0.002	1.530	31.000
2	0.000	28.000	11.400	13.000	65.000	50.000	0.002	1.530	31.000
3	0.000	34.200	11.400	257.000	71.000	50.000	0.002	1.530	31.000
4	6.500	24.500	7.652	77.000	75.000	50.000	0.002	1.530	31.000
5	-6.490	24.500	7.652	43.500	90.000	50.000	0.002	1.530	31.000

* Select a cell by double-click, confirm correction by Enter-key; Delete a line by d-key; Insert a line by i-key.

All fractures　Connected fractures　OK　Cancel

图 5.2-4　确定性裂隙输入窗口

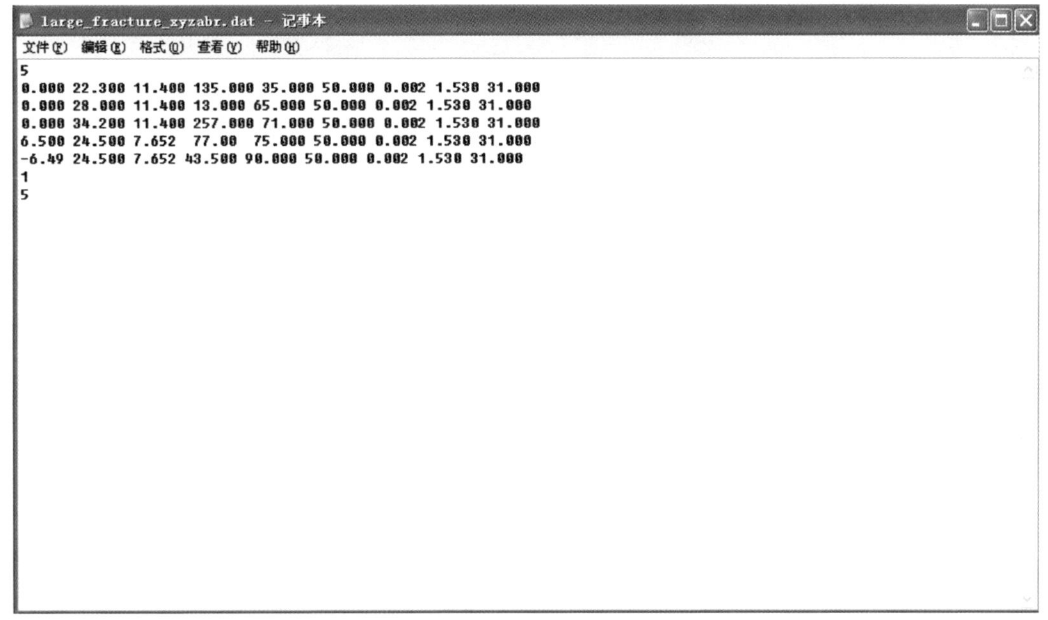
large_fracture_xyzabr.dat - 记事本

文件(F) 编辑(E) 格式(O) 查看(V) 帮助(H)

5
0.000 22.300 11.400 135.000 35.000 50.000 0.002 1.530 31.000
0.000 28.000 11.400 13.000 65.000 50.000 0.002 1.530 31.000
0.000 34.200 11.400 257.000 71.000 50.000 0.002 1.530 31.000
6.500 24.500 7.652 77.00 75.000 50.000 0.002 1.530 31.000
-6.49 24.500 7.652 43.500 90.000 50.000 0.002 1.530 31.000
1
5

图 5.2-5　记事本打开编辑确定性裂隙窗口

(2)随机裂隙的模拟

随机裂隙的模拟生成界面如图 5.2-6 所示。在裂隙生成之前首先必须确定裂隙生成的范围，最主要的是这一范围决定着模拟生成裂隙的多少。GeneralBlock 的裂隙生成空间是六面体形的，因此这一范围用最大、最小坐标值确定，窗口最上边的 MinX、MaxX、MinY、MaxY、MinZ、MaxZ 定义裂隙的生成范围。

岩体中的随机裂隙一般可分为几组，“Group Selection”下拉列表负责组之间的切换，如果

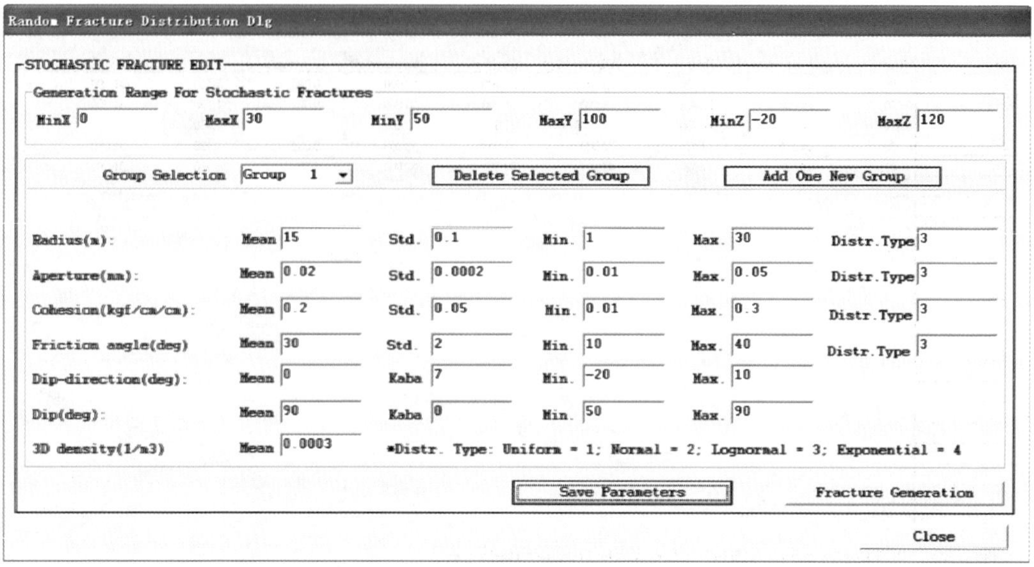

图 5.2-6　随机裂隙生成界面

在这一列表中选择了第一组，则第一组是当前裂隙组，整个窗口中显示第一组的参数；如果在这一列表中选择了第二组，则第二组是当前裂隙组，整个窗口中显示第二组的参数；依次类推。点击“Delete Selected Group”，使当前裂隙组被删除，点击“Add One New Group”，则在裂隙网络中添加一组，前者在已经输入若干组裂隙后进行编辑修改时经常使用，而后者在开始输入随机裂隙参数时会经常用到。

每组裂隙需要输入的随机参数包括半径(Radius)、张开宽度(Aperture)、黏滞系数(Cohesion)、摩擦角(Friction angle)的平均值(Mean)、标准差(Std)、最小值(Min)、最大值(Max)、分布形式代码，以上参数的分布形式选项有平均分布(uniform distribution，代码为 1)、正态分布(normal distribution，代码为 2)、对数正态分布(lognormal distribution，代码为 3)、负指数分布(exponential distribution，代码为 4)四种。

产状的分布程序只设计了 Fisher 分布，输入参数为倾向、倾角的平均值、最大值、最小值和 Fisher 分布的集中参数 K(kaba)。

窗口中的最后一个输入参数是裂隙的三维密度，即每组裂隙单位体积岩体中的条数(3D density，单位为 $1/m^3$)。随机模拟时一组裂隙产生的个数等于模拟范围岩体的体积除以这组裂隙的三维密度。

输入参数完成后点击“Save Parameters”按钮，把输入的参数存入硬盘，以备下次使用或修改，最后点击“Fracture Generation”生成随机裂隙。

生成的随机裂隙会存入“random_fracture_xyzabr.dat”文件，可以用文本编译器进行编译。文件的格式：第一行为裂隙总条数，然后是每条裂隙的 X、Y、Z 坐标及倾向、倾角、半径、隙宽、裂隙面的 C 和 φ 值，每条裂隙占一行，最后一行是几个整数，为裂隙组数和各组裂隙的条数。数据之间用空格隔开。裂隙参数的存放是有顺序的，假如共有 3 组裂隙，排在最前面的是第一组，接下来是第二组，最后是第三组。

GeneralBlock 目前的界面只能生成上述几种随机分布的裂隙。如果用户需要更复杂的分布，可以自己做成随机裂隙，按“random_fracture_xyzabr.dat”文件格式 GeneralBlock 照样可以读用。

(3)裂隙的筛选

裂隙筛选(fracture filter)的目的是去除那些明显对形成块体没有贡献的裂隙。

图 5.2-7 所示窗口上部的 2 个按钮控制筛选裂隙的种类：随机裂隙(Random fracture)、确定性裂隙(Deterministic fracture)。

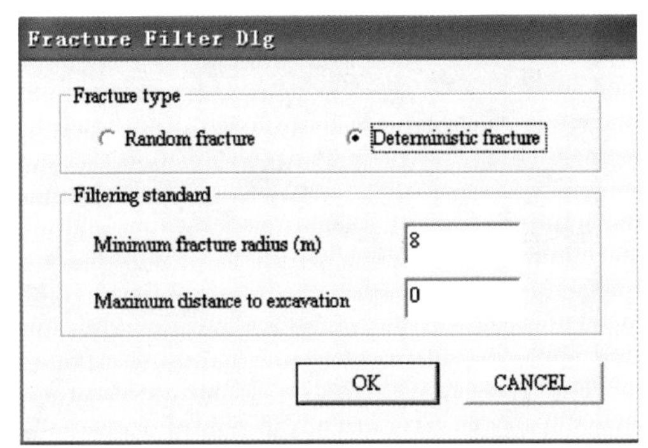

图 5.2-7　裂隙筛选窗口

筛选标准控制板(filtering standard)有两个输入参数，一个是最小裂隙半径(minimum fracture radius)，另一个是距离开挖面的最大距离(maximum distance to excavation)。如果最小裂隙半径设为 1m，那么半径小于 1m 的裂隙在块体识别时将被自动剔除；距离开挖面的距离是一个逻辑距离，有的裂隙直接与开挖面相交，它们与开挖面的距离为 0；有的裂隙不直接与开挖面相交，而是通过一个裂隙间接与开挖面相交，它们与开挖面的距离为 1；依次类推。如果在上述窗口中设定与开挖面的最大距离为 0，那么在块体分析时只考虑直接与开挖面相交的那些裂隙；如果设定与开挖面的最大距离为 1，那么只有与开挖面距离为 0 和 1 的裂隙才会被考虑。

通过筛选的裂隙将被存放到“connec_fracture_xyzabr.dat”文件中。块体识别时 GeneralBlock 直接使用的是此文件中的裂隙数据。

(4)裂隙的迹线

裂隙迹线计算及其三维图像显示是 GeneralBlock 的优秀功能之一，即使脱离块体分析功能也具有独立的应用价值。如在野外经常会遇到一些规模较大的断层，这些断层会在哪些工程部位出现，它们与开挖面的交切关系等，利用 GeneralBlock 的迹线计算功能，对回答上述问题是非常有益的。再如，野外对岩体裂隙的调查一般是通过勘探平洞进行的，对平洞壁面上裂隙的编录统计可以分析岩体的断裂发育程度，由于平洞断面大小有限，通过平洞裂隙资料做成裂隙网络模型，利用迹线计算功能可以作出任意平面上的二维裂隙网络图，对辅助技术人员认识岩体质量、比较不同方向开挖面岩体稳定性是非常有利的。

图 5.2-8 所示为结构面迹线计算及三维显示窗口。左侧是三维图形区，其底部是放大、缩小、图形保存按钮，右侧是控制板区，有 4 个控制板：①裂隙种类(Fracture type)控制板，指定计算显示哪类裂隙的迹线，确定性裂隙(deterministic)、随机裂隙(random)、筛选后的裂隙(connected)。②开挖面选择(Excavation selection)控制板，指定计算哪些开挖面上的迹线。在这一窗口中只有被指定的面，面上的迹线才会被计算、显示。指定有两种方法：一种是面 3～面 10 连续指定(Excavation N1 to N2)；另一种是 1、2、7 这样的具体单个指定(Excavation 1,5,8)，面号之间用逗号分开。③裂隙选择(Fracture selection)控制板，指定哪些裂隙需要计算显示，指定方法与上述开挖面相同。④迹线剖面(Fracture-trace section)控制板。这里能做 3 个方向的剖面，即分别垂直于 x 轴、y 轴、z 轴平面上的迹线。图 5.2-9 所示为一个垂直于 z 轴的平面上的迹线，其中的裂隙数据为表 5.3-1 中的裂隙数据。此控制板的输入参数(X_0，Y_0，Z_0)是剖面的起点坐标，也就是剖面上坐标值最小的那个角点的坐标；L_x、L_y、L_z 分别是剖面沿 x、y、z 三个坐标轴方向的长度。

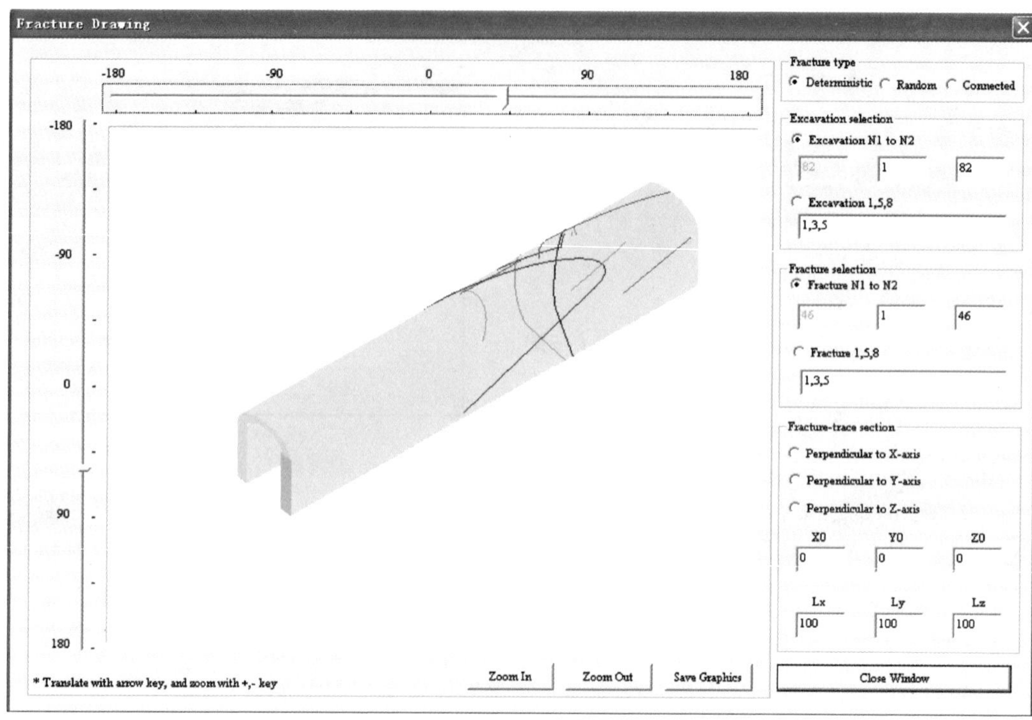

图 5.2-8　结构面迹线计算及三维显示窗口

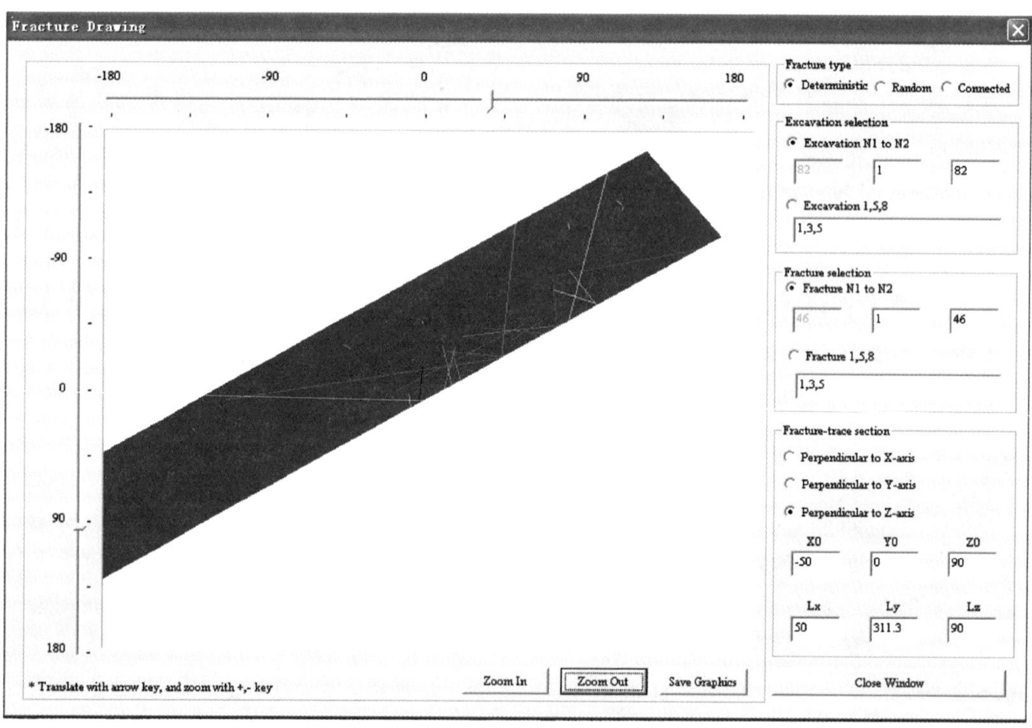

图 5.2-9　结构面迹线平切示意面

5.2.4　块体分析及结果显示

块体分析及结果显示是 GeneralBlock 软件的核心内容，通过“Identification Calculation”和“Block Display 两个菜单执行，前者进行计算，后者执行显示功能。

(1)块体分析

选择“Identification Calculation”菜单，GeneralBlock 执行块体分析任务。块体分析主要包括如下内容：块体识别、块体规模计算、块体归类(埋藏、出露、可移动、不可移动等)、移动类型、滑动面确定、力学计算(滑动力、摩擦力、下滑力、支护力)、稳定系数计算。在执行上述任务时程序不需要人工干预，直到结束时程序提醒任务已经结束。

(2)分析结果显示

块体分析完成后选择“Block Display”菜单查看计算结果，程序打开图 5.2-10 所示窗口，窗口分为三部分：左部是三维图形显示区，下部是块体分析结果表，右部有三个控制板，自上向下分别为绘图内容选择控制板(Drawing option)、锚索锚杆设计控制板(Anchored-cable，bolt design)和结果保存控制板(Save)。

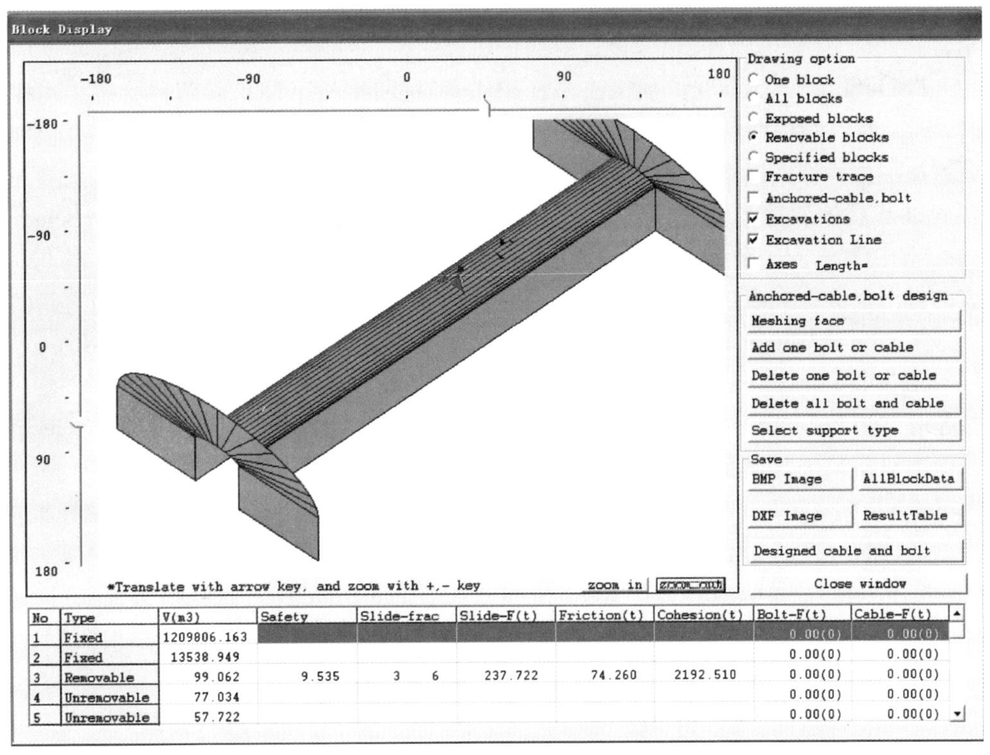

图 5.2-10　块体分析结果窗口

三维图形的放大、缩小由该区的放大(Zoom in)、缩小(Zoom out)按钮控制，旋转由两个滑条控制，平移由键盘箭头键控制。图形内容由右侧绘图内容选择控制板和锚索锚杆设计控制板决定。

绘图内容选择控制板上有 5 个按钮和 5 个复选框。5 个按钮分别为 One block(单个块体)、All blocks(所有块体)、Exposed blocks(出露块体)、Removable blocks (可移动块体)、

Specified blocks(某些指定块体)。如果选择单个块体按钮,则右侧三维图形区只显示一个块体,块体之间的切换由下部的结果表控制,在表中用鼠标点击任意一行,三维图形便切换到对应的块体。窗口最初打开时,总处于单个块体显示状态。按钮后面有一个文本框,显示形成本块体的裂隙号,裂隙号是裂隙在“connec_fracture_xyzabr. dat”文件中的排序号;选择所有块体按钮,三维图形区显示所有块体;选择出露块体按钮,显示所有出露在开挖面上的块体;选择可移动块体按钮,显示所有可移动的块体。选择某些指定块体按钮,在按钮后面出现一个白色的文本框,用户在空格处填入要求显示的块体号,号与号之间用逗号隔开。

排在按钮之下的5个复选框,它们控制着是否显示 Fracture trace(裂隙迹线)、Anchored-cable and bolt(锚索和锚杆)、Excavations(开挖面)、Excavation line(开挖面轮廓线)、Axes(坐标轴)。开挖面是三维面,而开挖面轮廓线是一些三维线。当选择表示坐标轴时,复选框后面会出现一个文本框询问坐标轴的长度(m),如果用户不输入,则使用缺省值50m。

锚索锚杆设计控制板内有5个按钮:

“Meshing face”(开挖面网格化)按钮有两种状态,分别是按下(凹下)和松开(凸起)。当按下此按钮时程序进入开挖面网格化状态,用鼠标在三维图上双击哪个开挖面、哪个开挖面便被表示成细小网格,网格的间隔为1m。网格可以用来辅助测量不同点之间的距离、估计块体的大小,还可以用来作为锚杆、锚索设计时的标尺等。

“Add one bolt or cable”(追加一根锚杆或锚索)按钮有按下和松起两种状态。当按下此按钮时,程序进入锚杆锚索追加状态,这时鼠标每在三维图的某个开挖面上双击一次,则在双击点处追加一根锚杆或锚索。鼠标必须确实击在某个面内,否则双击无效。到底是追加锚杆还是锚索以及具体的种类,取决于当前支护种类。变更当前支护种类时先点击“Select support type”按钮打开支护种类登录窗口,在那里获取或变换当前支护种类。在三维图上设计锚杆锚索的突出优点是直观清楚,能时刻把握它们与块体、滑动面、裂隙迹线、开挖面之间的空间关系。这是 GeneralBlock 软件值得骄傲的功能之一。

“Delete one bolt or cable”(删除一根锚杆或锚索)按钮也有按下和松起两种状态。当按下此按钮时,“追加一根锚杆或锚索”按钮自动凸起,程序进入锚杆锚索删除状态。这时用鼠标在三维图上双击某个开挖面,则在此面上离点击点最近的锚杆或锚索将被删除。

“Delete all bolt and cable”(删除所有锚杆和锚索)按钮删除所有目前已经设计的锚杆和锚索。

“Save”(保存)控制板上有5个按钮,分别是:“BMP Image”(BMP 位图)、“All Block Data”(所有块体数据)、“DXF Image”(DXF 格式图)、“Result Table”(分析结果表)、“Designed Cable and Bolt”(设计的锚杆锚索)。“BMP Image”按钮把当前窗口中的三维图形保存为BMP 位图;“All Block Data”按钮保存块体分析的所有结果,经此保存之后,以后再次打开此项目时不必再进行块体分析(“Identification Calculation”菜单所执行的内容),而可以选择主菜单上的“Read saved blocks”(读入已保存的块体);“DXF Image”按钮把当前块体图保存为DXF 格式的图形,方便使用 AutoCAD 等处理 DXF 格式文件;“Result Table”把分析结果表写入 Result_table. dat 文件;“Designed Cable and Bolt”把已经设计的锚杆锚索数据存入硬盘,以备再次打开此项目时使用。

块体分析结果表每一行存放一个块体,随着块体的增加表格的行数会自动扩张。一个块体有10列数据,第一列为块体编号,此表中块体是按体积大小排序的。之后各列分别为种类(Type)、块体体积(V)、稳定系数(Safety)、滑动裂隙面(Slide-frae)、滑动力(Slide-F)、摩擦力

(Friction)、黏滞力(Cohesion)、锚杆力(Bolt-F)、锚索力(Cable-F)。

(3)锚杆锚索设计

通过选择主菜单中"Bolt,Anchored-cable register"菜单启动锚杆锚索设计,程序打开图5.2-11所示窗口。窗口分为"Selection"(选择)控制板、"Management"(管理)控制板和"Parameters"(参数)控制板区。

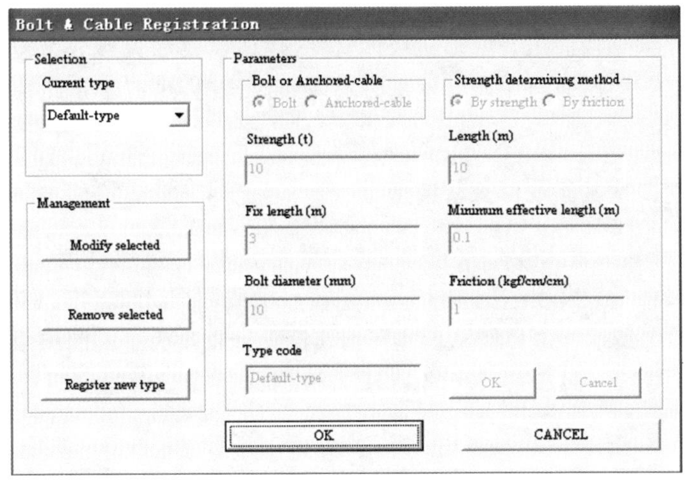

图 5.2-11　锚杆锚索的设计界面

选择控制板功能一是选择当前支护种类,在追加锚杆锚索时使用的种类在这里选定;二是如果在本窗口中进行锚杆锚索参数修改(如长度),或者删除一种已登录种类,这时删除的是本控制板所选择的种类。

管理控制板有"Modify selected"(修改当前种类的参数)、"Remove selected"(删除当前种类)、"Register new type"(登录一个新种类)三个按钮。点击"Modify selected"或"Remove selected",右侧"Parameters"控制板内所有文本框打开,等待输入或修改(图 5.2-12),完成之后可点击"OK"确认、"Cancel"取消输入或修改参数。

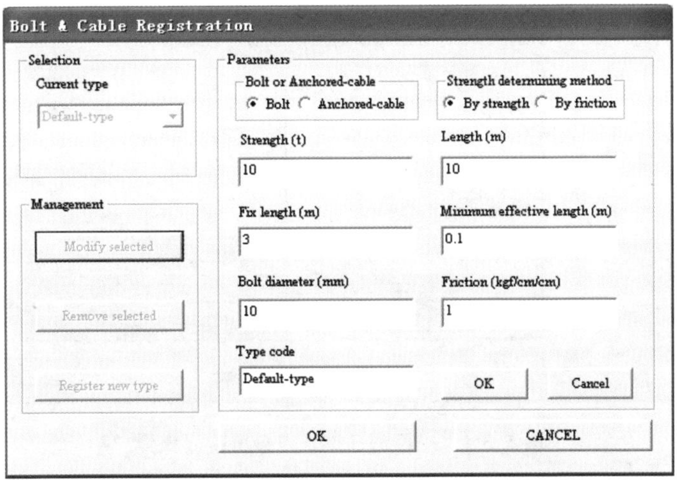

图 5.2-12　登录新种类或修改某一种类参数界面

5.3　应用实例

GeneralBlock 块体搜索分析程序是目前国内外最为优秀的三维块体分析程序之一，是在三峡地下电站主厂房等特大型、大型洞室围岩块体的搜索和稳定性分析的具体应用中逐步完善起来的。以主厂房为例，GeneralBlock 软件应用主要有三个方面：一是利用先导洞编录结构面资料，搜索给定系列结构面组合的随机块体，进行块体模式和大致分布位置的预报；二是根据顶拱分部开挖施工过程，通过中间开挖部分揭露地质情况，进行半定位块体的预报；三是确定性块体的三维稳定性分析。

5.3.1　建立主厂房三维块体分析模型

根据主厂房设计轮廓输入主厂房模型参数，见图 5.3-1。边墙高度 77.47m；厂房轴线长 311.3m；顶拱跨度 32.6m；模型范围按 150m(半径)；轴线方向 223.5°。本程序内置顶拱模型为半圆弧拱(图 5.3-1 所示外边界圆)，而主厂房实际设计顶拱为三心圆组成，根据顶拱设计轮廓调整顶拱控制点与其一致。图 5.3-2 所示为根据前述参数建立的主厂房三维块体分析模型。

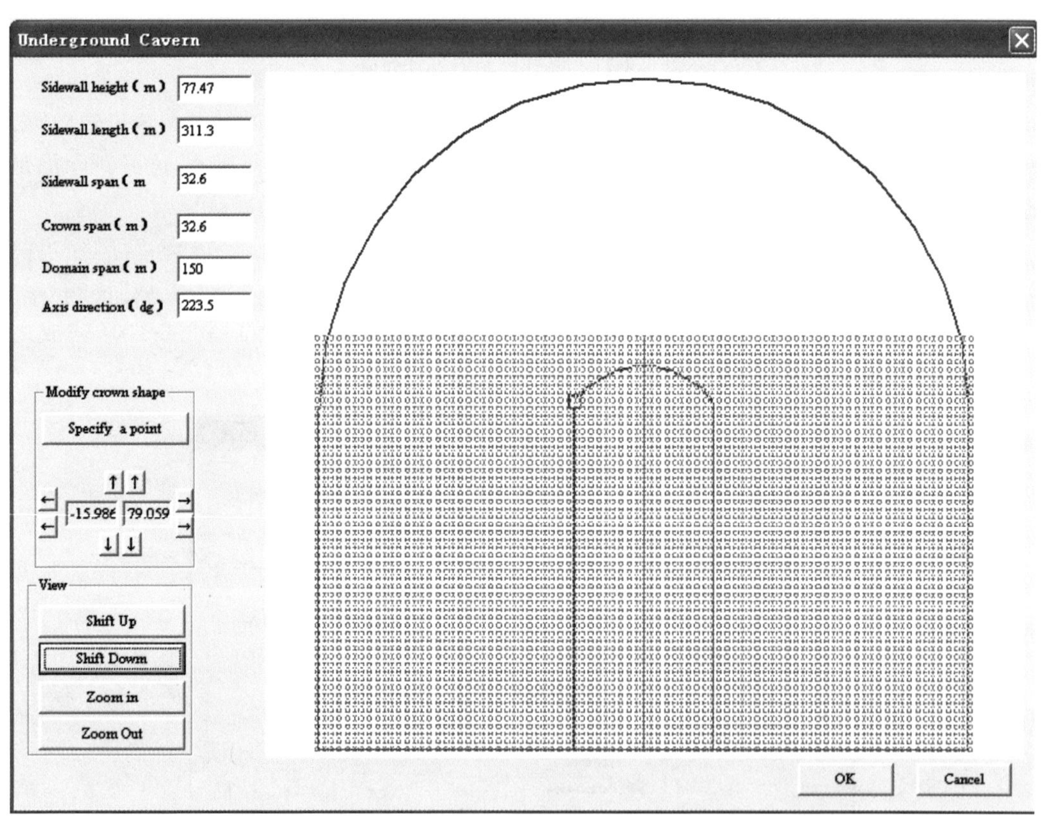

图 5.3-1　主厂房三维块体分析断面模型

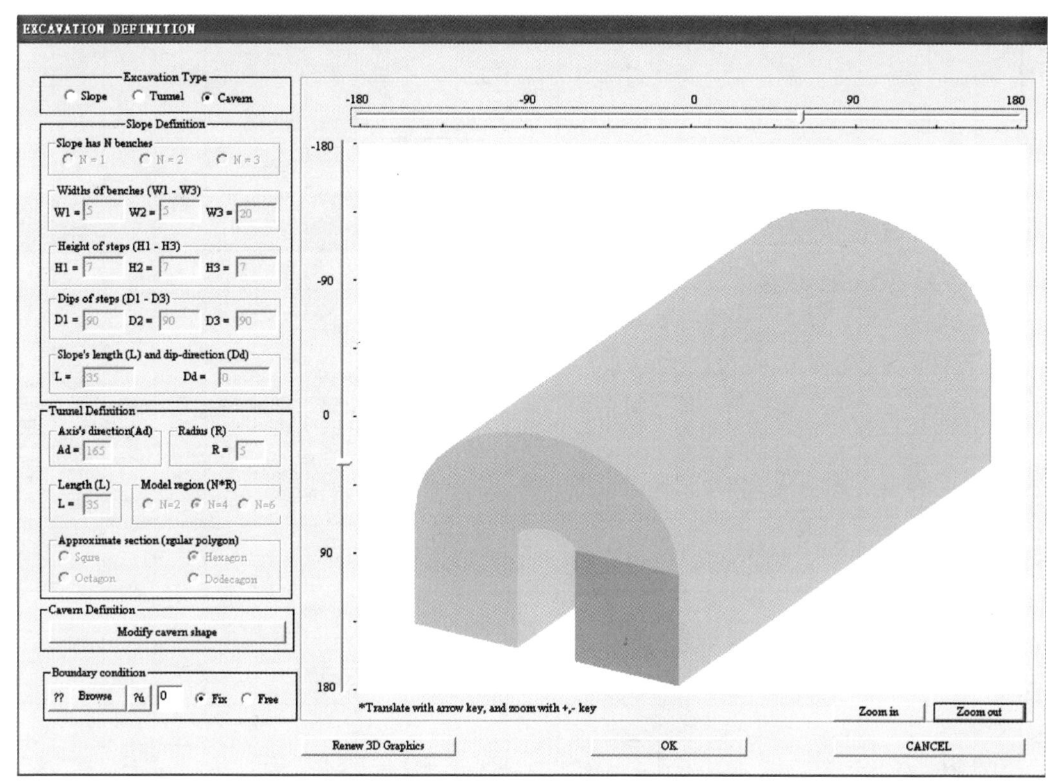

图 5.3-2 主厂房三维块体分析模型

5.3.2 随机块体搜索与预报

随机块体的搜索与预报以主厂房中导洞桩号 0+160～0+280 段为例，表 5.3-1 所示为该洞段中导洞编录的 46 条主要结构面(包括断层及较长大裂隙)及主要特征。

图 5.3-3 所示为根据中导洞编录断层及裂隙资料的部分资料，输入到已建立的主厂房块体分析模型。GeneralBlock 软件计算的 46 条结构面在顶拱开挖面上的迹线及自动搜索分析结果见图 5.3-4、图 5.3-5。

块体搜索分析结果如下：

(1)滑落式块体(Removable)：共 20 个，均为双滑面块体，稳定性系数均较好，块体体积最大 7.095m^3，其他为 0.001～5.1m^3。

(2)坠落式块体(Falling)：共 9 个，稳定性差，其中由三个结构面组合形成的占 5 个，由四个结构面组合切割的占 4 个，块体体积最大为 4.149m^3，其他为 0.005～0.801m^3。

软件自动分析提供了两种结果：一是块体构成的模式，此例中有双滑面滑落式块体及坠落式块体；二是随机块体规模及分布位置。从规模上看，由于给定的结构面较多，程序自动搜索时主要搜索出了这些小的随机块体。

事实上，对于主厂房这种裂隙化岩体，存在随机小块体的概率很高，从工程地质和工程预报角度看，这些小块体并不是我们所关注的重点，而是那些潜在的规模较大的块体及其稳定性。因此，可以根据程序自动搜索的块体分布位置结合结构面迹线图进行人工再分析，并将那些对构成关键块体不起作用的结构面去除，然后再用程序进行搜索分析，也可以按确定性块体进行单个块体分析。

表 5.3-1　主厂房中导洞桩号 0＋160～0＋280 段主要结构面统计表

序号	编号	结构面特征统计									
		迹线中点模型坐标			产状(°)		迹线长度(m)	概化宽度(m)	结构面形态	抗剪强度	
		X	Y	Z	倾向	倾角				C(kg/m²)	f(°)
1	f_{10}	1.50	149.10	84.30	60	54	25.0	0.002	断面平直稍粗	1.53	31
2	T_{258}	−1.50	144.50	83.26	253	86	10.5	0.002	起伏粗糙	2.04	35
3	T_{232}	5.50	140.50	81.00	257	63	7.5	0.002	平直稍粗	1.53	31
4	f_9	1.50	137.10	84.30	40	49	21.0	0.002	断面微波稍粗	1.53	31
5	T_{225}	2.80	134.80	84.12	263	67	13.0	0.002	平直稍粗	1.53	31
6	T_{248}	−1.30	126.90	83.41	343	75	17.5	0.002	起伏粗糙	2.04	35
7	T_{209}	0.20	127.30	84.12	70	21	14.0	0.002	平直稍粗	1.53	31
8	T_{208}	2.50	125.30	84.20	348	67	18.0	0.002	平直稍粗	1.53	31
9	T_{204}	5.50	120.30	79.80	73	28	14.0	0.002	起伏粗糙	2.04	35
10	T_{210}	1.50	124.10	84.30	270	69	18.0	0.002	平直稍粗	1.53	31
11	T_{212}	3.90	120.10	83.67	248	64	15.0	0.002	起伏粗糙	2.04	35
12	T_{184}	−1.50	119.30	83.26	245	71	14.0	0.002	平直稍粗	1.53	31
13	T_{181}	−2.50	124.30	81.30	110	30	15.5	0.002	起伏粗糙	2.04	35
14	T_{178}	−2.30	115.10	82.47	83	51	11.5	0.002	平直稍粗	1.53	31
15	T_{176}	−2.50	111.50	82.20	192	81	11.0	0.002	起伏粗糙	2.04	35
16	F_{84}	−0.50	110.30	83.87	337.5	58.5	100.0	0.002	断面波状粗糙	0.92	27
17	f_8	2.80	108.00	84.12	355	68	16.0	0.002	平直稍粗	1.53	31

续表 5.3-1

序号	编号	结构面特征统计									
		迹线中点模型坐标			产状(°)		迹线长度(m)	概化宽度(m)	结构面形态	抗剪强度	
		X	Y	Z	倾向	倾角				C(kg/m²)	f(°)
18	f_7	5.50	115.30	82.20	315	65	30.5	0.002	平直稍粗	1.53	31
19	f_{32}	1.50	98.50	84.30	263	73	100.0	0.002	平直稍粗	1.53	31
20	f_6	5.20	93.30	82.60	355	63	14.5	0.002	平直稍粗	1.53	31
21	T_{216}	5.50	99.60	79.80	318	51	10.6	0.002	起伏粗糙	2.04	35
22	T_{147}	5.50	86.00	80.00	100	30	19.5	0.002	起伏粗糙	2.04	35
23	f_{5-1}	5.50	85.30	79.60	335	63	12.0	0.002	断面弯曲起伏	2.04	35
24	f_5	1.50	85.80	84.30	340	57.5	28.0	0.002	断面见泥化	0.92	27
25	T_{152}	3.60	86.30	83.82	310	75	10.0	0.002	起伏粗糙	2.04	35
26	T_{162}	−2.50	83.80	82.20	75	77	10.0	0.002	起伏粗糙	2.04	35
27	T_{163}	−2.50	83.00	81.50	237	48	12.0	0.002	平直稍粗	1.53	31
28	T_{143}	0.50	71.50	84.20	255	56	22.0	0.002	平直稍粗	1.53	31
29	T_{145}	5.50	74.30	79.80	260	30	9.0	0.002	平直稍粗	1.53	31
30	F_{20}	1.50	68.30	84.30	270	83	200.0	0.002	断面平直稍粗	1.53	31
31	T_{138}	5.50	66.30	78.90	105	31	7.0	0.002	平直稍粗	1.53	31
32	T_{133}	5.50	66.10	82.20	10	60	12.5	0.002	平直稍粗	1.53	31
33	T_{100}	1.50	65.10	84.30	46	38	21.0	0.002	平直稍粗	1.53	31
34	T_{122}	−2.50	61.80	79.80	285	30	9.5	0.002	起伏粗糙	1.53	31

续表 5.3-1

序号	编号	结构面特征统计									
		迹线中点模型坐标			产状(°)		迹线长度(m)	概化宽度(m)	结构面形态	抗剪强度	
		X	*Y*	*Z*	倾向	倾角				C(kg/m²)	*f*(°)
35	f_3	1.50	58.50	84.30	266	68	20.0	0.002	平直稍粗	1.53	31
36	T_{99}	5.50	61.30	82.20	45	38	15.0	0.002	平直稍粗	2.04	35
37	T_{67}	−2.30	55.80	82.47	110	35	33.0	0.002	起伏粗糙	2.04	35
38	f_2	1.50	49.60	84.30	251	70	19.0	0.002	起伏粗糙	2.04	35
39	T_{114}	3.50	52.00	83.87	280	47	10.0	0.002	起伏粗糙	2.04	35
40	T_{82}	1.50	43.30	84.30	243	63	20.0	0.002	平直稍粗	1.53	31
41	T_{67}	5.50	39.30	80.80	110	35	22.5	0.002	起伏粗糙	2.04	35
42	T_{81}	4.20	41.30	83.48	115	67	16.0	0.002	平直稍粗	1.53	31
43	T_{149}	5.50	75.80	81.80	140	35	13.0	0.002	平直稍粗	1.53	31
44	f_1	−0.30	23.30	83.95	335	51	46.5	0.002	起伏粗糙	2.04	35
45	T_{53}	−2.50	31.30	81.00	120	30	20.0	0.002	平直稍粗	1.53	31
46	T_{60}	−2.50	38.80	82.10	325	85	9.0	0.002	平直稍粗	1.53	31

Large fracture edit

No	X(m)	Y(m)	Z(m)	Dip-dire.(deg)	Dip(deg)	Radius(m)	Aperture(mm)	Cohe.(kgf/cm2)	Fric. Angle(deg)
1	1.500	149.100	84.300	60.000	54.000	25.000	0.002	1.530	31.000
2	-1.500	144.500	83.260	253.000	86.000	10.500	0.002	2.040	35.000
3	5.500	140.500	81.000	257.000	63.000	7.500	0.002	1.530	31.000
4	1.500	137.100	84.300	40.000	49.000	21.000	0.002	1.530	31.000
5	2.800	134.800	84.120	263.000	67.000	13.000	0.002	1.530	31.000
6	-1.300	126.900	83.410	343.000	75.000	17.500	0.002	2.040	35.000
7	0.200	127.300	84.120	70.000	21.000	14.000	0.002	1.530	31.000
8	2.500	125.300	84.200	348.000	67.000	18.000	0.002	1.530	31.000
9	5.500	120.300	79.800	73.000	28.000	14.000	0.002	2.040	35.000
10	1.500	124.100	84.300	270.000	69.000	18.000	0.002	1.530	31.000
11	3.900	120.100	83.670	248.000	64.000	15.000	0.002	2.040	35.000
12	-1.500	119.300	83.260	245.000	71.000	14.000	0.002	1.530	31.000
13	-2.500	124.300	81.300	110.000	30.000	15.500	0.002	2.040	35.000
14	-2.300	115.100	82.470	83.000	51.000	11.500	0.002	1.530	31.000
15	-2.500	111.500	82.200	192.000	81.000	11.000	0.002	2.040	35.000
16	-0.500	110.300	83.870	337.500	58.500	100.000	0.002	0.918	26.600
17	2.800	108.000	84.120	355.000	68.000	16.000	0.002	1.530	31.000
18	5.500	115.300	82.200	315.000	65.000	30.500	0.002	1.530	31.000
19	1.500	98.500	84.300	263.000	73.000	100.000	0.002	1.530	31.000
20	5.200	93.300	82.600	355.000	63.000	14.500	0.002	1.530	31.000
21	5.500	99.600	79.800	318.000	51.000	10.600	0.002	2.040	35.000
22	5.500	86.000	80.000	100.000	30.000	19.500	0.002	2.040	35.000
23	5.500	85.300	79.600	335.000	63.000	12.000	0.002	2.040	35.000
24	1.500	85.800	84.300	340.000	57.500	28.000	0.002	0.918	26.600
25	3.600	86.300	83.820	310.000	75.000	10.000	0.002	2.040	35.000
26	-2.500	83.800	82.200	75.000	77.000	10.000	0.002	2.040	35.000
27	-2.500	83.000	81.500	237.000	48.000	12.000	0.002	1.530	31.000
28	0.500	71.500	84.200	255.000	56.000	22.000	0.002	1.530	31.000
29	5.500	74.300	79.800	260.000	30.000	9.000	0.002	1.530	31.000
30	1.500	68.300	84.300	270.000	83.000	200.000	0.002	1.530	31.000
31	5.500	66.300	78.900	105.000	31.000	7.000	0.002	1.530	31.000
32	5.500	66.100	82.200	10.000	60.000	12.500	0.002	1.530	31.000
33	1.500	65.100	84.300	46.000	38.000	21.000	0.002	1.530	31.000
34	-2.500	61.800	79.800	285.000	30.000	9.500	0.002	1.530	31.000
35	1.500	58.500	84.300	266.000	68.000	20.000	0.002	1.530	31.000
36	5.500	61.300	82.200	45.000	38.000	15.000	0.002	2.040	35.000
37	-2.300	55.800	82.470	110.000	35.000	33.000	0.002	2.040	35.000
38	1.500	49.600	84.300	251.000	70.000	19.000	0.002	2.040	35.000
39	3.500	52.000	83.870	280.000	47.000	10.000	0.002	2.040	35.000
40	1.500	43.300	84.300	243.000	63.000	20.000	0.002	1.530	31.000
41	5.500	39.300	80.800	110.000	35.000	22.500	0.002	2.040	35.000
42	4.200	41.300	83.480	115.000	67.000	16.000	0.002	1.530	31.000
43	5.500	75.800	81.800	140.000	35.000	13.000	0.002	1.530	31.000
44	-0.300	23.300	83.950	335.000	51.000	46.500	0.002	2.040	35.000
45	-2.500	31.300	81.000	120.000	30.000	20.000	0.002	1.530	31.000
46	-2.500	38.800	82.100	325.000	85.000	9.000	0.002	1.530	31.000

* Select a cell by double-click, confirm correction by Enter-key; Delete a line by d-key; Insert a line by i-key.

◉ All fractures ○ Connected fractures OK Cancel

图 5.3-3 输入的断裂结构面信息

如图 5.3-4 所示，图中以蓝色充填、编号 A～J 的为程序自动搜索的 7 个主要块体，这些块体分布的部位表明是易于构成块体的部位，因此，根据这些块体结合结构面迹线图进行人工分析，发现这些块体部位均有可能构成更大的块体组合，这才是大家所重点关注的。如图中绿色块体范围线所示，共分析出三个比较大的块体进行提前预报，三个块体继续采用程序分析的结果以及与主厂房顶拱最终开挖揭露块体的对比分析列于表 5.3-2 中。从图 5.3-4 和表 5.3-2 中均可看出预测效果较好，三个预测块体部位最终均发育有块体。另外，图 5.3-5 中绿色标注的 1-1# 块体位于厂房下游边墙，中导洞揭露结构面有限，未能预测到，14# 块体从图中已可看出呈半定位块体。

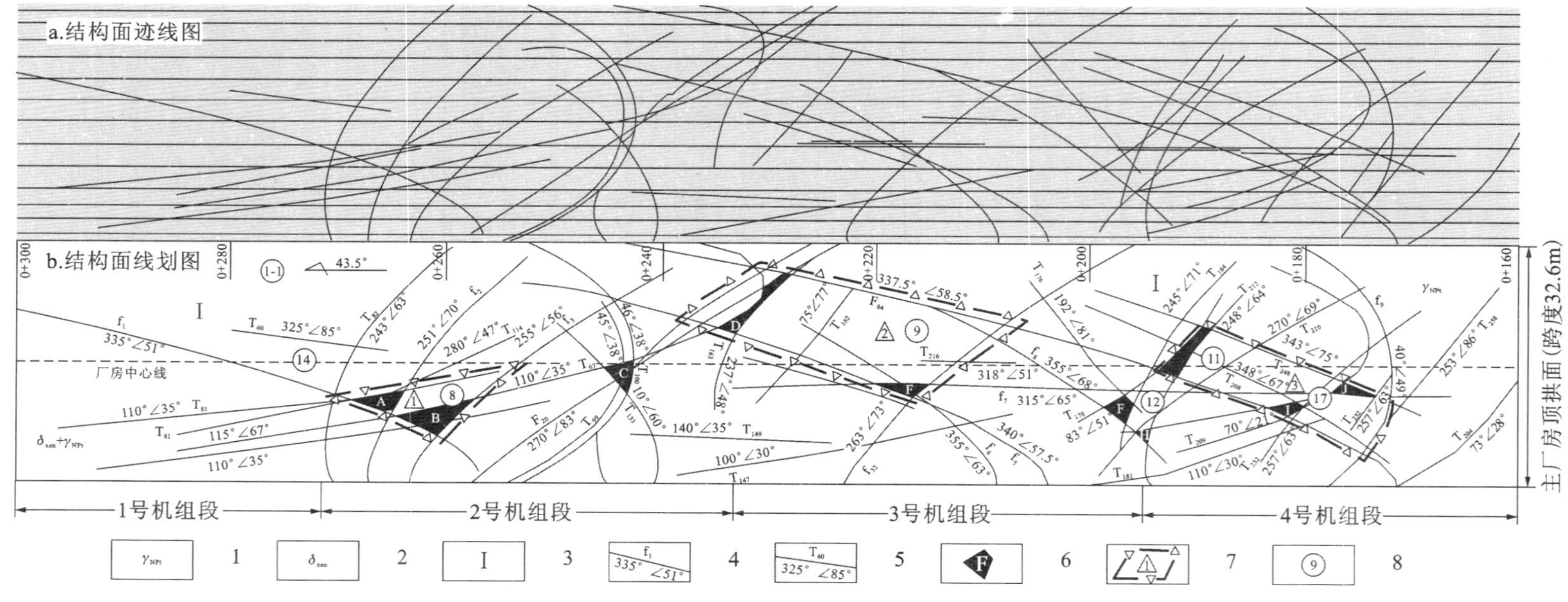

图 5.3-4　中导洞结构面在主厂房顶面上的迹线及线划图

1—前震旦系闪云斜长花岗岩；2—闪长岩包裹体；3—微风化带；4—断层、编号及产状(°)；5—裂隙、编号及产状(°)；6—程序自动搜索的主要块体位置及编号；7—根据迹线及结构面特征分析预报的块体范围及编号；8—厂房顶拱开挖后确定块体编号

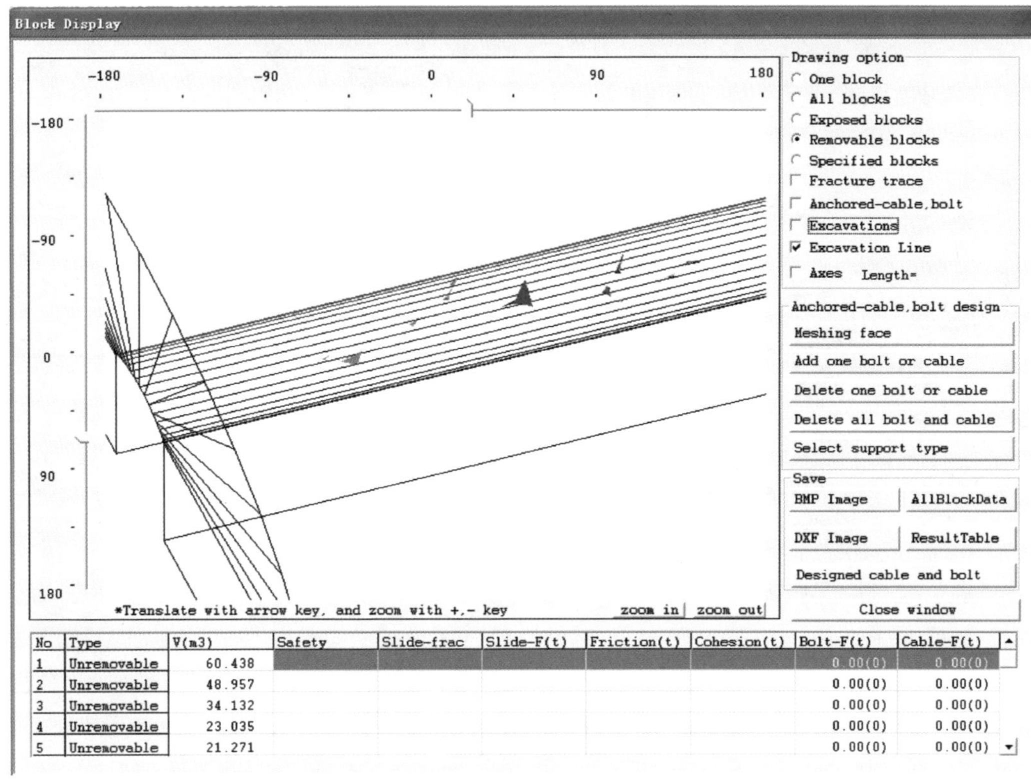

图 5.3-5　依据中导洞结构面搜索主厂房随机块体结果

表 5.3-2　中导洞结构面预测厂房顶拱开挖后块体特征及对比分析

预报块体	构成结构面	块体三维效果	块体体积(m^3)	块体模式	自重条件稳定性系数	稳定性评价	与最终块体对比
1#	f_1(335°∠51°) T_{81}(115°∠67°) f_3(255°∠56°)		61	坠落式	0	稳定性差	为 8# 块体的一部分
2#	F_{20}(270°∠83°) f_{32}(263°∠73°) f_5(340°∠57.5°) F_{84}(337.5°∠58.5°) 模拟结构面 (顶拱上 20m 缓倾角面)		4471	双滑面 (F_{20}、F_{84})	2.09	断层 F_{84} 性状差，块体稳定性较差	为 9# 块体以及 18# 块体的一部分

续表 5.3-2

预报块体	构成结构面	块体三维效果	块体体积（m^3）	块体模式	自重条件稳定性系数	稳定性评价	与最终块体对比
3#	T_{178}(83°∠51°) f_9(40°∠49°) T_{248}(343°∠75°) F_{84}(337.5°∠58.5°)		812	双滑面（F_{84}、f_9）	5.42	最大组合稳定性好，块体范围内存在次级组合，稳定性较差	分解为11#、12#、17#块体

5.3.3 半定位块体搜索与预报

应用 GeneralBlock 程序，以主厂房顶拱 14# 块体为例进行半定位块体搜索与预报应用[21]。图 5.3-6 中 14# 块体为主厂房中部开挖后根据揭露随机裂隙 T_{17}(130°∠65°)、T_{23}(45°∠47°)、T_{25}(270°∠50°)、T_{34}(248°∠66°)提前预报的半定位块体。这四条结构面在洞顶的展布形态如图 5.3-7 所示。四条结构面互为反倾，根据主厂房围岩断裂结构面发育特征，在上游侧极有可能发育有与厂房轴线近一致、倾向上游的结构面存在而构成坠落式块体，只是目前还没有揭露临空而已，因此，此块体为半定位块体。由于可能构成的块体稳定性差，必须提前进行预报并提前进行加固处理。为此，在上游边墙面上模拟一条垂直结构面构成最大体积的块体进行预报。块体特征见图 5.3-8，块体体积为 739m^3，为坠落式块体。

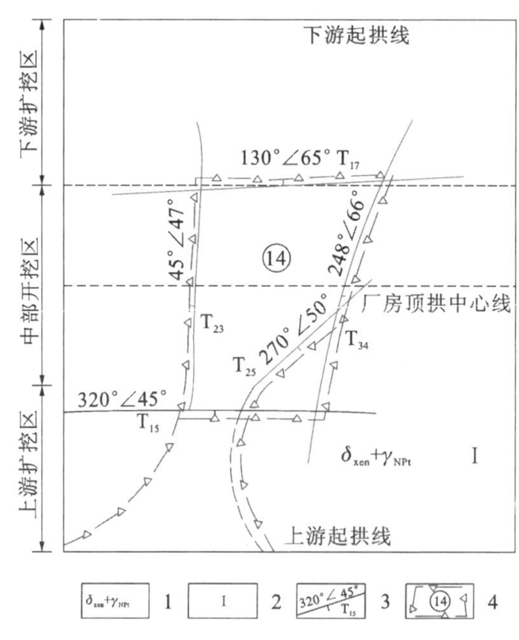

图 5.3-6　主厂房顶拱 14# 块体构成示意图

1—前震旦系闪长岩包裹体和闪云斜长花岗岩混合岩带；2—微风化带；
3—断层、编号及产状；4—裂隙、编号及产状；5—块体范围线及块体编号

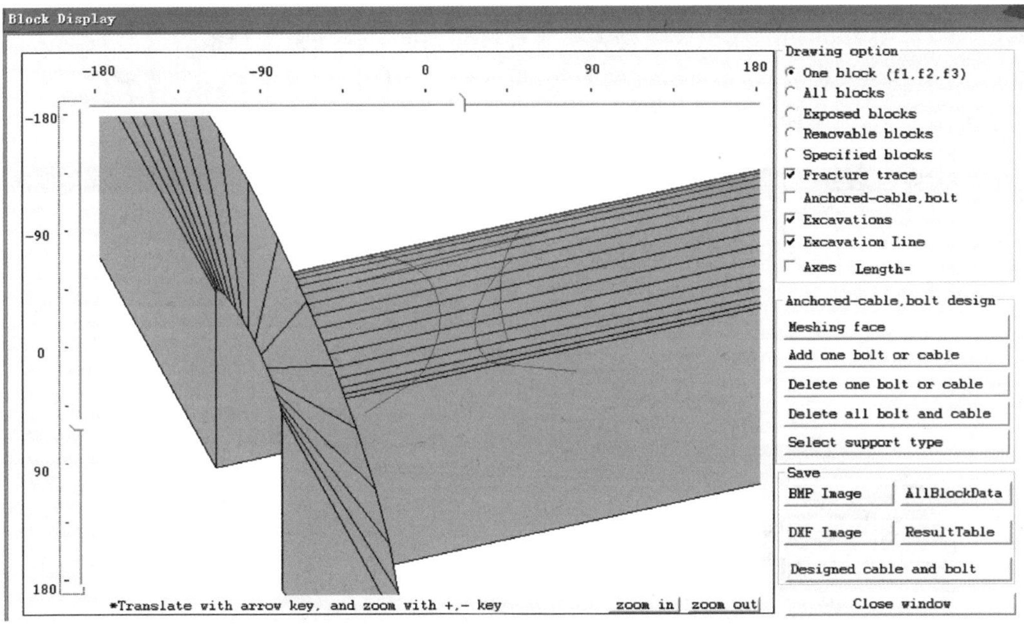

图 5.3-7 14# 半定位块体构成结构面迹线图

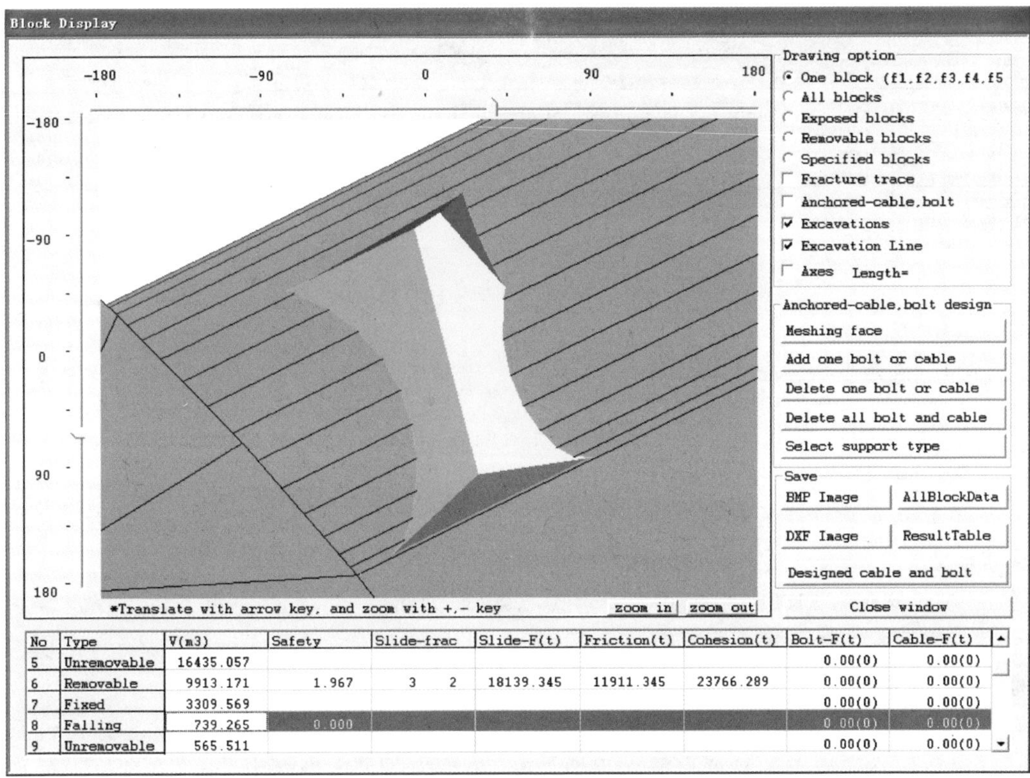

No	Type	V(m3)	Safety	Slide-frac	Slide-F(t)	Friction(t)	Cohesion(t)	Bolt-F(t)	Cable-F(t)
5	Unremovable	16435.057						0.00(0)	0.00(0)
6	Removable	9913.171	1.967	3 2	18139.345	11911.345	23766.289	0.00(0)	0.00(0)
7	Fixed	3309.569						0.00(0)	0.00(0)
8	Falling	739.265	0.000					0.00(0)	0.00(0)
9	Unremovable	565.511						0.00(0)	0.00(0)

图 5.3-8 模拟结构面构成的 14# 半定位块体计算结果图

主厂房上游侧扩挖后揭露裂隙 T_{15}（320°∠45°）与 T_{17}、T_{23}、T_{25} 构成确定性块体，计算结果见图 5.3-9，体积为 584m^3，失稳模式仍为坠落式块体。该块体在提前预报后及时布置了预应力锚索加固，在完全揭露后，根据块体的变化，设计部门最终优化减掉了在上游扩挖区尚未施工的 2 个锚索，体现了信息化的动态施工地质及设计过程。

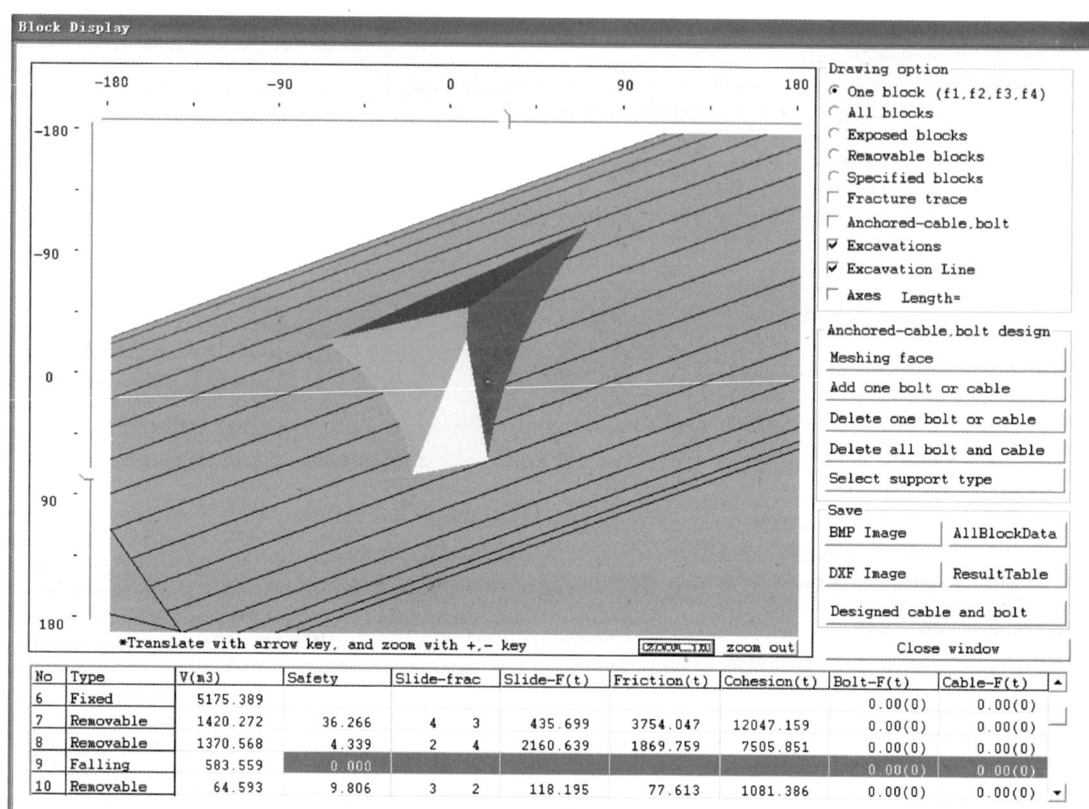

No	Type	V(m3)	Safety	Slide-frac		Slide-F(t)	Friction(t)	Cohesion(t)	Bolt-F(t)	Cable-F(t)
6	Fixed	5175.389							0.00(0)	0.00(0)
7	Removable	1420.272	36.266	4	3	435.699	3754.047	12047.159	0.00(0)	0.00(0)
8	Removable	1370.568	4.339	2	4	2160.639	1869.759	7505.851	0.00(0)	0.00(0)
9	Falling	583.559	0.000						0.00(0)	0.00(0)
10	Removable	64.593	9.806	3	2	118.195	77.613	1081.386	0.00(0)	0.00(0)

图 5.3-9　14# 确定性块体计算结果图

5.3.4　确定性块体搜索与计算

利用 GeneralBlock 程序对确定性长大结构面构成的主厂房围岩中跨越顶拱及边墙的 18#、19# 特大型块体进行三维分析计算。2 个块体构成结构面特征见表 5.3-3。对于确定性结构面，在输入结构面参数时可将结构面尺寸尽量设计得大些，有利于程序自动分析。计算过程及结果见图 5.3-10～图 5.3-17。计算结果如下：

18# 块体体积为 31622m^3，模式为滑落式，双滑面为断层 F_{20}、f_{143}，自重条件下稳定性系数为 1.225；块体在下游边墙上的最低高程约 50m，块体在边墙内的最大埋深为 23m，在顶拱以上的埋深为 20～49m。

19# 块体体积为 31801m^3，模式为滑落式，双滑面为断层 f_{32}、f_{100}，自重条件下稳定性系数为 1.502；块体在边墙上的最低出露高程约 50m，边墙内的最大埋深为 20m，在顶拱上的埋深达 48～77m。

表 5.3-3 主厂房 18#、19# 块体构成边界条件及特征

块体编号	构成边界及其特征				
	编号	产状（倾向∠倾角）	结构面特征	抗剪强度建议值	
				C(MPa)	*f*
18#	F_{20}	245°∠75.5°	断面平粗，构造岩为碎裂岩，胶结较好	0.15	0.60
	f_{143}	345°∠68°	断面不规则，风化加剧，构造岩为碎裂-碎斑岩，挤压呈片状	0.09	0.50
	F_{84}	339°∠53°	断面不规则，风化加剧，构造岩为碎裂-碎斑岩，挤压呈片状	0.09	0.50
	f_{32}	249°∠73.7°	断面平粗，断层带由1～3条面构成，构造岩主要为碎裂××岩	0.15	0.60
	在顶拱以上20m假设缓倾角结构面切割				
19#	f_{32}	249°∠73.7°	断面平粗，断层带由1～3条面构成，构造岩主要为碎裂××岩	0.15	0.60
	f_{100}	345°∠72°	断面不规则，风化加剧，构造岩为碎裂-碎斑岩，挤压呈片状	0.09	0.50
	F_{24}	251°∠72.6°	断面平直稍粗，构造岩为碎裂岩及碎裂××岩，胶结较好	0.15	0.60
	f_{143}	340°∠54°	断面不规则，风化加剧，构造岩为碎裂-碎斑岩，挤压呈片状	0.09	0.50

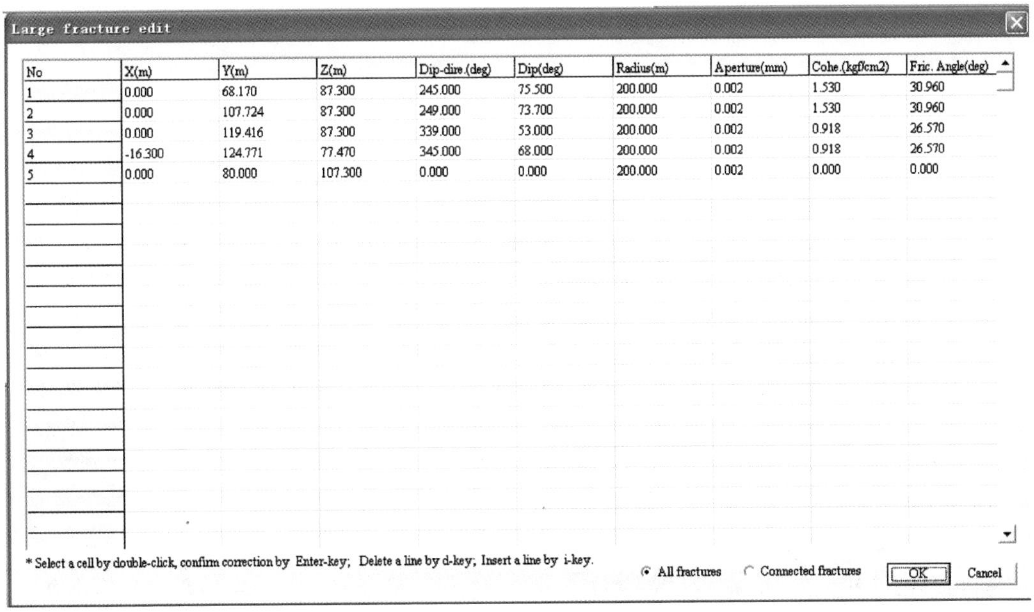

Large fracture edit

No	X(m)	Y(m)	Z(m)	Dip-dire.(deg)	Dip(deg)	Radius(m)	Aperture(mm)	Cohe.(kgf/cm2)	Fric. Angle(deg)
1	0.000	68.170	87.300	245.000	75.500	200.000	0.002	1.530	30.960
2	0.000	107.724	87.300	249.000	73.700	200.000	0.002	1.530	30.960
3	0.000	119.416	87.300	339.000	53.000	200.000	0.002	0.918	26.570
4	-16.300	124.771	77.470	345.000	68.000	200.000	0.002	0.918	26.570
5	0.000	80.000	107.300	0.000	0.000	200.000	0.002	0.000	0.000

* Select a cell by double-click, confirm correction by Enter-key; Delete a line by d-key; Insert a line by i-key.

All fractures Connected fractures OK Cancel

图 5.3-10 18# 块体构成结构面输入参数

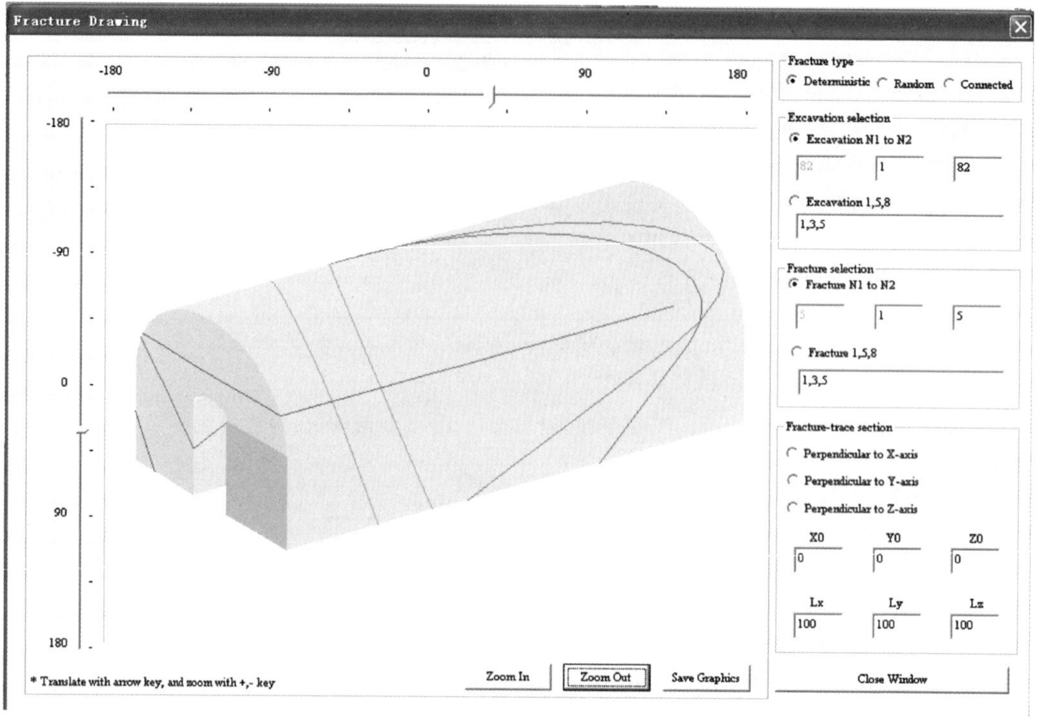

图 5.3-11　18# 块体构成结构面迹线

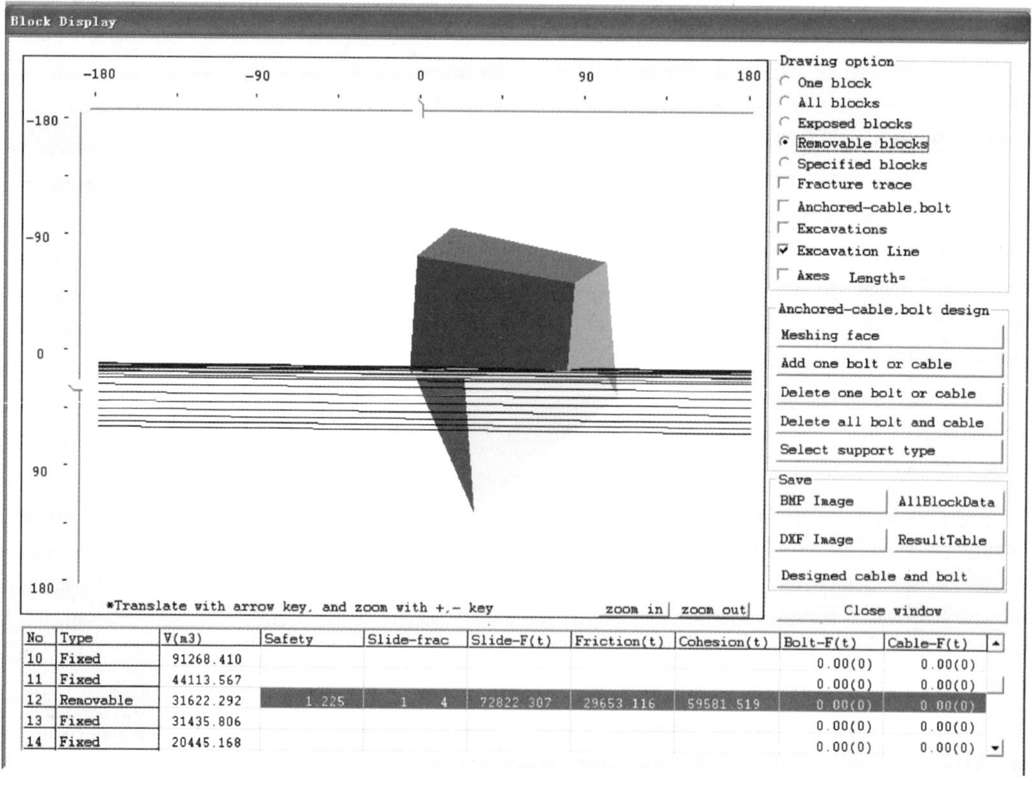

No	Type	V(m3)	Safety	Slide-frac	Slide-F(t)	Friction(t)	Cohesion(t)	Bolt-F(t)	Cable-F(t)
10	Fixed	91268.410						0.00(0)	0.00(0)
11	Fixed	44113.567						0.00(0)	0.00(0)
12	Removable	31622.292	1.225	1 4	72822.307	29653.116	59581.519	0.00(0)	0.00(0)
13	Fixed	31435.806						0.00(0)	0.00(0)
14	Fixed	20445.168						0.00(0)	0.00(0)

图 5.3-12　18# 块体自动分析计算结果

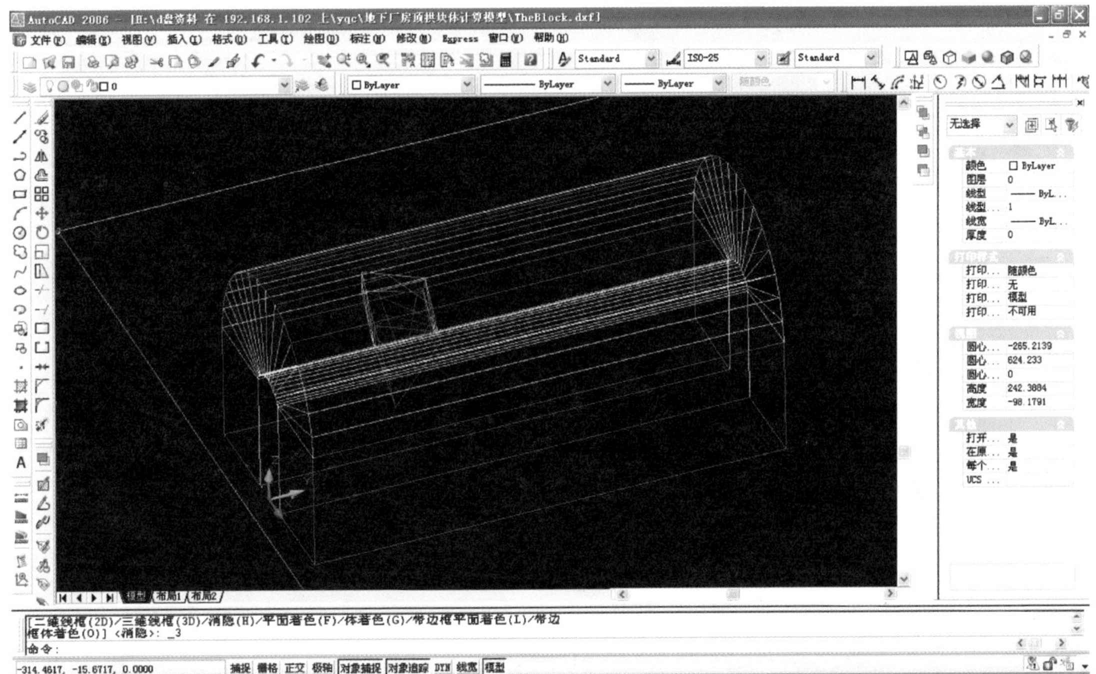

图 5.3-13 18[#] 块体 AutoCAD 三维图

Large fracture edit

No	X(m)	Y(m)	Z(m)	Dip-dire.(deg)	Dip(deg)	Radius(m)	Aperture(mm)	Cohe.(kgf/cm2)	Fric. Angle(deg)
1	0.000	107.724	87.300	249.000	73.700	200.000	0.002	1.530	30.960
2	0.000	167.560	87.300	340.000	54.000	200.000	0.002	0.918	26.570
3	-16.300	162.051	77.470	345.000	72.000	200.000	0.002	0.918	26.570
4	0.000	161.260	87.300	251.000	72.600	200.000	0.002	1.530	30.960

* Select a cell by double-click, confirm correction by Enter-key; Delete a line by d-key; Insert a line by i-key.

All fractures　Connected fractures　OK　Cancel

图 5.3-14 19[#] 块体构成结构面输入参数

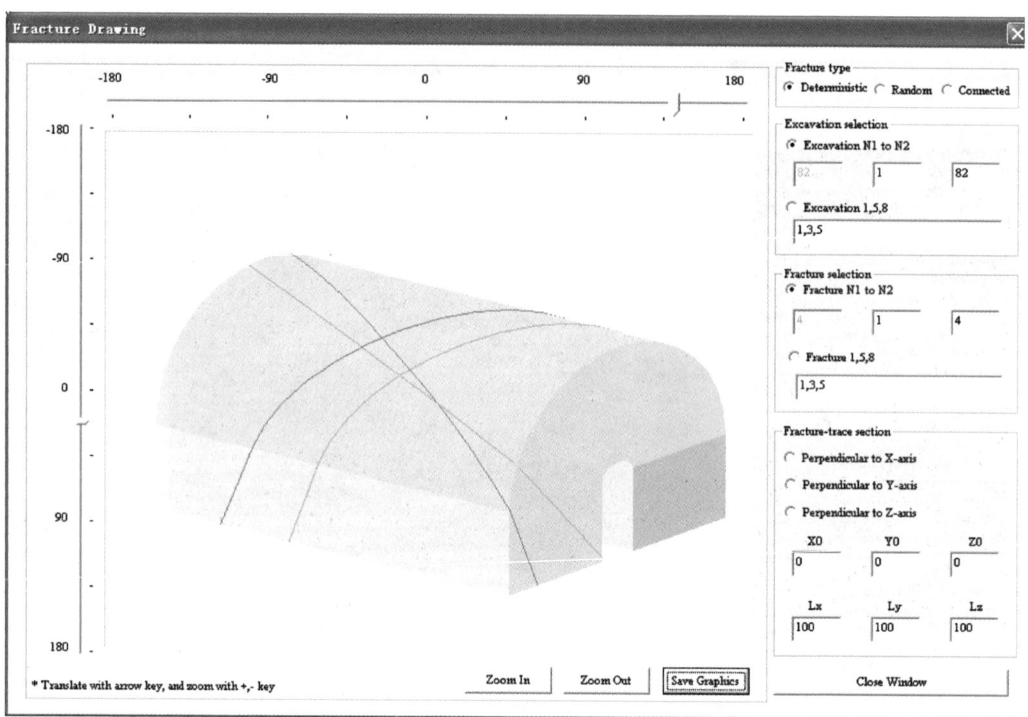

图 5.3-15　19[#]块体构成结构面迹线

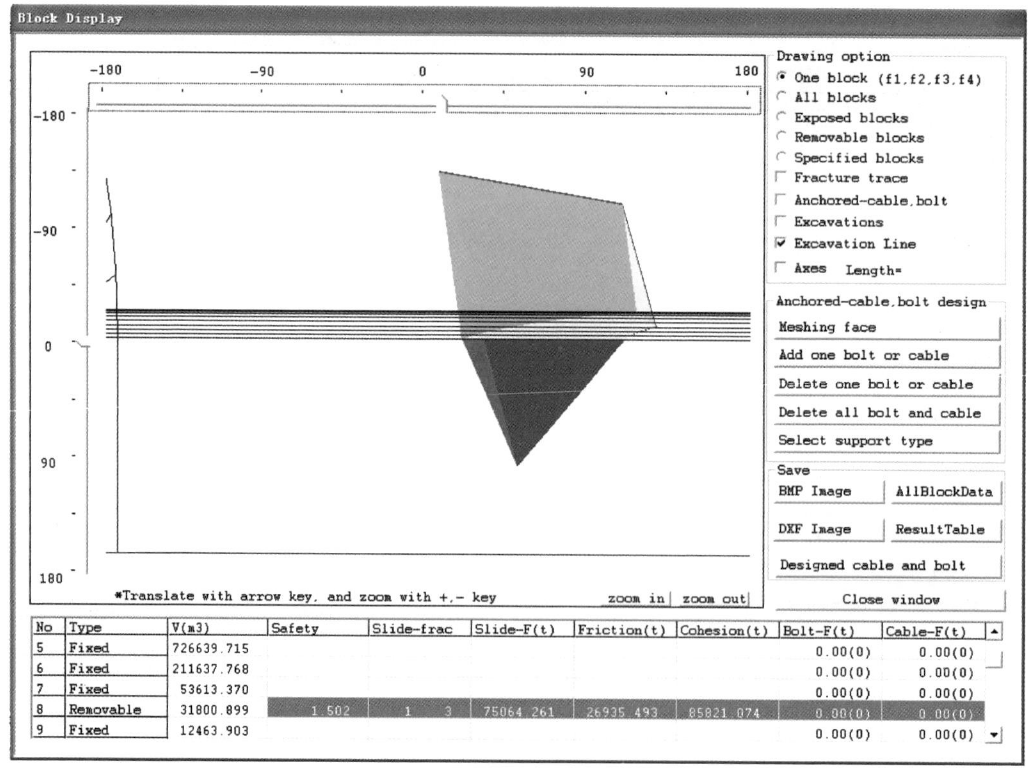

No	Type	V(m3)	Safety	Slide-frac	Slide-F(t)	Friction(t)	Cohesion(t)	Bolt-F(t)	Cable-F(t)
5	Fixed	726639.715						0.00(0)	0.00(0)
6	Fixed	211637.768						0.00(0)	0.00(0)
7	Fixed	53613.370						0.00(0)	0.00(0)
8	Removable	31800.899	1.502	1　3	75064.261	26935.493	85821.074	0.00(0)	0.00(0)
9	Fixed	12463.903						0.00(0)	0.00(0)

图 5.3-16　19[#]块体自动分析计算结果

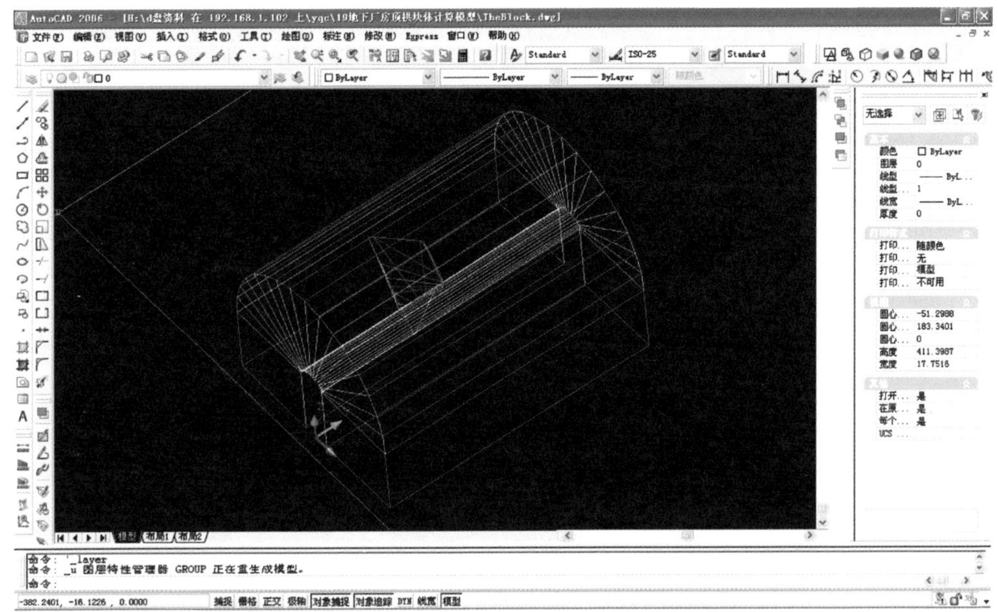

图 5.3-17 19# 块体 AutoCAD 三维图

5.3.5 其他应用

以三峡地下电站引水隧洞与主厂房边墙交叉口部位及尾水出口槽挖边坡和岩墩岩石块体的分析为例，说明 GeneralBlock 程序应用于隧洞及多级边坡块体的分析。

1)引水隧洞与主厂房交叉口部位围岩块体分析

根据主厂房上游边墙开挖揭露结合引水洞地质编录资料，分析主厂房边墙与引水洞交叉部位岩石块体。分析模型采用隧洞模型，引水隧洞下平段圆形隧洞洞径为 14.40m，洞轴线方向 313.5°，主厂房上游边墙走向 43.5°。隧洞模型选用八面体近似模型，模型范围选用 6 倍洞径，建立的模型如图 5.3-18 所示，模型端头面当作主厂房上游边墙。以主厂房上游边墙 2#、

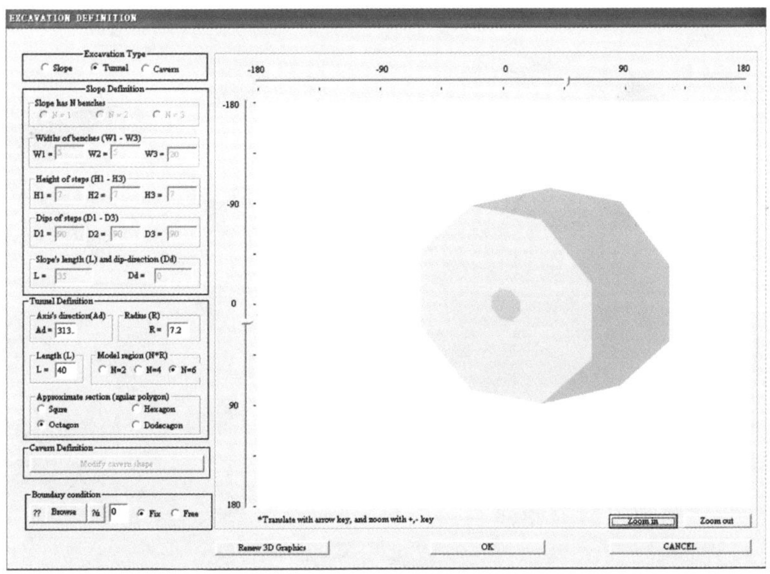

图 5.3-18 三峡地下电站引水隧洞下平段 GeneralBlock 模型

3# 引水洞洞口部位发育的 85#、86# 块体为例，块体组合结构面特征及分析结果见表 5.3-4 及图 5.3-19、图 5.3-20。

表 5.3-4　主厂房上游边墙 85#、86# 块体特征表

块体编号	边体边界结构面及特征					体积 (m^3)	最大水平埋深 (m)	自重条件下稳定性系数 K_c 值
	编号	产状	特　征	抗剪强度参数 C 值 (MPa)	抗剪强度参数 f			
85#	T_3	110°∠43°	断面平直稍粗，充填绿帘石膜及厚度 0～2cm 石英细脉，局部见 1～3cm 厚浅红、灰绿色片状构造岩，胶结较好	0.10	0.60	1467	9.95	1.45
	f_{32}	250°∠74°	断面平直稍粗，充填绿帘石膜，构造岩主要为碎裂岩，胶结较好，在下部基本呈单面	0.10	0.60			
	F_{84}	345°∠56°	断面较平直稍粗，充填绿帘石膜，风化加剧，断层带呈浅黄褐色，构造岩胶结较差	0.09	0.5			
86#	T_{14}	345°∠75°	断面平直稍粗，充填绿帘石膜	0.10	0.60	861	11.30	1.69
	T_{16}	80°∠38°	断面平直稍粗，充填绿帘石膜	0.10	0.60			
	T_{40}	300°∠48°	断面平直稍粗，充填绿帘石膜	0.10	0.60			
	F_{20}	245°∠75°	块体部位面呈微波状，构造岩破碎，胶结一般	0.10	0.60			

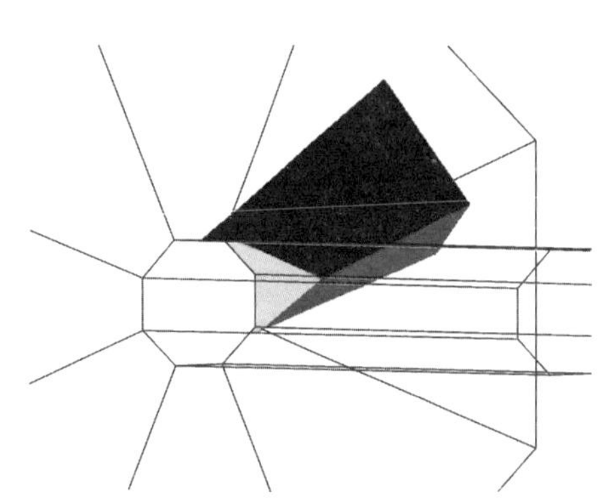

图 5.3-19　85# 块体立体示意图

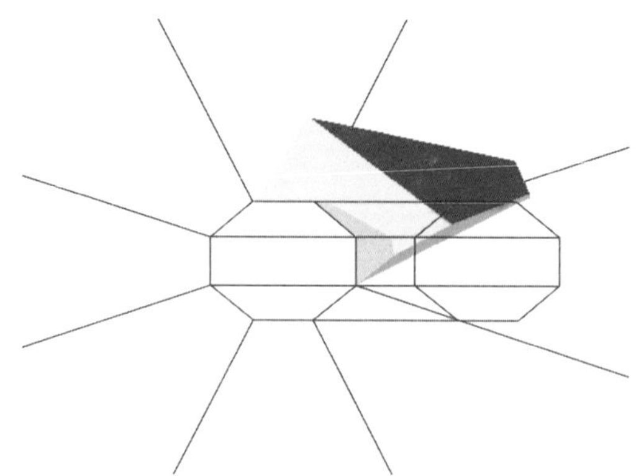

图 5.3-20　86# 块体立体示意图

2）尾水洞出口边坡与槽挖岩墩块体稳定性分析[22]

尾水洞出口正面坡槽挖段坡倾向 123.5°，顶部为高程 81.70m 的平台，宽 18m，坡底高程 43m，中间设有高程 65m、52m 两级平台，宽度分别为 7m、5m，高程 81.70～65m 段坡比为 1∶0.3，高程 65～52m、52～43m 段为直立坡。槽挖后形成的岩墩宽 20.72m，两侧呈直立坡下挖至与尾水隧洞底板相接，高度 9～38.70m，槽挖宽度 17m。尾水边坡主要为微风化带岩体，整体稳定性好，主要为局部块体的稳定问题。根据尾水正面坡高程 52～81.70m 开挖揭露断裂等结构面，对边坡块体以及槽挖岩墩确定性块体进行稳定性分析。边坡编录简图及分析块体见图 5.3-21。

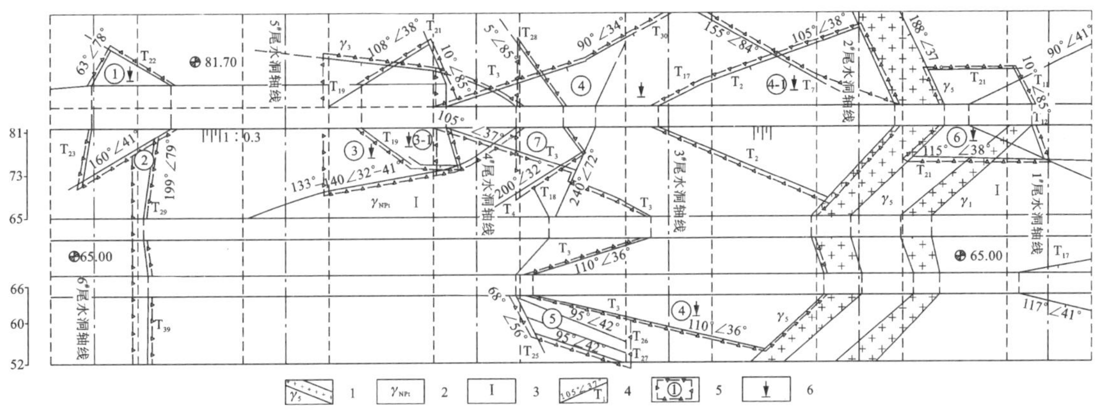

图 5.3-21　尾水正面坡高程 52～81.70m 坡段块体分布简图

1—花岗岩脉及编号；2—前震旦系闪云斜长花岗岩；3—微风化带；
4—裂隙编号及产状(虚线代表推测线)；5—块体编号及范围线；6—潜在不稳定块体

(1)建立尾水边坡模型。基本参数及边坡三维模型见图 5.3-22。

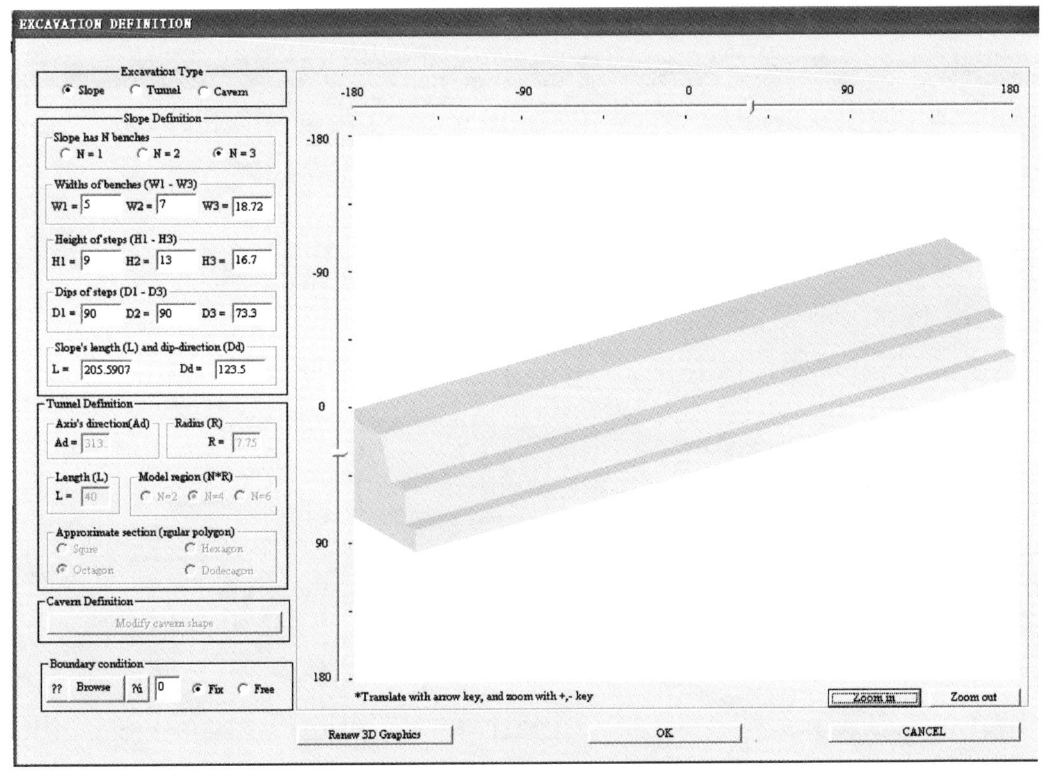

图 5.3-22　地下电站尾水出口边坡模型图

(2)输入确定性块体结构面。槽挖前输入结构面,如图 5.3-23 所示,程序计算出的结构面迹线如图 5.3-24 所示;槽挖后块体的稳定性分析,其基本方法是在开挖部位模拟与开挖面一样的结构面进行组合分析,增加开挖面与结构面组合迹线,如图 5.3-25 所示。

Large fracture edit

No	X(m)	Y(m)	Z(m)	Dip-dire.(deg)	Dip(deg)	Radius(m)	Aperture(mm)	Cohe.(kgf/cm2)	Fric. Angle(deg)
1	-17.010	23.560	38.700	160.000	41.000	20.000	0.002	0.510	26.600
2	-17.010	8.080	38.700	63.000	78.000	20.000	0.002	1.020	33.000
3	-12.000	17.000	22.000	33.500	90.000	30.000	0.002	0.000	0.000
4	-12.000	18.130	22.000	199.000	79.000	30.000	0.002	1.020	31.000
5	-17.010	61.280	38.700	108.000	38.000	20.000	0.002	0.510	33.000
6	-17.010	78.810	38.700	10.000	85.000	20.000	0.002	1.020	33.000
7	-17.010	77.990	38.700	105.000	37.000	80.000	0.002	0.510	26.600
8	-17.010	166.320	38.700	188.000	37.000	80.000	0.002	1.020	33.000
9	-17.010	119.610	38.700	108.000	38.000	45.000	0.002	0.306	26.600
10	-15.160	188.590	32.540	115.000	38.000	40.000	0.002	0.510	26.600
11	-17.010	193.650	38.700	345.000	75.000	30.000	0.002	1.020	31.000
12	-40.000	127.370	38.700	155.000	84.000	80.000	0.002	1.020	31.000

* Select a cell by double-click, confirm correction by Enter-key; Delete a line by d-key; Insert a line by i-key.

All fractures　Connected fractures　OK　Cancel

图 5.3-23　地下电站尾水出口边坡确定性块体结构面输入界面

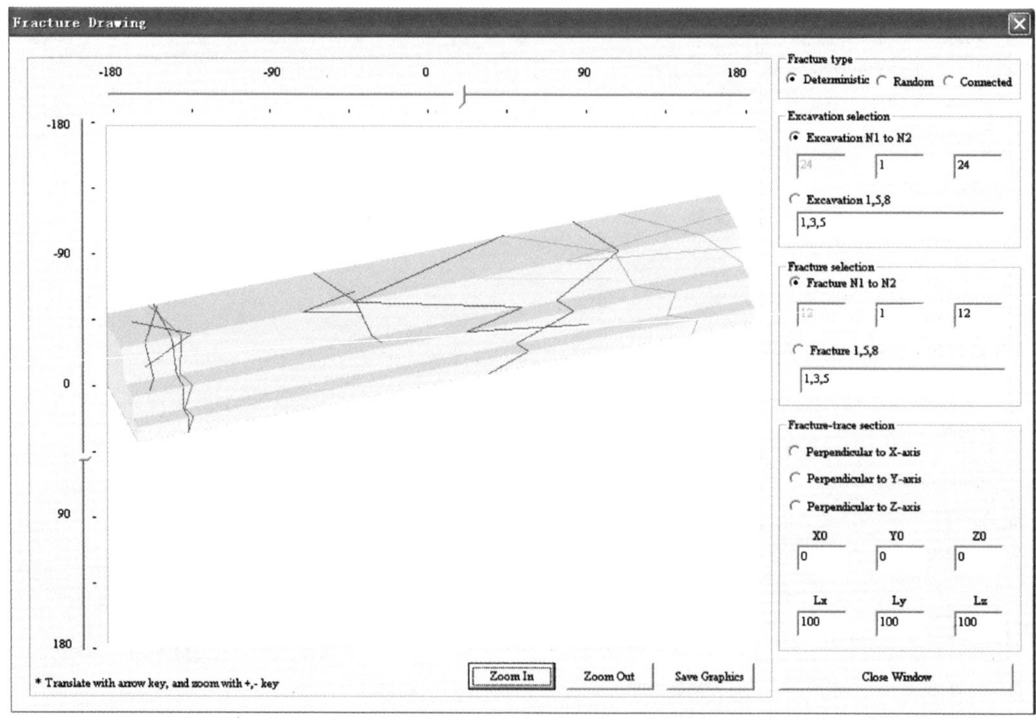

图 5.3-24　尾水出口边坡确定性块体结构面迹线图

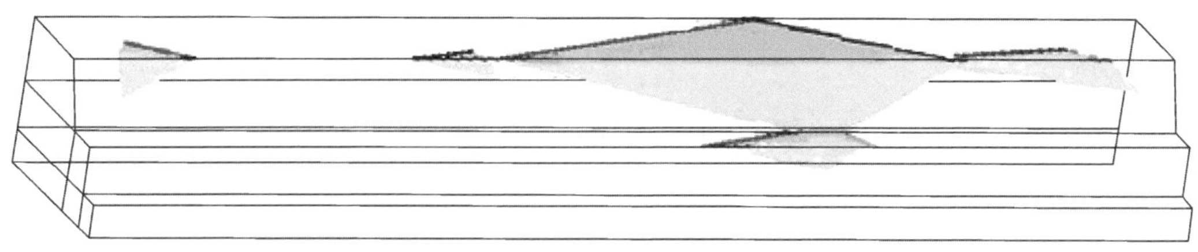

图 5.3-25 地下电站尾水出口边坡块体搜索分析结果示意图

(3)进行块体自动搜索分析和计算,槽挖前边坡主要块体分布如图 5.3-26 所示,槽挖后单个块体如图 5.3-27 所示。7 个主要块体槽挖前、后的特征及稳定性分析结果列于表 5.3-5。

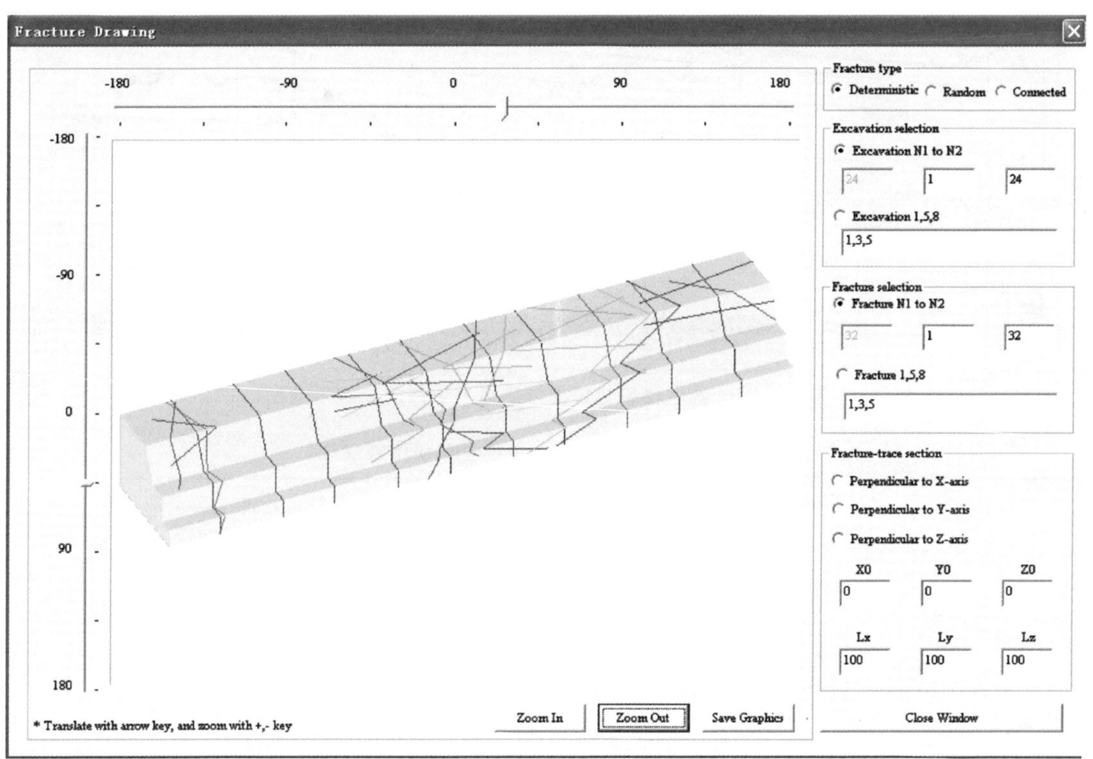

图 5.3-26 地下电站尾水出口边坡槽挖及结构面迹线示意图

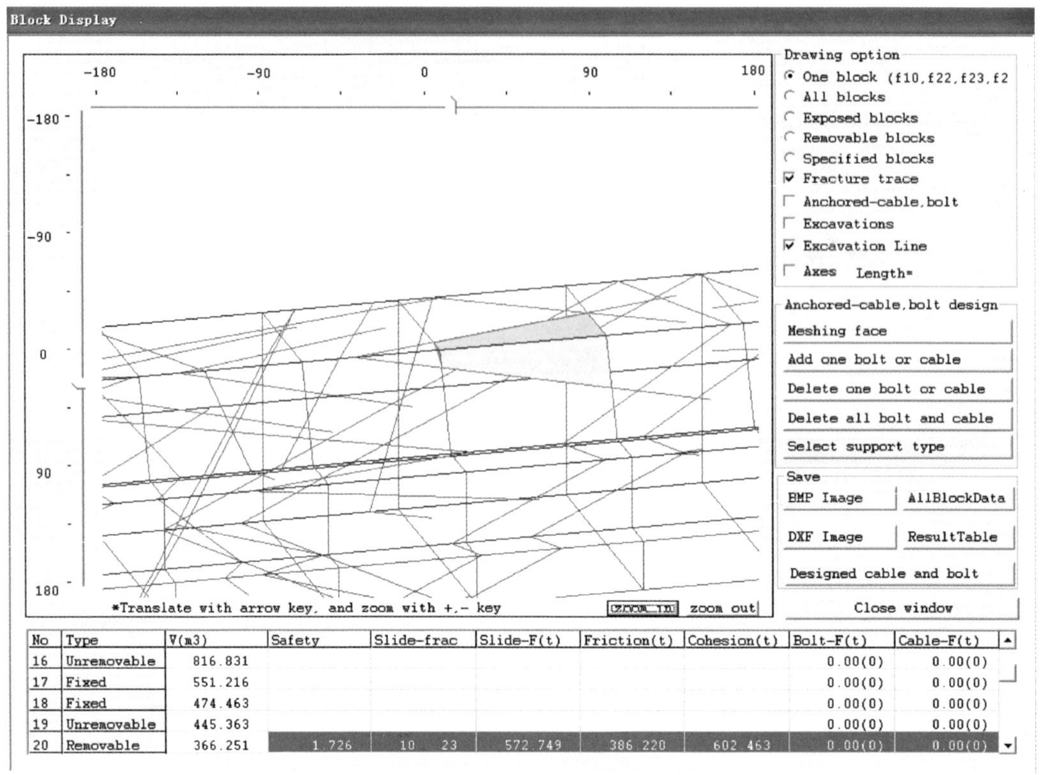

图 5.3-27　尾水出口边坡槽挖后单个块体的三维示意图

表 5.3-5　尾水洞出口槽挖段主要块体特征表

块体编号	结构面					块体特征（K_c 为自重条件下稳定性系数）					
	编号	产状(°)		抗剪强度参数		边坡（槽挖前）			岩墩（槽挖后）		
		倾向	倾角	f'	C' (MPa)	体积 (m^3)	滑动模式	K_c	体积(m^3)	滑动模式	K_c
1#	T_{22}	160	41	0.50	0.05	201	双滑面	3.49	21 (5#—6# 岩墩)	单滑面	2.23
	T_{23}	63	78	0.65	0.10						
2#	T_{39}	199	79	0.50	0.05	不构成块体			238 (5#—6# 岩墩)	单滑面	2.12
	T_{22}	160	41	0.50	0.05						
3#	γ_3	133～140	32～41	0.65	0.20	不构成块体			620 (4#—5# 岩墩)	单滑面	4.61
3-1#	T_{19}	108	38	0.50	0.05	148	单滑面	2.88	100 (4#—5# 岩墩)	单滑面	3.25
	T_{20}	120	42	0.55	0.05						
	T_{21}	10	85	0.65	0.10						

续表 5.3-5

块体编号	结构面					块体特征（K_c 为自重条件下稳定性系数）					
	编号	产状(°)		抗剪强度参数		边坡（槽挖前）			岩墩（槽挖后）		
		倾向	倾角	f'	C' (MPa)	体积 (m^3)	滑动模式	K_c	体积(m^3)	滑动模式	K_c
4#	T_3	105	37	0.50	0.05	5150	双滑面	2.35	3100 (2#—3# 岩墩)	双滑面	3.83
	T_{30}	90	34	0.55	0.10						
	T_7	155	84	0.55	0.10				687 (3#—4# 岩墩)	单滑面	1.89
	γ_5	188	37	0.60	0.10						
4-1#	T_2	108	38	0.50	0.03	1462	双滑面	2.89	600 (2#—3# 岩墩)	单滑面	1.73
	γ_5	188	37	0.60	0.10						
5#	T_{27}	95	42	0.55	0.05	不构成块体			300 (3#—4# 岩墩)	单滑面	1.81
	T_{25}	68	56	0.65	0.10						
6#	T_{21}	115	38	0.55	0.05	520	单滑面	2.85	410 (1#—2# 岩墩)	单滑面	2.96
	T_{12}	10	85	0.60	0.10						
	γ_5	188	37	0.60	0.10						
7#	T_4	200	32	0.55	0.05	不构成块体			500 (3#—4# 岩墩)	单滑面	1.47
	T_{28}	5	85	0.60	0.10						

6　二次应力场作用下大型洞室围岩变形稳定和典型块体稳定性三维数值模拟

6.1　概　　述

在地下洞室块体稳定性计算中，目前一般沿用边坡块体计算，即仅考虑自重条件的常规算法，对于在围岩中埋藏较深、规模较大的块体而言，仅考虑自重是不合适的，原因是块体稳定性是受自重、残余构造应力以及施工开挖形成的二次应力场的综合作用和影响，特别是顶拱范围，单纯考虑自重应力条件下的计算结果往往与实际情况偏差较大且偏于安全。

通过与成都理工大学技术合作，应用三维弹塑性有限差分法（$FLAC^{3D}$）及离散元法（3DEC）等先进数值模拟和岩石力学理论[23-28]，动态模拟主厂房分层开挖应力-应变特征和变形稳定，对典型块体、关键块体二次应力场作用下的稳定性及边界应力场特征进行三维数值模拟和探索性研究，提出了顶拱块体“二次应力法”稳定性分析方法建议，指导围岩支护和优化支护设计，其中在主厂房 18#、19# 顶拱边墙联合大型块体的加固处理上节约大量支护措施，工程设计更为经济合理。在块体稳定性计算中考虑地应力作用代表了当前洞室块体稳定计算的一个发展方向。

二次应力场条件下主厂房洞室围岩变形稳定和典型块体稳定性三维数值模拟研究内容如下：开挖卸荷二次应力场条件下围岩变形稳定、典型及关键块体边界应力场与稳定性两方面。

研究技术线路(图 6.1-1)：以往对洞室开挖围岩的变形稳定性研究，基本上都是采用加载岩体力学原理，本研究采用卸荷岩体力学方法，即室内岩体卸荷试验→卸荷过程中岩体参数变化特征→扰动岩体参数综合确定→围岩二次应力场及变形稳定，更加科学地对主厂房开挖施工过程围岩二次应力场和变形规律进行研究。三峡地下电站为浅埋地下洞室群，地表坡面开挖对研究区二次应力场影响较大，研究采用在地面坡面没有开挖前的原始地形时地应力测试资料来反演原岩应力场，然后开挖坡面至研究期地形状态，计算出地应力场后，再进行地下洞室群开挖，这是一个施工开挖全过程分析，有利于提高计算精度，同时采用主厂房某一确定阶段增量位移和锚固后位移进行位移反演，进一步确定卸荷岩体参数特征，更加准确地确定围岩二次应力场及变形稳定性，并在此基础上进行典型块体二次应力场作用下的稳定性及边界应力场特征等的探索性研究。

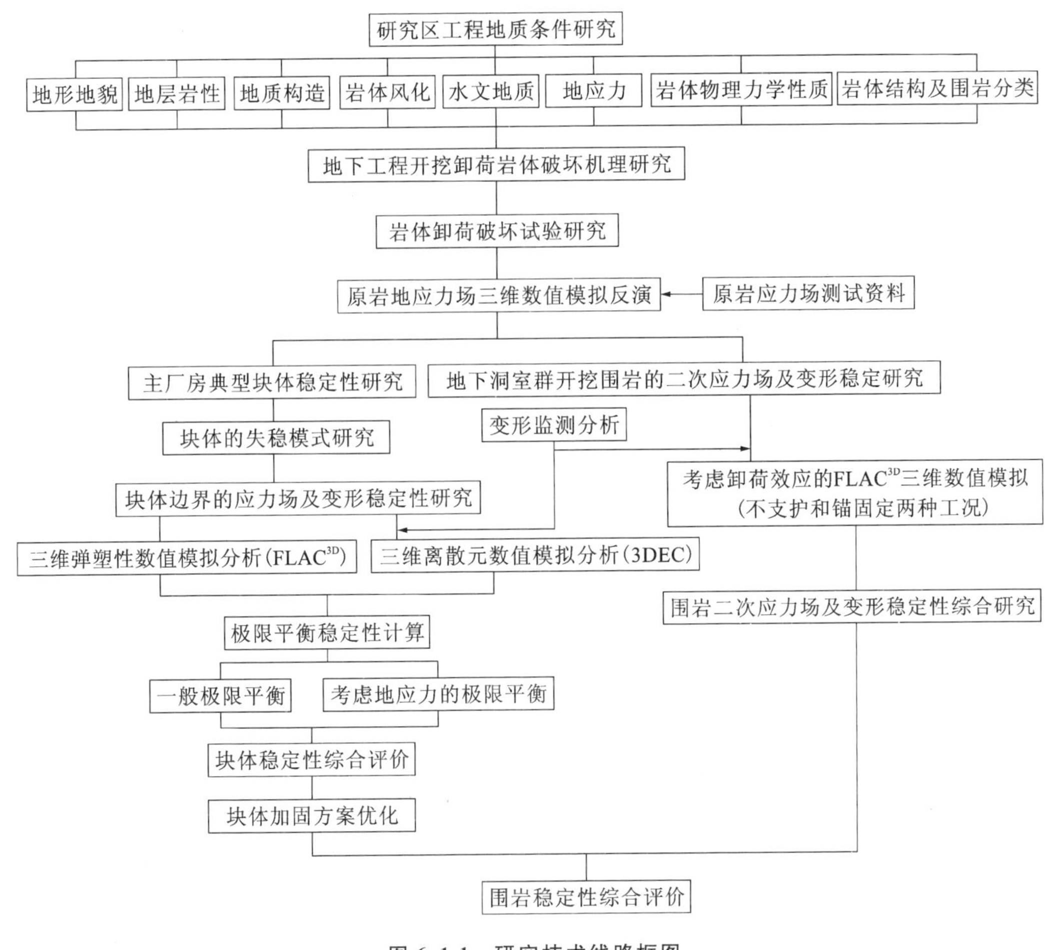

图 6.1-1　研究技术线路框图

6.2　开挖卸荷条件下三维有限差分法(FLAC^{3D})数值模拟

6.2.1　岩石(体)卸荷的力学响应试验及卸荷变形机制

大型地下洞室的施工开挖会引起洞室周边一定范围内应力场变化，即应力重分布，在其一定深度范围内形成应力松弛或应力集中区，进而引起围岩的变形与破坏。为了解这种应力调整引起的围岩变形破坏机理及卸荷过程中岩体参数的变化规律，有必要进行卸荷试验研究。岩体的卸荷实验是通过现场采取地下电站主厂房开挖闪云斜长花岗岩岩样，室内通过美国产MTS815Teststar程控伺服岩石刚性试验机进行三轴试验(图 6.2-1)，在三轴试验仪上模拟实际工程中岩体的加、卸载力学特征，研究工程开挖引起的岩体应力状态变化规律。

拟定三种试验方案得出的典型应力-应变曲线见图 6.2-2～图 6.2-4(图中体积应变压缩时应变为正值，膨胀时应变为负值)；岩样破坏后的照片见图 6.2-5。

通过试验和分析归纳主要研究成果：

MTS815Teststar

围压控制系统

图 6.2-1　MTS815Teststar 系统外观

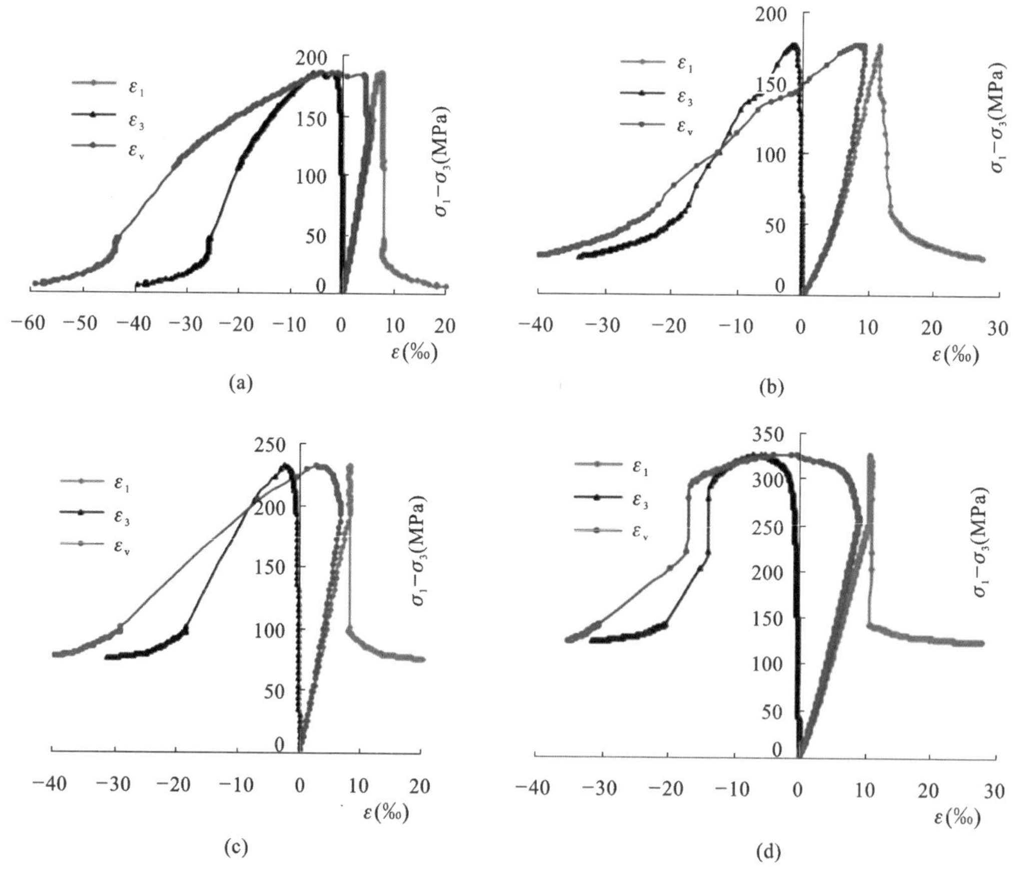

图 6.2-2　升轴压/卸围压试验典型应力-应变曲线(方案Ⅰ)

(a)—5MPa;(b)—10MPa;(c)—20MPa;(d)—30MPa

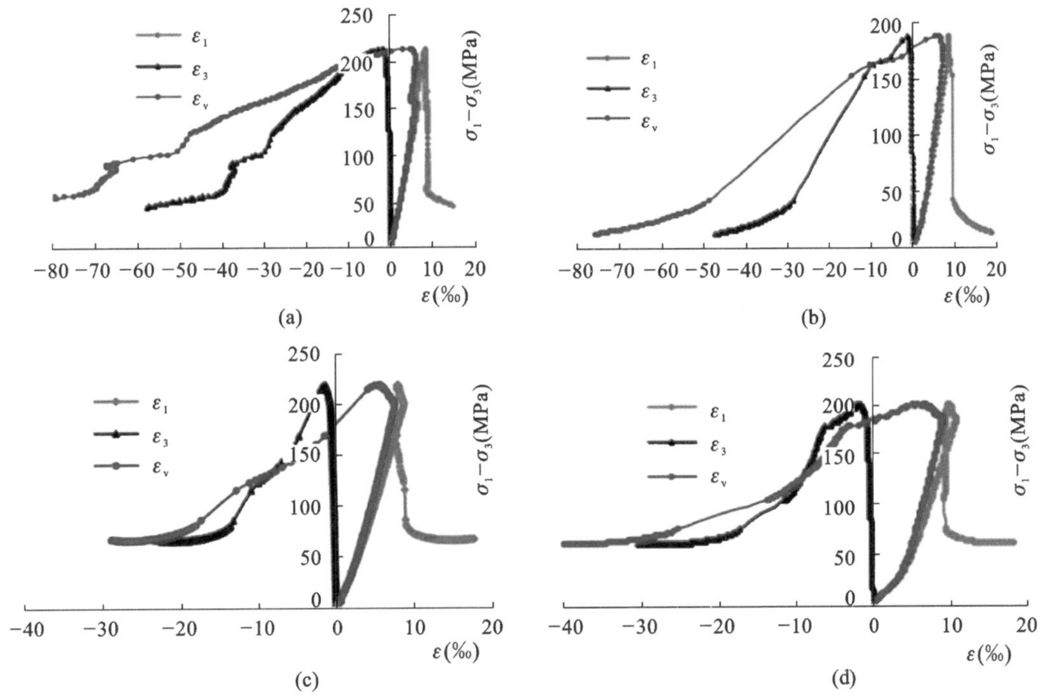

图 6.2-3 同时卸轴压和围压试验典型应力-应变曲线(方案Ⅱ)

(a)—5MPa;(b)—10MPa;(c)—20MPa;(d)—30MPa

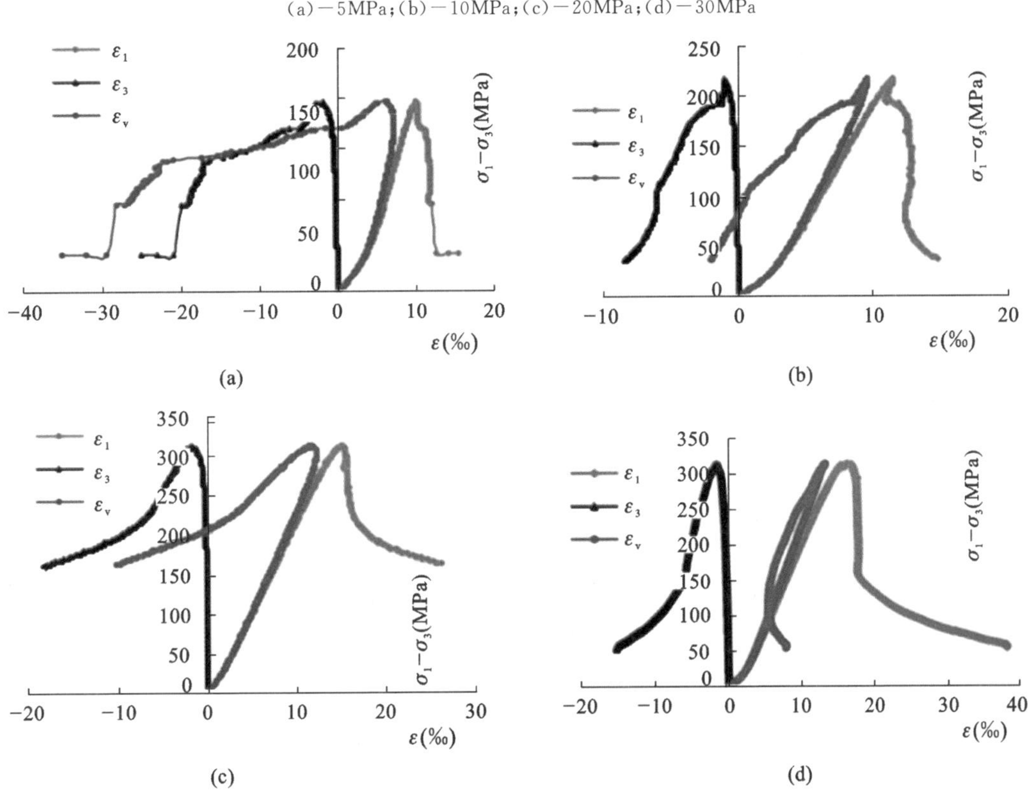

图 6.2-4 恒定围压下的加载试验典型应力-应变曲线(方案Ⅲ)

(a)—5MPa;(b)—10MPa;(c)—20MPa;(d)—30MPa

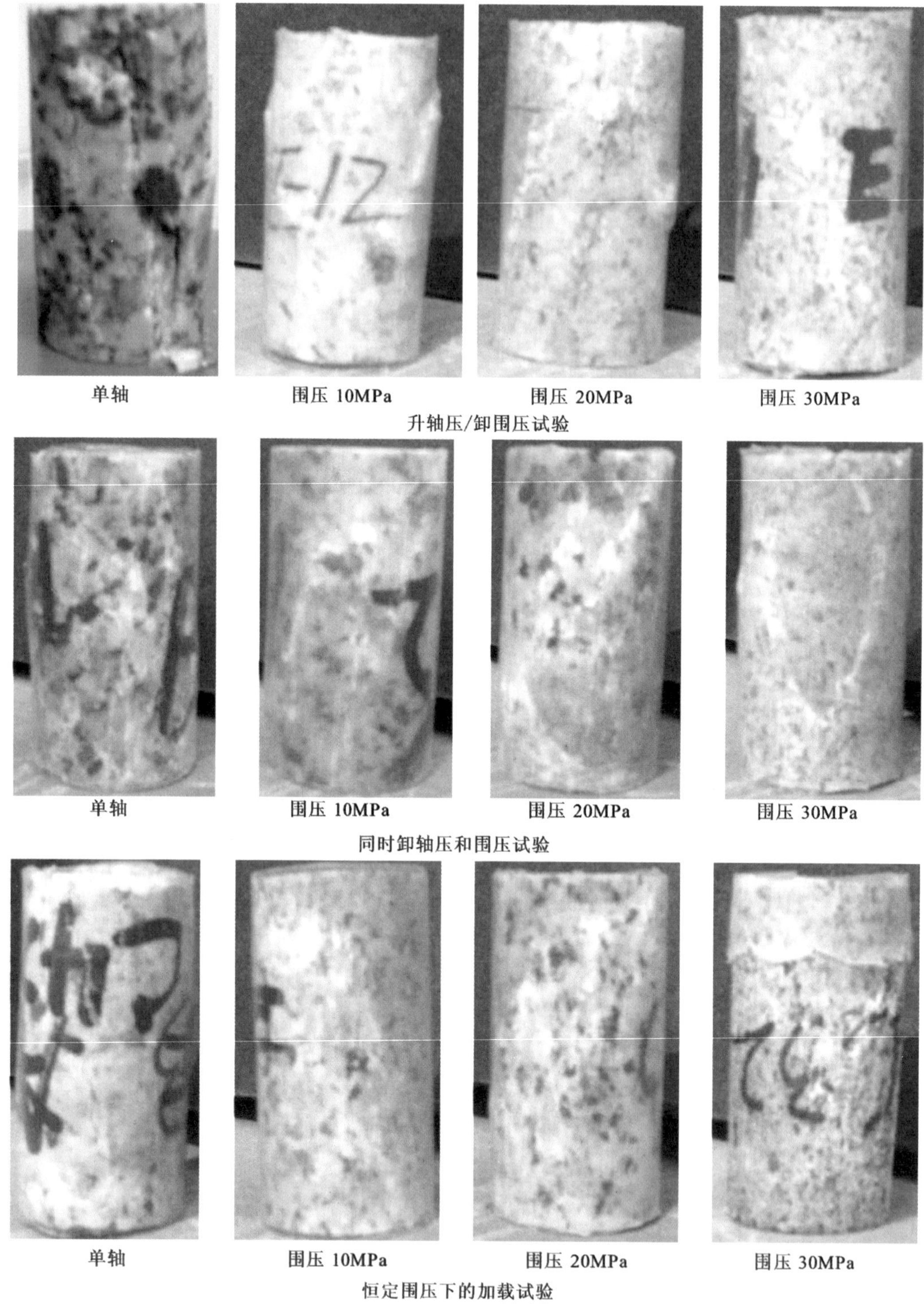

图 6.2-5　岩样破坏后的照片

(1)卸荷变形特征

①岩石卸荷变形特征：岩石在卸荷过程中，其变形以向卸荷方向的回弹变形为主，体积应

变从压缩状态迅速变为扩容膨胀，扩容量随初始围压的增大而增大，临近破坏点附近时，这种扩容显得更为剧烈，卸荷岩样的破坏是岩石的强烈扩容所致；岩石在非卸荷方向或非主要卸荷方向上的变形非常小，岩石的卸荷变形破坏表现出较强的脆性特征。

②岩体卸荷变形特征：卸荷起始阶段，卸荷方向和加载方向位移均变化缓慢，当裂隙起裂时，两方向位移均会出现突跳，同时伴随着应力有一定下落，随着卸荷进一步进行，会有新的裂隙产生或先产生的裂隙继续扩展，位移出现多级突跳现象，当发展到裂隙贯通时，位移会出现大幅度的阶跃；由于裂隙扩展和岩桥贯通方式的不同，位移的突跳出现某一方向会相对较明显的特征；位移突跳次数与新生裂纹的数目成正相关。

(2)卸荷过程岩体参数的变化特征

卸荷过程中岩体的变形模量 E 逐渐减小、泊松比 μ 逐渐增大，E 值减小 5%～25%，μ 值增大 50%～300%，变化幅度随着初始围压增大和卸荷程度增强而变大，并与体积应变有较好的相关性。相对于常规压缩试验，卸荷岩体的摩擦角(φ)有所增大而黏聚力(c)却大大减小：卸载围压且同时升轴压试验的峰值 c 减小约 33.2%，残余 c 减小约 65.3%，峰值 φ 增大约 14.7%，残余 φ 增大约 33.2%；同时卸载围压和轴压试验的峰值 c 减小约 47.8%，残余 c 减小约 77.6%，峰值 φ 增大约 9.4%，残余 φ 增大约 5.9%。通过技术分析，卸荷过程中岩石变形模量与体积应变呈较好指数关系，泊松比与体积应变呈较好的对数关系，得出了卸荷岩体全过程的岩体参数变化本构模型。

(3)破坏机制

①岩石在卸荷初期会在试件中产生大量的微小张裂隙，在这些大量的微小裂隙出现前只有黏聚力对变形起控制作用，而摩擦强度还没有调动起来；当卸荷到一定程度时，岩体的微小张裂隙间出现较大的扩展贯通，摩擦强度因素的贡献达到最大值，而黏聚力却出现大幅度的降低；当继续卸荷时，岩样在 σ_1 的压缩作用下，剪断张裂隙间的岩桥，并且沿那些相对较宽长的张裂隙形成一个张剪(剪张)性贯通破裂带，此时的黏聚力和摩擦强度都减小至残余强度。

②卸荷条件下裂隙扩展贯通有剪切贯通、张拉贯通、拉剪复合贯通及翼裂隙扩展贯通四种类型，各类扩展裂纹都有不同程度的张性特征；岩桥的贯通破坏有剪切破坏和张拉破坏两种类型。

6.2.2　开挖二次应力场及变形稳定性三维数值模拟

6.2.2.1　计算方法概述

本计算采用美国 Itasca 顾问有限公司(Itasca Consultant Group, Inc.)开发的 $FLAC^{3D}$ (Fast Lagrangian Analysis of Continua in 3 Dimensions)进行，该软件经国内外广大用户的使用，证明其结果有充分的可靠性。

FLAC 源于流体动力学，用于研究每个流体质点随时间变化的情况，即着眼于某一个流体质点在不同时刻的运动轨迹、速度及压力等。快速拉格朗日差分分析将计算域划分为若干单元，单元网格可以随材料的变形而变形，即所谓的拉格朗日算法，这种算法可以准确地模拟材料的屈服、塑性流动、软化直至有限大变形，尤其在材料的弹塑性分析、大变形分析以及模拟施工过程等领域有其独到的优点。

与有限元数值方法相比，FLAC 具有以下几方面的优点：

(1)求解过程中采用迭代法求解，不需要存储较大的刚度矩阵，比有限元方法大大地节省了内存，这一优点在三维分析中显得特别重要。

(2)在现行 FLAC 程序中，采用了“混合离散化”(mixed discretization)技术可以比有限元的数值积分更为精确和有效地模拟计算材料的塑性破坏(plastic collapse)和塑性流动(plastic flow)。

(3)采用显式差分求解，几乎可以在与求解线性应力-应变本构方程相同的时间内，求解任意的非线性应力-应变本构方程。因此，FLAC 比一般的差分分析方法大大地节约了时间，提高了解决问题的速度。

(4)在 FLAC 中所用的是全动力学方程(full dynamic equation)，即使在求解静力学问题时也如此。因此，它可以很好地分析和计算物理非稳定过程，这是一般的有限元方法所不能解决的。

(5)可以比较接近实际的模拟岩土工程施工过程。FLAC 采用差分方法，每一步的计算结果与时间相对应，用此可以充分考虑施工过程中的时间效应；它采用人机交互式的批命令形式执行，在计算过程中可以根据施工过程对计算模型和参数取值等进行实时调整，达到对施工过程进行实时仿真的目的。

6.2.2.2　三维数值建模

1)模型范围

研究模型的范围应该包括地下电站主要建筑物，因此确定模型范围如下：①上下游范围，从进水口边坡到尾水边坡；②左右岸方向。为了更加准确地研究地下电站开挖后的围岩稳定性，选择模型范围为左右端墙向外扩展 30～60m。具体模型范围：

模型 X 方向：为上下游方向，从大坝坐标 $X=19916$ 到 $X=20376$，共 460m，主厂房轴线 X 方向大坝坐标为 $X=20156$。

模型 Y 方向：为厂房轴线方向，从大坝坐标 $Y=49900$ 到 $Y=50300$，共 400m。厂房轴线方向长度为 329.5m，其中机组段长 231.30m(1# 机组长 39.80m，2# ～6# 机组长分别为 38.30m)，机组段右侧依次布置安装场及辅助段，长分别为 80.00m、18.20m。厂房左端墙桩号 $Y=49+950.90$，右端墙桩号 $Y=50280.4$。

模型 Z 方向：为铅直方向，从地表到高程－100m 处。

2)计算模型

(1)风化层概化

地下电站工程区弱上风化层非常薄且局部缺失；全风化层只有在白岩尖山顶和下游坡局部地段出现，且全风化层位于地表面，因而可将全风化层归入强风化段，对地下电站洞室群稳定分析影响很小；弱下风化带花岗岩体和微新岩体纵波波速 v_p 和动弹性模量 E_d 差异不大，数值计算中将其均按微新岩体处理。综合前述分析，数值计算中将风化层概化为两层：全～弱上风化层为一层，按强风化岩体处理；弱下风化～微新岩体概化为一层，按微新岩体处理。

(2)断层的选取

数值计算中考虑地下电站区主要断层，包括 F_{20}、F_{22}、F_{24}、F_{84}、F_{84-2}、f_{10}，由于 F_{22} 和 F_{24} 产状及力学性状基本一致，而且两条断层挨得比较近，水平距离为 2～4m，因此在数值模型中将其合为一条来考虑，并适当增加其宽度。各断层具体特征详见第 2.2 节，模型中 F_{20}、F_{22} 与 F_{24} 合并断层考虑厚度 1.0m，其他断层厚度均按 0.5m 考虑。

(3)模型离散

模型网格划分见图 6.2-6(a),采用适合复杂模型的四面体单元,共划分为 354804 个单元、67872 个节点,模型的网格精度已经符合计算要求的精度。图 6.2-6(b)所示为坡面开挖后的计算模型。

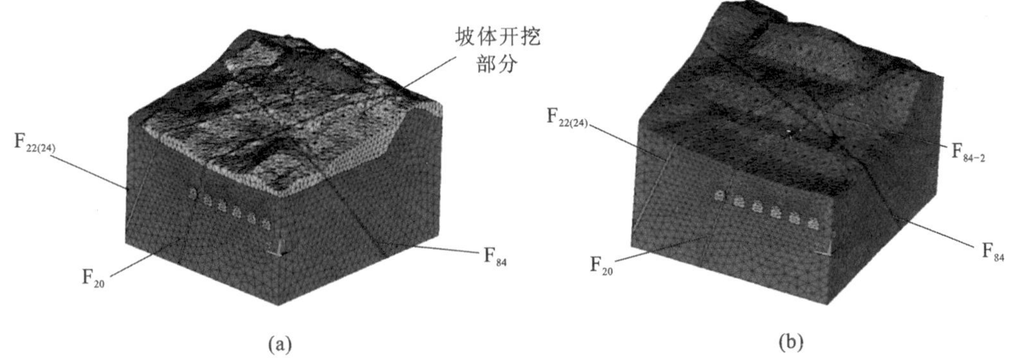

图 6.2-6　地下电站主厂房地面边坡开挖前、后计算模型及网格划分

(4)开挖方案及洞室群模型

坡面开挖相对于地下开挖对主厂房的二次应力场影响应该是较小的,因此,坡体开挖按一步整体开挖;地下电站洞室群开挖过程基本上是按照实际施工步骤设计进行开挖,特别是主厂房严格按施工过程进行开挖。图 6.2-7 所示为地下洞室开挖分步示意图,图中黑点为厂房周边监测点,旁边数字代表监测点编号。

图 6.2-8 和图 6.2-9 所示分别为模型中地下洞室群开挖模型和开挖体与模型中考虑的主要断层的空间分布图。

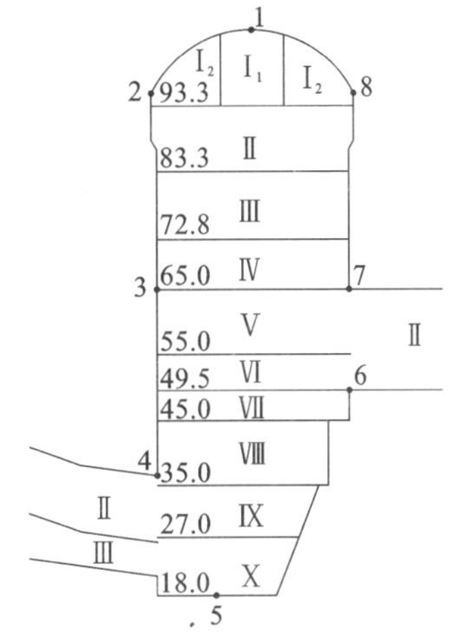

图 6.2-7　地下电站开挖分步及计算洞周监测点布置示意图

(5)加固方案及锚索参数

①预应力锚索

预应力设计值均为 2500kN。锚索长度按设计及实际施工为 20m、25m、30m 三个等级,基本上为端头锚固,锚固段长度为 8m,部分采用全黏结锚锚索;锚墩混凝土强度设计标准为 C35,砂浆设计强度等级为 M35。模型中锚索施加基本按照施工实际情况进行。

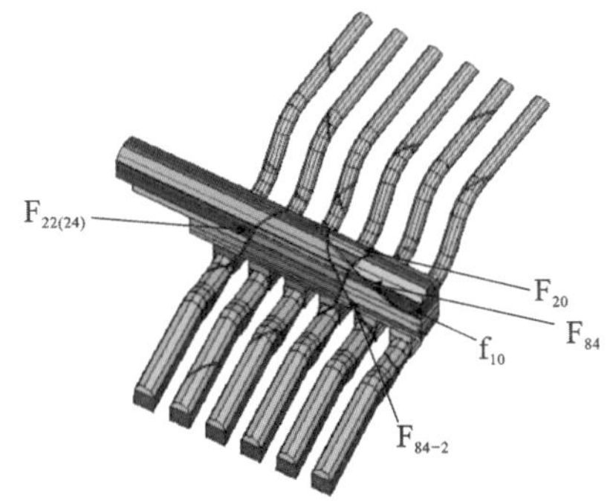

图 6.2-8　地下电站洞室群开挖体模型

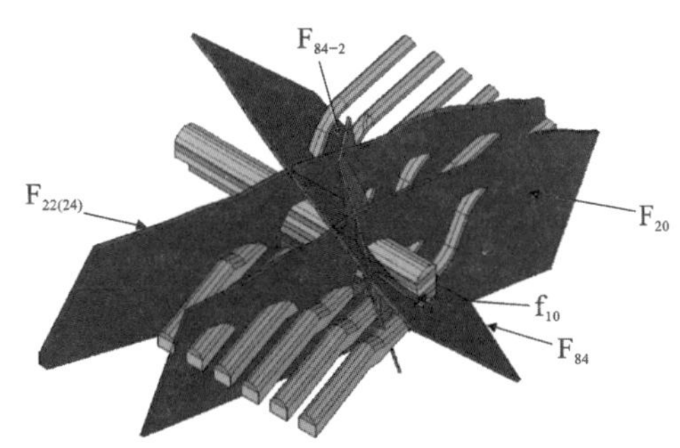

图 6.2-9　断层与地下电站洞室群空间分布关系图

顶拱按实际施工采用随机锚索，总共为 134 根。边墙在岩锚梁部位增设两排 30m 长的端头锚索，在引（尾）水洞与主厂房交接处各采用一排对穿锚索，锚索沿轴向布置间距为 6m。

②系统锚杆

主厂房顶拱及边墙均布置有间距分别为 3m 的 $\phi32$ 砂浆锚杆及张拉锚杆（张拉值为 75kN），系统锚杆平均间距为 1.5m，均呈径向布置。锚杆深度顶拱范围砂浆锚杆为 6m（孔深 5.85m）、张拉锚杆为 9m（孔深 8.85m），上下边墙、左端墙、右端墙（高程 65.5m 以上）砂浆锚杆为 9m（孔深 8.85m）、张拉锚杆为 12m（孔深 11.85m），张拉锚杆与砂浆锚杆间隔布置。为了更加准确地模拟主厂房的加固效果，对引（尾）水洞、两端墙、机窝中间隔墩也施加系统锚杆。锚索及锚杆布置剖面如图 6.2-10 所示。

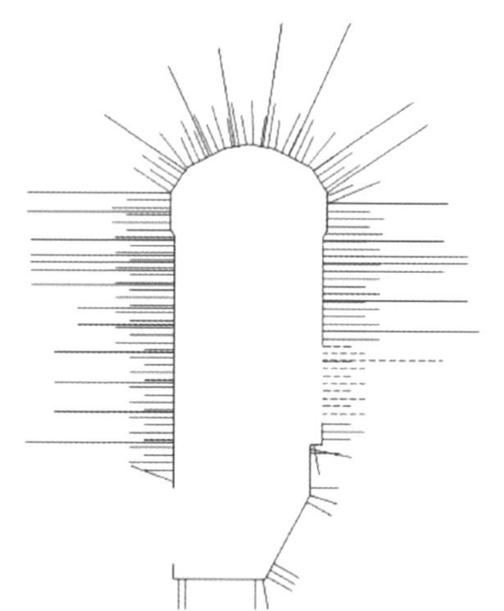

主厂房锚固支护剖面

引水洞系统锚杆支护剖面

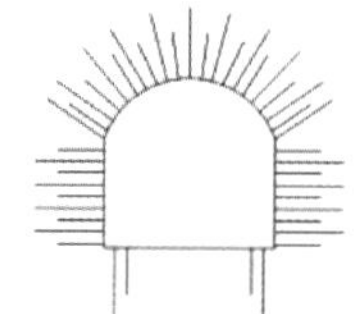

尾水洞系统锚杆支护剖面

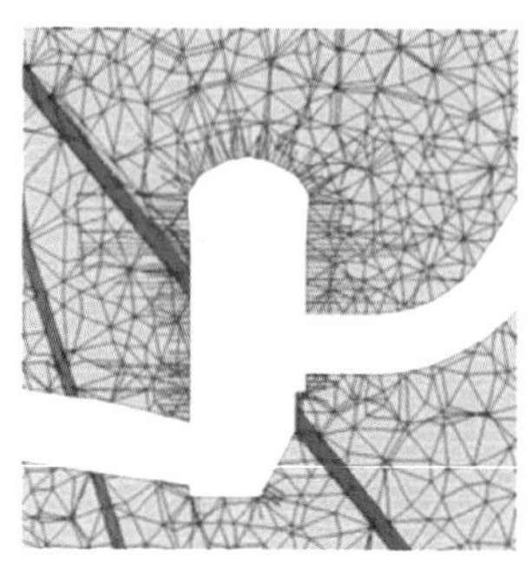

主厂房$1^{\#}$机组支护剖面

地下厂房支护三维计算模型

图 6.2-10　地下电站支护系统示意图

③喷钢纤维混凝土

设计厚度 15cm，设计指标 CF30，计算模型中没有考虑。

(6)本构模型

数值模拟中采用理想弹塑性岩体材料，屈服准则采用 Mohr-Coulomb 准则。

(7)岩体参数

模型中风化岩体及主要断层物理力学参数见表 6.2-1，其中对微新岩体主要力学参数进行了反演分析优化确定;根据岩石卸荷的力学响应研究成果,最终确定的卸荷弱化参数随体积应变增量($\Delta\varepsilon_V$)的关系如表 6.2-2 所示。

表 6.2-1 模型中风化岩体及主要断层物理力学参数

类别 \ 参数	密度（kg/m^3）	变形模量（GPa）	泊松比	黏聚力（MPa）	内摩擦角（°）	抗拉强度（MPa）
风化层	2650	2	0.30	0.4	42	0.25
微新岩体	2700	30	0.20	1.8	58	3.5
F_{84} 及 F_{84-2}	2560	1	0.32	0.1	29	0.06
f_{10}	2400	0.8	0.30	0.05	17	0.05
$F_{22(24)}$ 及 F_{20}	2610	1.5	0.28	0.15	31	0.07

表 6.2-2 计算时岩体参数随体积应变增量变化表

微新岩体	变形模量(GPa)	泊松比	黏聚力（MPa）	内摩擦角（°）	抗拉强度（MPa）
初始参数	30	0.20	1.8	58	3.5
$\Delta\varepsilon_V=1e-3$	28	0.22	1.2	58	2
$\Delta\varepsilon_V=3e-3$	25	0.30	0.5	60	1

6.2.2.3 计算结果及分析

1)初始应力场反演分析结果

①原始应力方向:最大主应力方向与厂房轴线呈大角度相交(几乎垂直),中间主应力基本平行于厂房轴线,而最小主应力近乎沿铅直(重力)方向。主应力方向在断层部位出现偏转,应力方向逐渐转向与断层方向一致,最大主应力逐渐偏转而平行于断层面,而最小主应力逐渐向垂直断层面方向偏转。

②原始主应力大小:从主厂房顶拱至机窝底板的最大主应力在 7～13MPa 之间变化。在断层附近,最大主应力值有所减小,特别是在 1 号机组 F_{84} 与 f_{10} 相交部位,其值相对于同高程部位减小 2～4MPa。同一高程部位,NE 和 NEE 向断层附近较 NNW 向断层附近的最大主应力低 1～2MPa;最小主应力在 1～5MPa 之间变化。在断层附近,与最大主应力的变化规律相似,一般也会存在一定的应力相对较低区,但其变化的量值相对于最大主应力要小些(约 0.5MPa)。但在 2 号机组的 F_{84} 和 F_{84-2} 相交的部位和 5 号机组的 $F_{22(24)}$ 附近最小主应力相对有所增加;中间主应力在 3～8MPa 之间变化。同样,在断层附近其应力值相对较小,相对于同部位非断层影响区降低 1～2MPa;应力场的分布符合应力场分布的一般规律,即随深度增加,其应力变得越大,同时应力场分布受结构面(特别是规模较大的断层或较弱夹层)的影响非常大,这些不连续面的存在,使得地应力场的分布变得更为复杂,在断层附近存在着应力松弛,也有可能存在应力集中。

③坡体开挖后初始应力场变化:边坡开挖前后,主应力方向变化不大,在距地表较近的顶

拱附近，最大主应力方向有一定的向开挖面方向偏转。边坡开挖对厂房区地应力的总体分布规律影响不大；从地应力变化来说，边坡的开挖引起了厂房开挖区一定深度内岩体地应力的释放，造成厂房区应力有所降低，最大主应力的变化范围为0.2～0.6MPa，中间主应力变化范围为0.1～0.3MPa，最小主应力变化范围为0.1～0.8MPa，1号、2号机组所在的部位变化相对较明显些。

2）二次应力场变形与稳定研究结果

（1）围岩应力场

主厂房洞室群代表性应力分布见图6.2-11～图6.2-14。

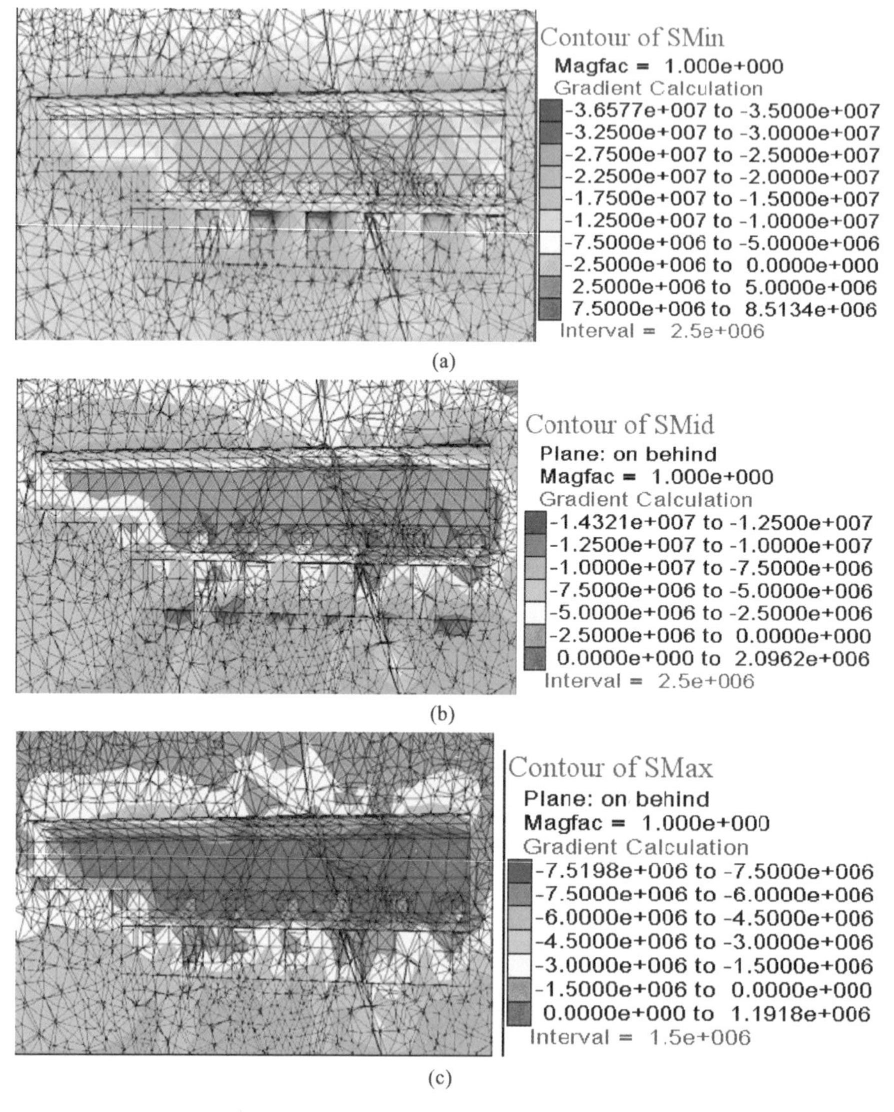

图6.2-11 全部开挖后从主厂房轴线剖面看上游边墙的应力分布图

（a）最大主应力；（b）中间主应力；（c）最小主应力

最大主应力在顶拱和底板处均有不同程度的应力集中，一般在－20MPa（压应力）以上，部分机组隔墩的上部集中最为突出，最大值约－36MPa，最小主应力σ_3在顶拱和底板局部部位的

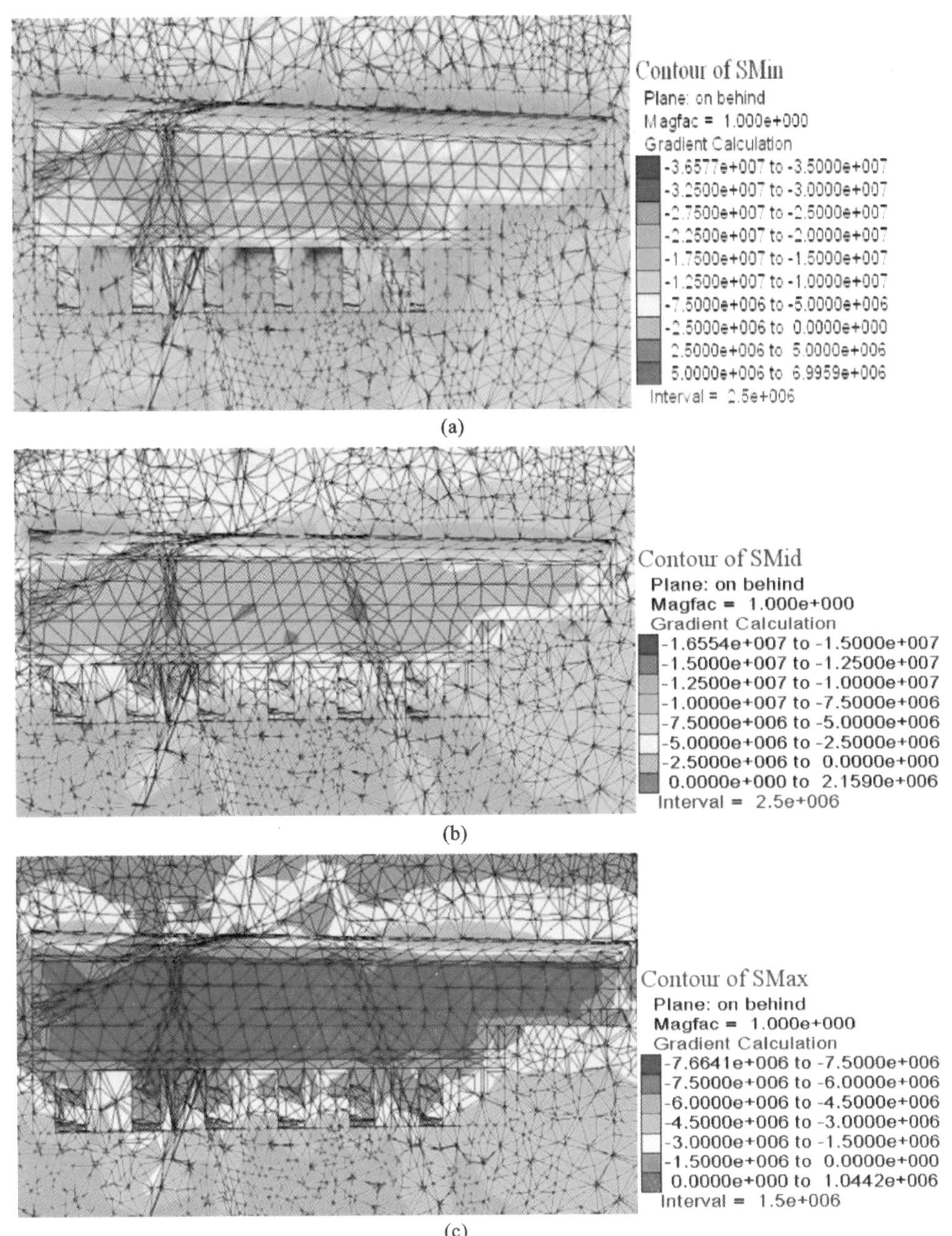

图 6.2-12　全部开挖后从主厂房轴线剖面看下游边墙的应力分布图

(a)最大主应力;(b)中间主应力;(c)最小主应力

一定深度也存在着应力相对较高区,但量值较小,只有$-3\sim-5$MPa。底板处σ_1在断层部位明显松弛,甚至出现拉应力,最大拉应力约为0.2MPa,最小主应力在顶拱的断层影响区及底板每级台阶的凸形拐角处和中间隔墩部位有一定的应力松弛,σ_3拉应力只在部分机组隔墩边缘有少量出现,最大值约为0.6MPa。

高边墙部位应力松弛较为明显,其分布受开挖剖面形态和断层分布的影响,主要应力松弛

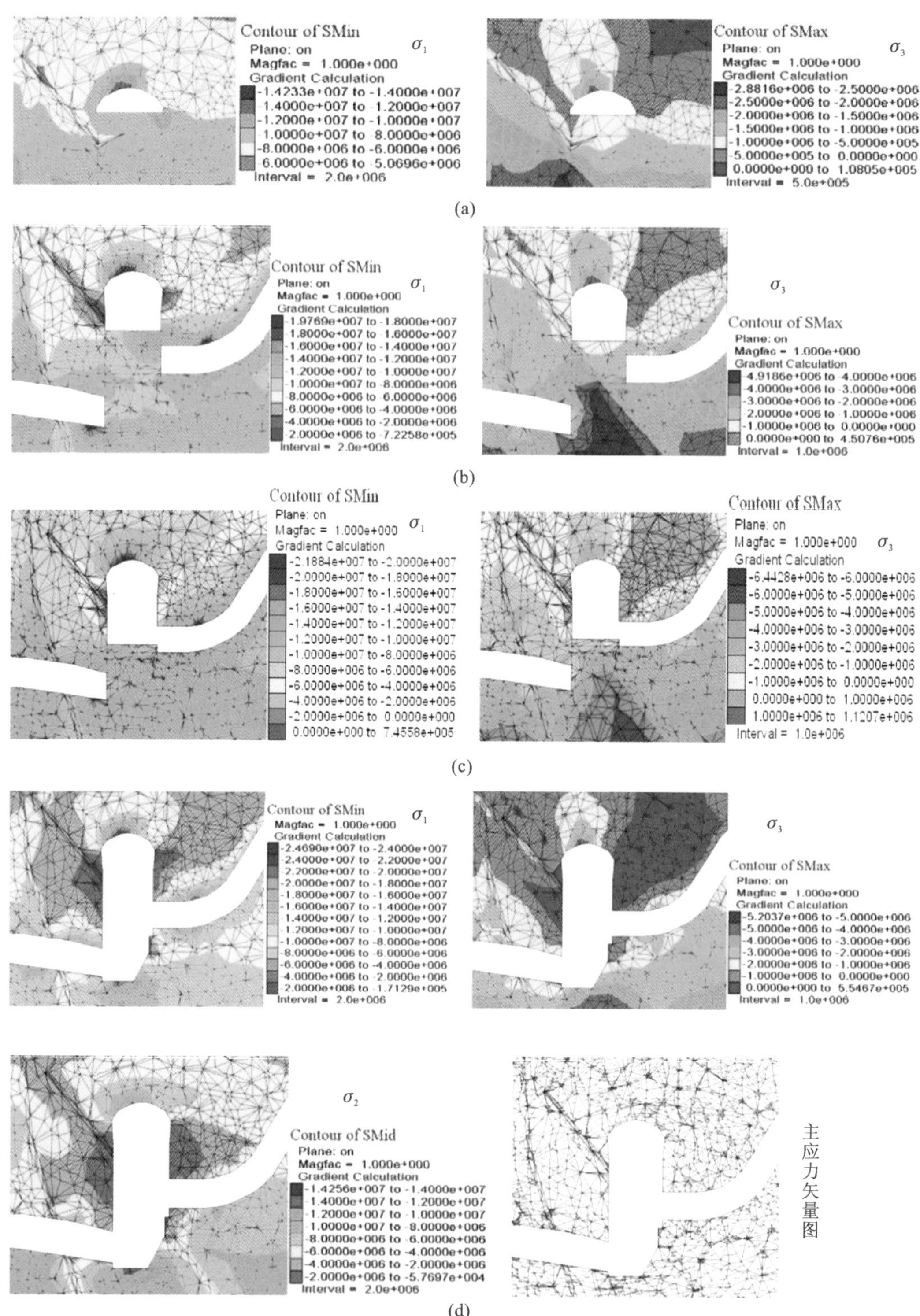

图 6.2-13　开挖过程中 1 号机组中心剖面的应力分布图

(a)第Ⅰ层开挖;(b)第Ⅲ层开挖;(c)第Ⅴ层开挖;(d)完全开挖

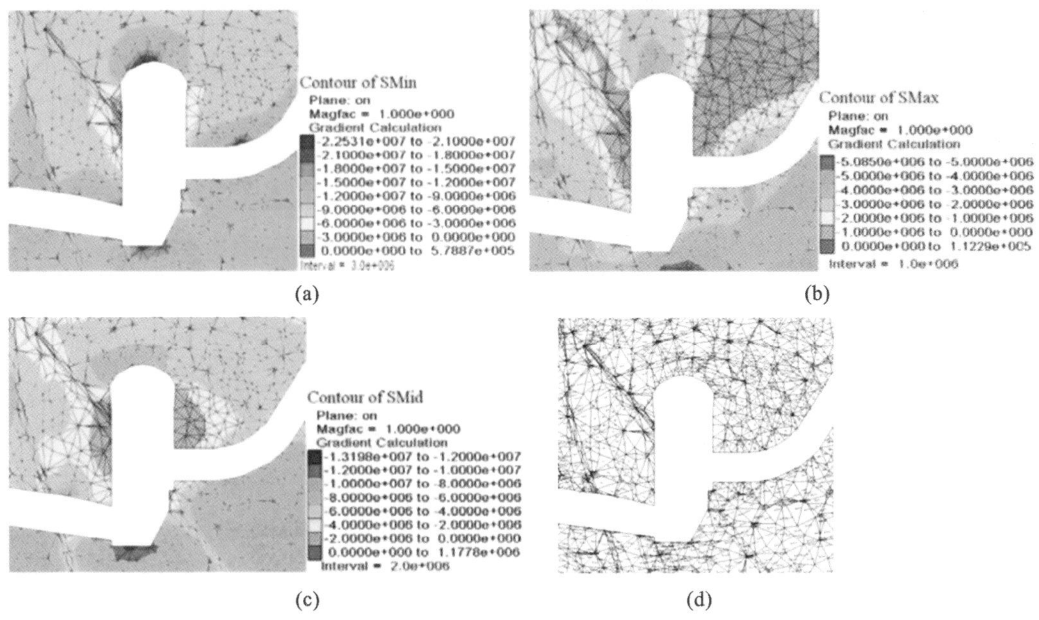

(a) (b)

(c) (d)

图 6.2-14 完全开挖锚固后 1 号机组中心剖面主应力分布

(a)最大主应力;(b)最小主应力;(c)中间主应力;(d)主应力矢量

区集中在主厂房与尾水洞和引水洞交接处以上部位、厂房轮廓线拐角处及断层影响带,在断层影响部位,最小拉应力 σ_1 只有 −0.17MPa,最大拉应力 σ_3 达 0.74MPa。边墙范围 σ_3 拉应力区较大,同样分布在主厂房与尾水洞和引水洞交接处以上部位,沿拱角方向分布,平面上呈"牛耳状",反倾边墙围岩内部的断层对拉应力区的分布具有一定的隔离作用,一般在断层面与开挖面之间的围岩中拉应力集中,而顺倾向开挖区与边墙相交的断层,拉应力沿断层两侧较浅深度内有一定分布。锚固后厂房顶拱和左右端墙的最大主应力已经没有明显的应力松弛区,径向的最小主应力较没有支护时变化较大,最小主应力的应力集中区向围岩内部扩展,相同部位大小较没有支护时增大约 1MPa。边墙应力的卸荷范围减小得非常显著,特别是最小主应力,相同部位的 σ_3 增大 1～2MPa,σ_3 的拉应力区明显减小,只出现在边墙中部及断层与厂房相交的局部范围,支护后边墙的卸荷深度为 30～40m,较没有支护时减小 5～20m。

(2)围岩变形场

主厂房洞室群代表性位移分布见图 6.2-15～图 6.2-20。

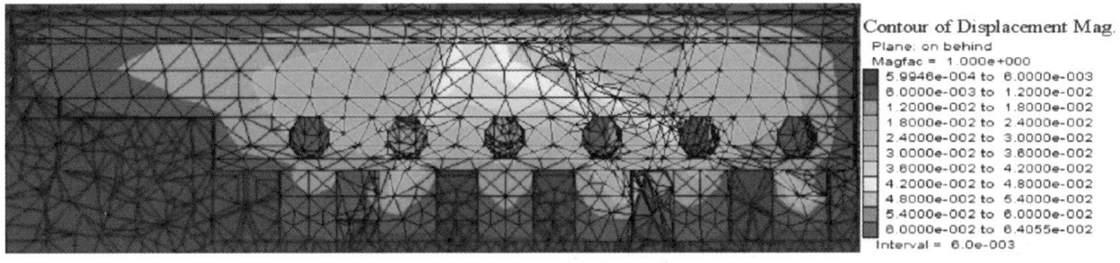

图 6.2-15 完全开挖后从主厂房轴线剖面看上游边墙的位移分布等值线云图

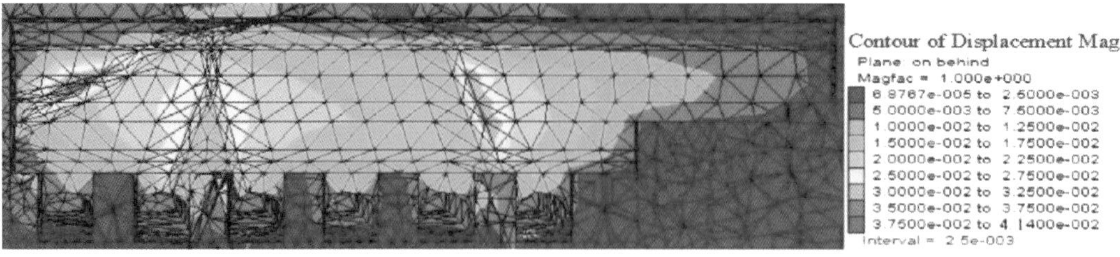

图 6.2-16　完全开挖后从主厂房轴线剖面看下游边墙的位移分布等值线云图

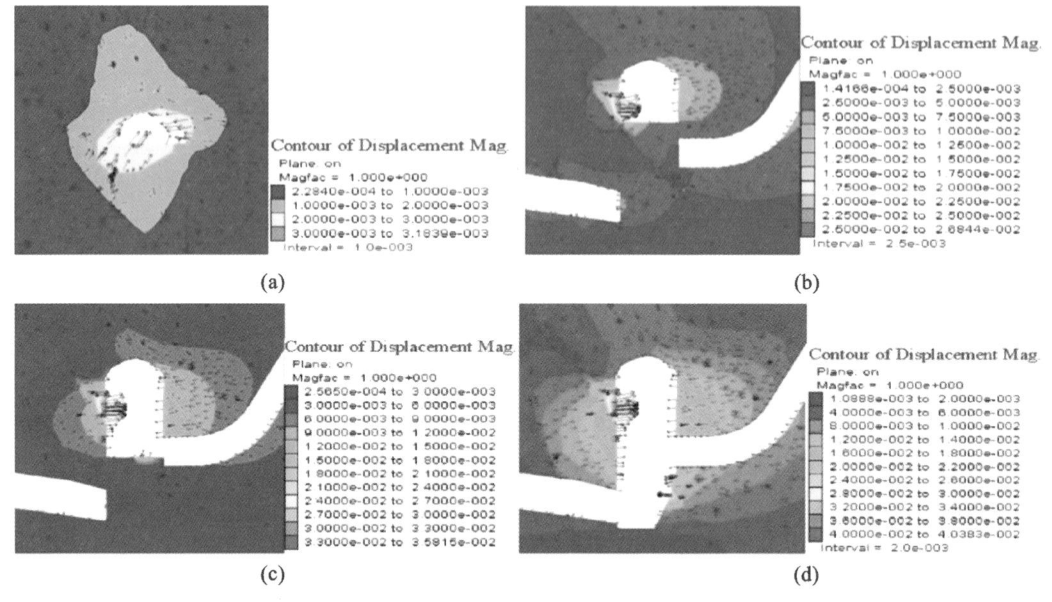

图 6.2-17　开挖过程中 1 号机组中心剖面位移等值线云图及矢量图

(a)第Ⅰ层开挖；(b)第Ⅲ层开挖；(c)第Ⅴ层开挖；(d)完全开挖

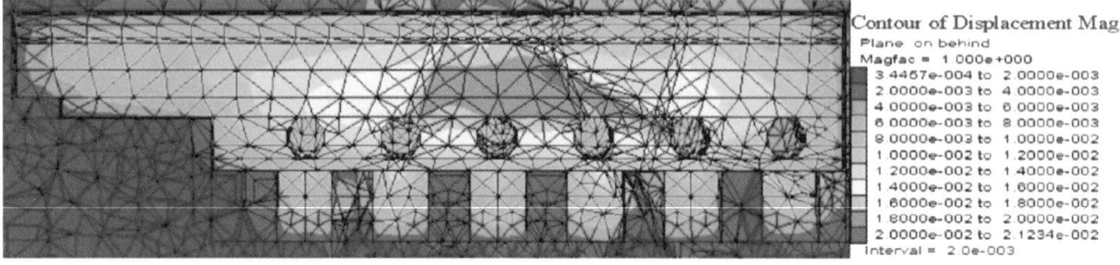

图 6.2-18　完全开挖并锚固后从主厂房轴线剖面看上游边墙的位移等值线云图

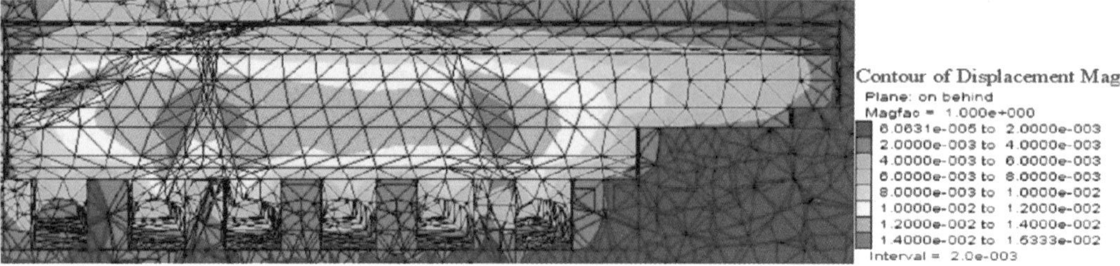

图 6.2-19　完全开挖并锚固后从主厂房轴线剖面看上游边墙的位移等值线云图

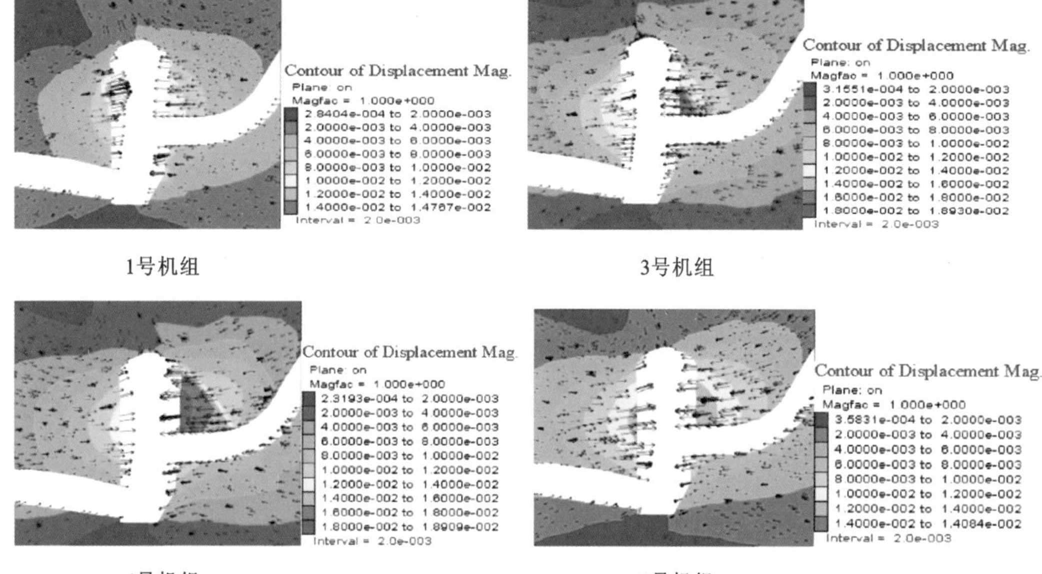

图 6.2-20　完全开挖并锚固后各机组中心剖面位移等值线云图及矢量图

围岩的较大变形主要集中在边墙部位，其中上游边墙变形普遍较下游边墙的大，其较大变形往往受断层的控制。上游边墙较大的变形集中在 F_{84} 与 F_{20} 之间 3 号～4 号机组部位，变形量为 30～50mm，其中位于 F_{84} 与 F_{84-2} 相交部位出现最大变形量达 64mm，其他机组部位变形量为 10～30mm；下游边墙较大变形主要分布在断层附近，变形量为 20～40mm，其中 f_{10} 与边墙相交处出现最大变形量约 41mm，其他部位变形量在 10～20mm 之间。安装段上、下游边墙部位变形量在 15mm 以内。

锚固后上、下游边墙的变形大小得到了很好的控制，上游最大变形量约 21mm，下游最大变形量约 15mm，而这些较大变形主要集中在断层影响部位，其他部位变形大多小于 10mm。

(3)围岩塑性区分布

边墙及厂房轮廓拐角处均存在一定拉剪塑性区(图 6.2-21)，当边墙部位有断层出现时，在断层与厂房相交处会出现相对较大范围的拉剪塑性区。剪切塑性区分布相对较广，主要分布在厂房拱角一定范围内，特别是下游拱角处，在 3 号、4 号机组剖面，下游拱角处剪切塑性区范围最大，在 1 号机组沿倾向开挖区断层面存在一定带宽的剪切塑性区，在断层面一定深度处还出现了拉剪塑性区。锚固后顶拱及底板部位基本没有屈服区，在两拱角部位有相对较小范围的分布，边墙的拉剪和剪切塑性区均明显减小。

(4)围岩稳定性

主厂房的整体变形稳定性主要是由与厂房轴线小角度相交的 NE～NEE 向中缓倾角断层(如 F_{84}、F_{84-2}、f_{10} 等)控制，这些断层出现在厂房围岩附近时会引发较大变形，因此，对厂房进行系统锚固时，还应该加强断层局部位置加固问题。

(5)计算结果可靠性验证

计算应力和变形结果与厂房布置的实测点代表性比较结果见表 6.2-3 及图 6.2-22。从表和图中可以发现，实测的主应力与计算的主应力值基本一致，变形值量级及基本趋势一致，说明计算结果比较准确。

1号机组中心剖面

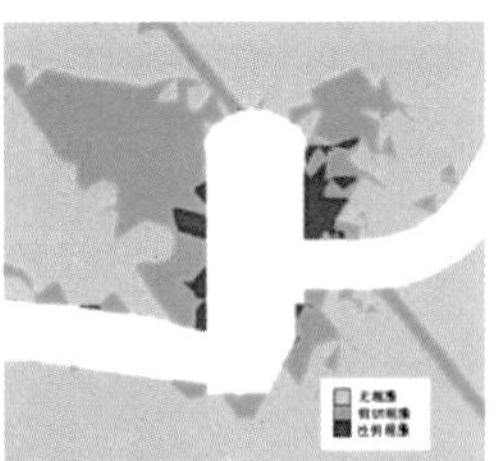

3号机组中心剖面

1号机组中心剖面

3号机组中心剖面

4号机组中心剖面

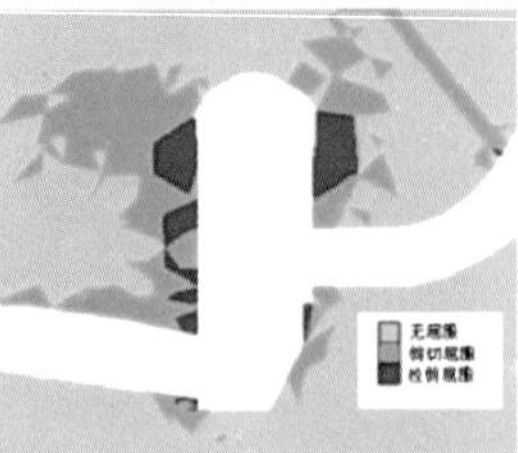

6号机组中心剖面

(a)

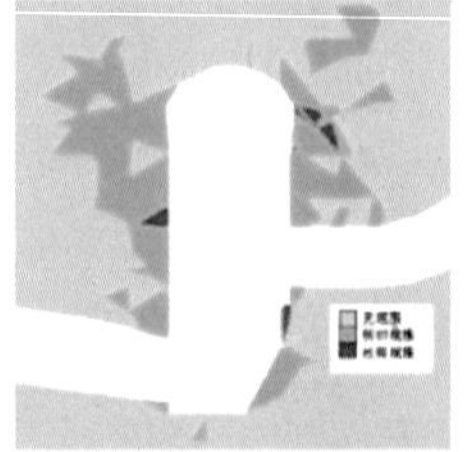

4号机组中心剖面

6号机组中心剖面

(b)

图 6.2-21 无支护和有支护开挖结束后各机组剖面塑性区分布

(a)无支护;(b)有支护

表 6.2-3 主应力分量实测与计算值(应力量值单位:MPa)

测孔编号		测深(m)	第一主应力 σ_1	第一主应力 σ_2	第一主应力 σ_3
K1	实测	13.4	4.56	3.16	1.32
		15.2	3.81	2.91	1.43
		16.1	4.50	3.79	1.36
	第Ⅴ层开挖并锚固时计算值	13.4	5.42	3.23	1.39
		15.2	5.67	3.48	1.58
		16.1	6.02	4.03	1.52
	开挖结束并锚固时计算值	13.4	5.98	3.17	1.76
		15.2	6.13	3.36	1.89
		16.1	6.74	3.99	2.17
	不支护开挖结束时计算值	13.4	5.34	3.23	1.16
		15.2	5.59	3.48	1.20
		16.1	6.17	4.03	1.31
K4	实测	8.30	6.49	3.79	1.83
		9.50	4.10	2.89	1.48
	第Ⅴ层开挖并锚固时计算值	8.30	6.26	4.24	1.78
		9.50	5.34	3.98	1.17
	开挖结束并锚固时计算值	8.30	6.72	4.17	1.71
		9.50	5.79	3.99	1.40
	不支护开挖结束时计算值	8.30	5.38	3.77	0.53
		9.50	5.21	3.43	0.48

续表 6.2-3

测孔编号		测深(m)	第一主应力 σ_1	第一主应力 σ_2	第一主应力 σ_3
K5	实测	7.50	7.53	1.74	1.02
		9.10	6.29	3.71	1.47
	第Ⅴ层开挖并锚固时计算值	7.50	7.62	3.62	1.08
		9.10	6.13	3.98	0.85
	开挖结束并锚固时计算值	7.50	6.61	2.51	0.98
		9.10	5.36	3.71	0.67
	不支护开挖结束时计算值	7.50	5.61	2.55	0.50
		9.10	4.21	3.69	0.38

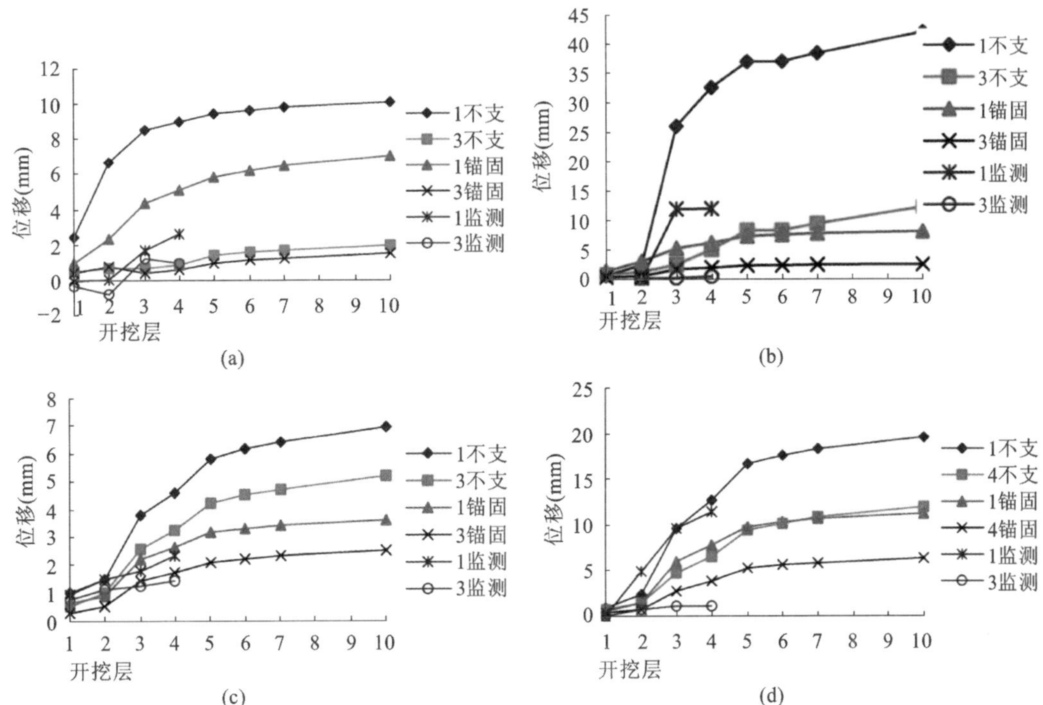

图 6.2-22 1 号机组中心剖面部分多点位移计监测及变形计算结果比较

(a)M08DC01 的 1 及 3 锚点;(b)M11DC01 的 1 及 3 锚点;(c)M07DC01 的 1 及 3 锚点;(d)M09DC01 的 1 及 3 锚点

研究结果分析了围岩二次应力场特征,验证了厂房锚固系统效果及应加强锚固部位,为厂房下一步开挖与支护提供了依据。

6.2.3 主厂房典型块体稳定性三维数值模拟

以往对块体稳定性进行分析,基本上是通过石根华的块体理论进行计算分析的,这种方法是把块体当作刚体来考虑,且只考虑重力条件下的极限平衡分析方法,并通过其计算结果(稳定性系数)来评价块体的稳定状态,此方法在工程中得到了广泛的应用,并编制了较多相应的软件。但这种方法存在着明显的缺陷:①没有考虑构造应力场及开挖卸荷对块体稳定性的影响；②把块体作为刚体来考虑，无法了解其局部的应力和变形特征。当然，这种方法计算的稳定性系数目前来说还是工程设计的主要参考，其利用几何拓扑学可以很好地搜索块体，算出的稳定性系数对块体整体稳定状况具有一定的代表性。但有时块体的失稳并非是整体失稳，它可能是局部先失稳，进而导致整体失稳，也可能是极限平衡算出的整体稳定性较好，但其可能会出现局部失稳，这种现象在工程上是经常见到的，即使块体整体失衡，但是在刚体极限平衡稳定性计算中并没有考虑块体边界的应力场的影响，其计算出来的结果存在着一定的误差。因此，本节运用 $FLAC^{3D}$ 大型岩土数值计算软件对厂房区不同部位块体进行了三维数值模拟分析，并对其应力、变形及稳定性状况进行对比分析。块体的计算模型在前面地应力反演确定的边界条件和岩体参数上进行分析。

为重点研究不同部位块体应力及变形特征，分别选择了厂房区典型顶拱（21# 块体）、边墙（1# 块体）及顶边联合块体（18# 及 19#）进行对比分析。其中，21# 块体由 f_{143}（340°∠57°）、F_{22}（254°∠72°）、裂隙性断层 Tf_9（325°∠56°）及长大裂隙 T_2（47°∠52°）切割而成，块体最大宽度（水平垂直厂房轴线方向）12m，最大深度 14.5m，沿厂房轴线最大长度 13m，体积约 $920m^3$。此块体为斜三棱锥四面体单滑面块体，滑面为 f_{143}；边墙 1# 块体及顶边联合块体（18# 及 19#）特征详见 3.5.2 节和 6.3.2 节。

数值模拟中，采用弹塑性岩体材料，屈服准则采用 Mohr-Coulomb 强度准则，岩体物理力学参数根据应力场反演分析成果结合块体边界特征综合取值，块体模型、分层开挖步骤及计算结果见图 6.2-23～图 6.2-27。

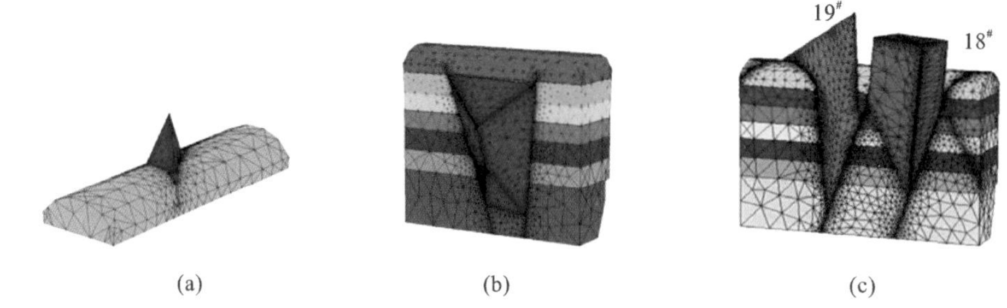

图 6.2-23　分析块体的形态及空间分布

(a)顶拱 21# 块体；(b)下游边墙 1# 块体；(c)下游 18# 及 19# 联合块体

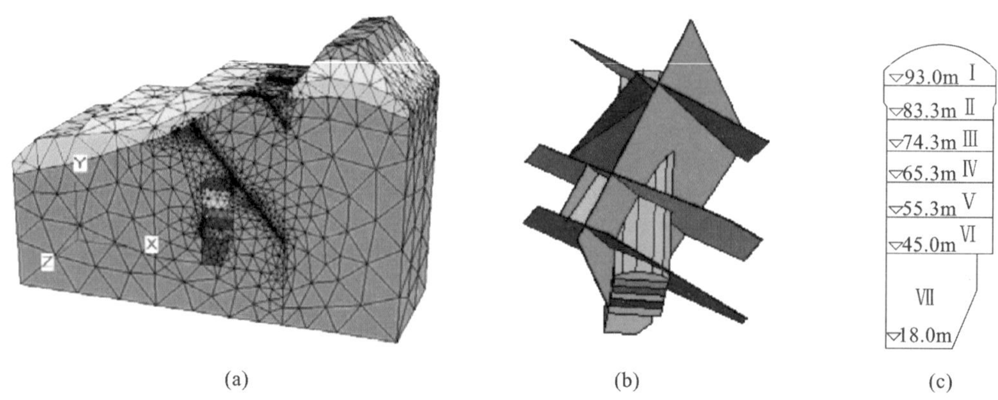

图 6.2-24　18# 及 19# 联合块体的模型、网格划分、块体边界结构面及开挖方案

(a)18# 及 19# 联合块体的模型及网格划分；(b)块体边界结构面；(c)开挖方案

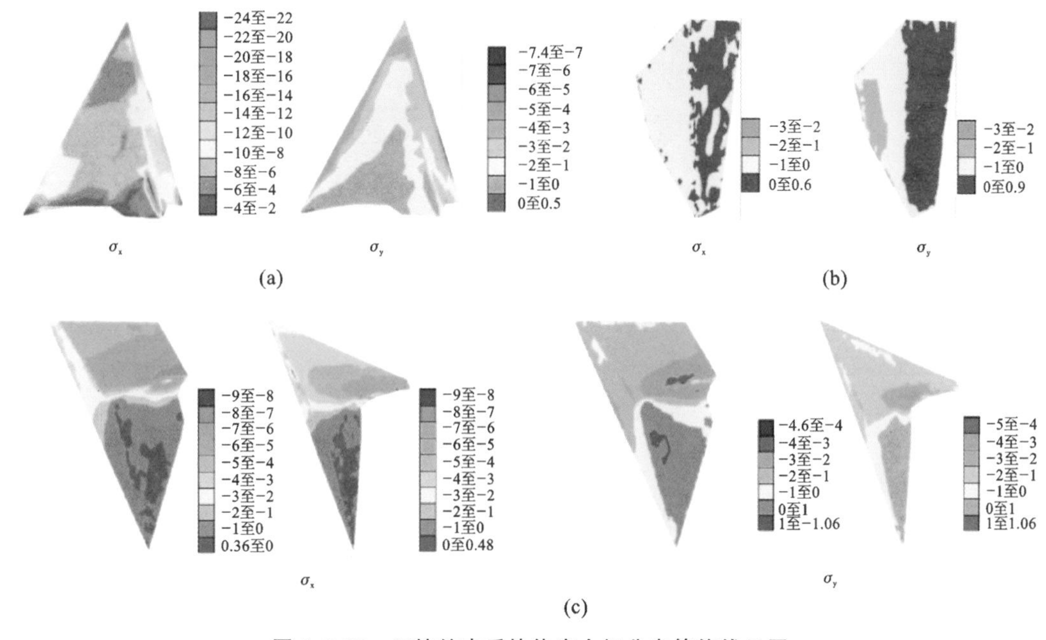

图 6.2-25 开挖结束后块体应力场分布等值线云图

(a)顶拱 21# 块体;(b)下游边墙 1# 块体;(c)18# 及 19# 联合块体

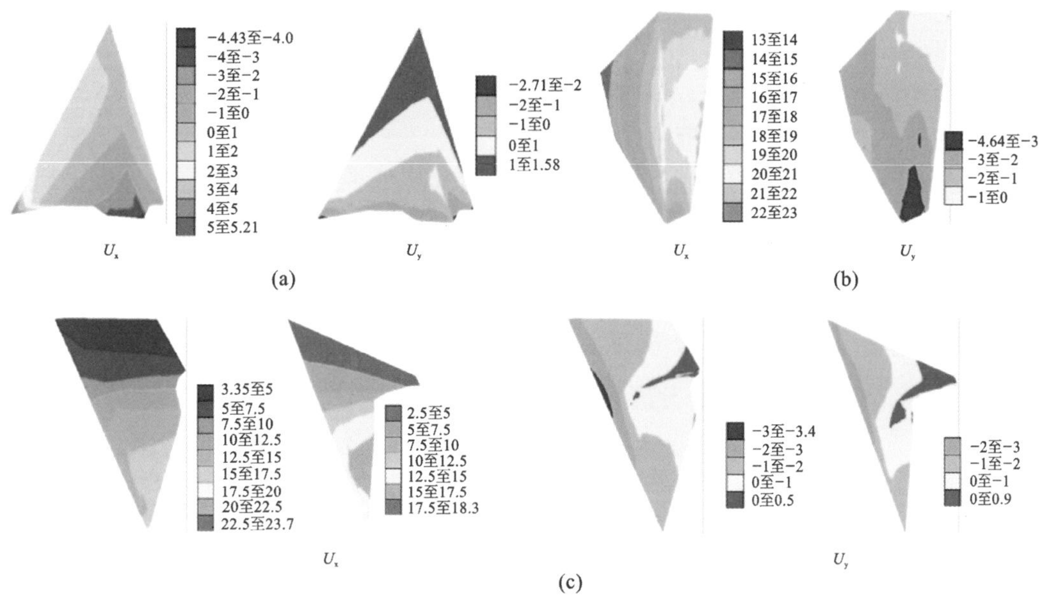

图 6.2-26 开挖结束后块体位移场分布等值线云图

(a)顶拱 21# 块体;(b)下游边墙 1# 块体;(c)18# 及 19# 联合块体

6.2.3.1 计算结果分析

对于地下厂房块体来说,分析垂直厂房轴线方向(X 方向)及垂直方向(Y 方向)的应力(σ_x,σ_y)和位移(U_x,U_y)变化比较具有实际意义。应力符号及单位约定:负为压应力、正为拉应力,单位为 MPa。

块体应力-应变特征计算结果总体特征:主厂房顶拱块体在水平垂直于厂房轴线方向应力增

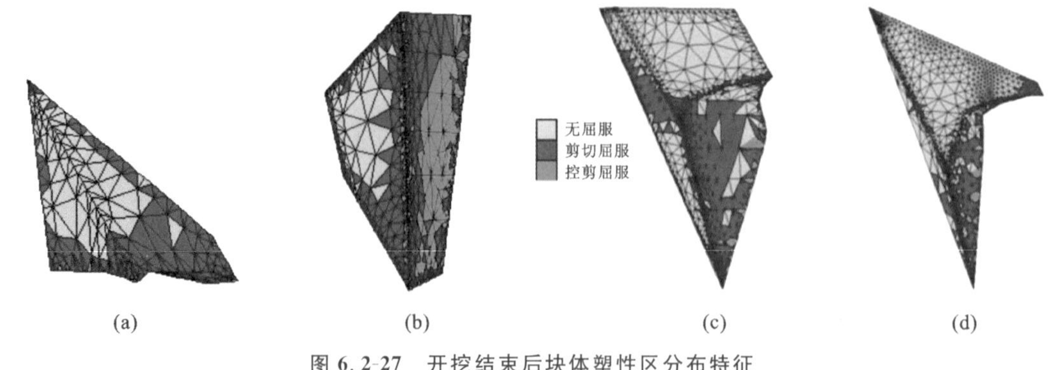

图 6.2-27　开挖结束后块体塑性区分布特征

(a)顶拱 21# 块体;(b)下游边墙 1# 块体;(c)18# 联合块体;(d)19# 块体

加,而径向方向处于卸荷状态,边墙块体在水平和铅直两个方向均处于卸荷状态,而联合块体的顶拱部分受力与顶拱块体相似,边墙部分与边墙块体相似;厂房区由于最大主应力为水平方向且近乎垂直于厂房轴线,顶拱块体受切向挤压产生较大差异变形,块体下部向下变形,块体上部向上变形;边墙块体以向临空面水平卸荷变形为主;而联合块体具有顶拱和边墙块体变形综合特征。

1)开挖过程中块体的应力特征

顶拱块体总是处于受压状态,而联合块体在顶拱部分处于受压状态,边墙部分却是大部分处于受拉状态,边墙块体在结构面及一定深度内基本上都处于受拉状态。

(1)顶拱块体

顶拱块体的 σ_x 随开挖的进行逐渐增加,在第Ⅰ步顶拱开挖时其增加最为明显,随着开挖的进行逐渐趋向于平稳,滑面处的 X 方向应力相对较小些;完全开挖后,在块体切割面与临空面的交接处及其顶部尖端处为应力相对较低区(约－4MPa),而在各切割面交接线的下端为应力相对集中区(约－24MPa)。顶拱块体的 σ_y 在第Ⅰ步顶拱开挖后急剧卸荷,在块体临空面出现拉应力,但随后面的开挖出现不同程度升高,特别是 f_{143} 滑面中心附近,但块体临空面附近一直为拉应力,这是因为高边墙逐渐形成,迫使顶拱块体再次发生应力重新分布的结果;开挖结束后,块体的垂直应力 σ_y 明显分带,从临空面向内部逐渐升高,同时在 σ_x 出现应力集中的部位同样 σ_y 也相对较高。完全开挖后,顶拱块体在 X 方向压应力增加,而在 Y 方向也只有临空面附近区域卸荷相对较大。

(2)边墙块体

边墙块体的 σ_x 在块体开挖暴露之前变化不大,甚至出现一定程度的升高,待开挖暴露后,临空面 σ_x 迅速降为零,随着开挖的进行,在临空面出现较大范围的拉应力,最大拉应力值约为 0.6MPa,滑面 f_{10} 中心的 σ_x 在第Ⅶ步开挖之前均为压应力,并有少量升高,在第Ⅴ步开挖时迅速卸荷,并在结构面交接部位出现一定的拉应力区,但临空面中心的 σ_x 却在第Ⅶ步开挖时才出现较大的应力松弛,这说明结构面的卸荷变形不是与块体的卸荷变形同步的,块体滑面的卸荷变形较临空面有一定的滞后性。

边墙块体的 σ_y 在开挖后的一定阶段出现 σ_y 升高的现象,但滑面 f_{10} 处却为持续的卸荷状态,一旦开挖到一定程度后,均表现为卸荷,完全开挖结束后甚至在临空面出现大范围的拉应力区,最大拉应力约为 0.9MPa;临空面中心部位 σ_y 在第Ⅴ步开挖时出现急剧卸荷,在第Ⅵ步开挖时出现最大拉应力值(约 0.8MPa),完全开挖后拉应力值略有降低;块体滑面 f_{10} 在第Ⅶ步开挖时才出现较大的卸荷。

完全开挖后，边墙块体在 X 和 Y 方向均表现出卸荷特征，且卸荷程度由临空面向内部逐渐减小，由临空面附近的拉应力状态向内部逐渐变为压应力状态。

(3)联合块体

块体顶拱部分 σ_x 始终为压应力，并随厂房开挖进程逐渐增大，这是围岩二次应力在厂房顶拱附近逐渐形成压应力拱的缘故。完全开挖结束后，18[#] 块体顶拱部分的 σ_x 为 5～7MPa，19[#] 块体的 σ_x 为 4～6MPa，在其顶部和结构面处为应力相对较低区，这是块体卸荷变形的结果。在块体切割面与顶拱面的交线处(特别是尖端部分)σ_x 集中，这是顶拱部分最薄弱的部位；随着开挖的进行，块体边墙部分的 σ_x 逐渐减小，特别是在第Ⅳ步开挖时卸荷加剧，此时块体滑面中心处 σ_x 急剧卸荷，并最终形成拉应力状态。完全开挖结束后，在临空面附近形成拉应力带，18[#] 块体的表面拉应力为 0～0.36MPa，19[#] 块体的拉应力为 0～0.48MPa(边墙底部尖端拉应力最大)，并向深部逐渐转为压应力，两块体在开挖结束后边墙较深部位的 σ_x 为 1MPa；块体拱角附近的 σ_x 随开挖变化不大，基本上稳定在 2MPa 左右。

块体顶拱部分 σ_y 在顶拱开挖结束后卸荷基本结束，约为 1.5MPa。σ_y 仅在 19[#] 块体的 F_{24} 尖端附近出现约－0.5MPa 的拉应力。一般来说，厂房围岩边墙部分的 σ_y 随开挖卸荷应该是增加的，但块体边墙部分在开挖暴露前因开挖 σ_y 增大，但开挖暴露后却迅速降低，待块体边墙边界完全暴露后，甚至在其表面出现拉应力，约 1MPa。这是因为块体开挖卸荷后，其边墙部位的切割结构面松弛张开，从而使得围岩表层的块体在垂直方向也呈现一定程度的卸荷。在顶拱开挖结束后两块体的拱角处 σ_y 相对较高，为 4～5MPa，但随开挖逐渐变小，从第Ⅲ步后基本上稳定在 2.5MPa。

2)开挖过程中块体的变形特征

(1)顶拱块体

随着开挖的进行，顶拱块体较上部位由铅直下沉转向向上变形，但其值相对较小；块体较下部位的位移矢量随开挖逐渐由近垂直方向转向块体中心变形，且在块体走向与厂房轴线近平行的切割边界上变形最大，这是 X 方向上压应力持续增加而挤压块体变形的结果。

(2)边墙块体

在第Ⅰ步顶拱开挖后，由于边墙块体还没有暴露，边墙块体向开挖区发生少量变形；第Ⅳ步开挖后，块体较上部位出露，此部分向临空面水平卸荷回弹变形，而块体下部继续向开挖区少量变形；完全开挖后，块体边界完全出露，块体变形基本上为水平卸荷回弹变形，且变形量相对较大(最大达 22.81mm)。

(3)联合块体

第Ⅰ步开挖后，联合块体顶拱部分向临空方向变形，边墙部分向开挖区发生微小变形；第Ⅳ步开挖后，块体顶拱部分变形变化不大，但开挖暴露的边墙部分迅速向厂房内卸荷回弹，位移方向以 X 方向为主，Y 方向位移不大；当完全开挖结束后，无论是块体顶拱还是边墙部分，都以 X 方向变形为主，但边墙变形明显大于顶拱变形。

3)塑性区分布

顶拱块体在其下部和 T_2 与 F_{22} 的交接处出现剪切塑性区，而出现拉剪塑性区的部位很少，只在 f_{143} 和 Tf_9 相交的局部部位出现。

边墙块体在块体边界和下部出现剪切塑性区，而且在临空面附近出现较大面积拉剪塑性区。

联合块体的顶拱部分切割结构面与顶拱交线处和 19# 块体的 F_{24} 尖端附近有局部剪切塑性区。块体边墙部分出现大面积的剪切塑性区，局部出现拉剪塑性区，这是边墙部分卸荷严重，其卸荷后复杂的二次应力场作用的结果。

这种塑性区的分布特征与前面的应力、变形分析效应是一致的。

6.2.3.2 块体变形失稳的演化机制分析

(1)顶拱块体

如图 6.2-28(a)所示，顶拱块体在水平方向上在切向压应力作用下会产生挤压变形，同时表层岩体会向临空面卸荷变形，随着开挖边墙的增高，切向应力增大，这种挤压作用更为强烈，从而使得块体的上下部产生差异变形，由于地下电站区水平垂直于厂房轴线的初始应力为最大主应力，那么这种差异变形更为强烈，使得块体上部甚至产生向上变形。当这种差异变形达到一定程度后，如果块体中存在一些缓倾角节理，那么块体会很容易沿这些小的节理拉裂，从而使得块体下部首先掉落，进而使得块体上部也随之掉落。如果块体结构比较完整，这种差异变形还不足以拉断岩体时，在重力作用下块体可能沿滑面整体失稳。如果块体较小，差异变形也会较小，一旦失稳会整块掉落。

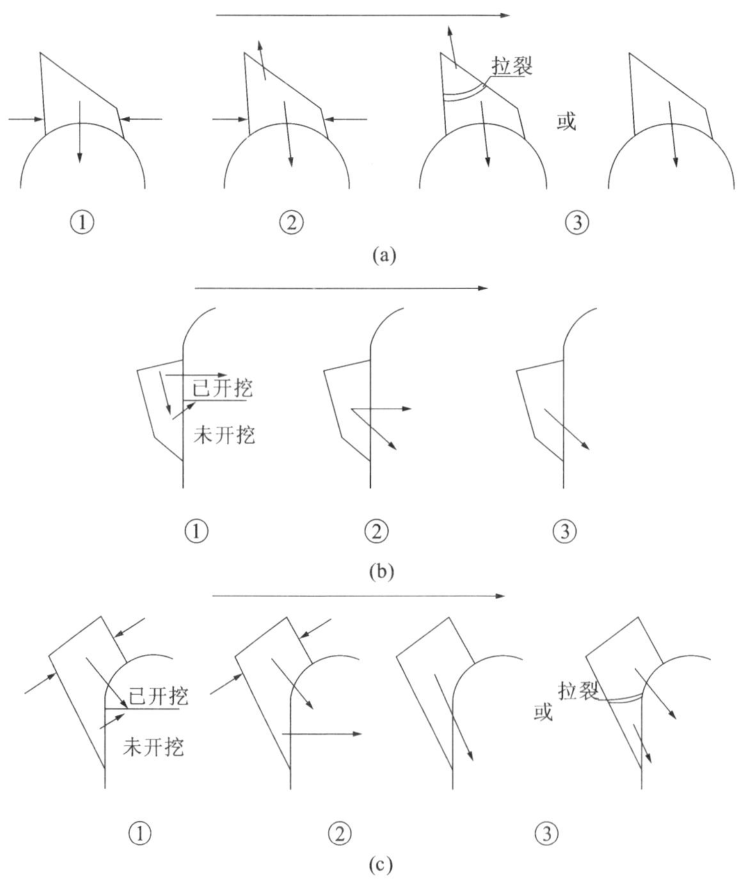

图 6.2-28 地下洞室块体变形失稳演化过程示意图

(a)顶拱块体变形失稳演化过程；(b)边墙块体变形失稳演化过程；(c)联合块体变形失稳演化过程

(2)边墙块体

如图 6.2-28(b)所示,边墙块体在滑面完全出露前,其主要变形是以向开挖区卸荷变形为主及其顶切面在重力作用下的张拉变形,随着滑面的开挖出露,块体会沿滑面产生滑移变形,在水平垂直于厂房轴线的初始应力的最大主应力作用下,其水平向开挖区的卸荷变形会较大,而沿滑面的滑动变形相对小些,但当结构面卸荷变形到一定程度后,结构面的抗剪强度严重降低,在重力变形和卸荷变形的综合作用下,控制性结构面岩桥剪断或拉裂贯通后,沿滑面的变形会急剧增大,从而导致块体沿滑面整体滑移失稳。

(3)联合块体

如图 6.2-28(c)所示,联合块体的变形具有顶拱和边墙块体的综合特征,在块体滑面没有完全出露前,块体变形以向开挖区卸荷变形为主,同时块体的拱角部分会受到切向应力的挤压变形,随着开挖的进行,块体沿滑面的卸荷松弛变形增强;同样,在水平垂直于厂房轴线的初始应力的最大主应力作用下,其水平向开挖区的卸荷变形也会较大,而重力应力环境时也是以沿滑面的滑移变形为主。滑面卸荷变形贯通后块体可能会整体滑移失稳,但如果受构造应力影响较强烈,块体边墙部分控制性结构卸荷贯通,而顶拱部分挤压较强的话,块体可能会在拱角(或沿块体中的缓倾角节理面)附近拉裂,从而块体边墙部分首先失稳,进而引起块体顶拱部分失稳。

6.2.3.3　*主厂房不同部位块体边界应力建议值*

根据计算结果,给出各部位块体边界应力建议值(负号表示压应力):

(1)顶拱块体:水平垂直于厂房轴线 X 方向应力值为－6～－10MPa,铅直方向(Y 方向)应力值为－1～－2MPa。

(2)边墙块体:水平垂直于厂房轴线 X 方向应力值为 0～－1MPa,铅直方向(Y 方向)应力值为－1～－2MPa。

(3)联合块体:①顶拱部分,水平垂直于厂房轴线 X 方向应力值为－3～－7MPa,铅直方向(Y 方向)应力值为－1～－3MPa;②边墙部分:水平垂直于厂房轴线(X 方向)应力值为 0～－1MPa,铅直方向(Y 方向)应力值为 0～－1MPa。

6.2.3.4　*二次应力场对块体稳定性的影响评价*

通过前述对开挖卸荷过程中块体的二次应力场分布特征对比分析可知,地下洞室在开挖过程中,顶拱块体在水平垂直厂房轴线方向(X 方向)处于受压状态,并且压应力随开挖逐渐增加,而铅直方向(Y 方向)在开挖初期卸荷,开挖到一定程度后 σ_y 开始回升;对边墙块体,开挖过程中水平方向(X 方向)却严重卸荷,并局部出现拉应力,完全开挖后,在铅直方向(Y 方向)也是处于卸荷状态。这种应力状态对块体稳定性的影响主要表现在:

(1)由于顶拱块体在 X 方向处于受压状态,围岩中的部分结构面将被压密,特别是对于那些走向与厂房轴线方向成小角度相交中陡倾角结构面,这必定会为顶拱块体滑面(或切割面)提供一定的附加抗剪阻滑力,同时也使得顶拱块体很难像边坡块体一样可通过小角度的“爬坡”产生失稳,这为合理利用结构面的起伏度对稳定性的贡献提供了依据。

(2)边墙块体在 X、Y 方向均处于卸荷状态(特别是 X 方向),这使得块体在开挖卸荷后向开挖区卸荷回弹变形,进而减小滑动面的阻滑力。

因此,地下洞室在开挖过程中,块体的二次应力场对边墙块体是不利的,而对顶拱块体是有利的。在进行块体稳定性计算时,如果能考虑地应力场的影响,将会提高块体稳定性的计算精度。

6.3 二次应力场作用下大型块体稳定三维离散元法(3DEC)数值

6.3.1 计算方法概述

6.3.1.1 非连续方法的比较

大跨度洞室中块体稳定问题显然为典型非连续岩体力学问题。实际上，几乎所有的硬质岩边坡或洞室工程块体稳定性都受到结构面控制，而地质构造与地质环境的复杂性致使块体稳定问题也甚为复杂，常常使得简单的解析方法存在不足，面对这种具体问题，毋庸置疑，非连续方法成为更适合于这些复杂块体稳定分析的有效手段。目前世界上具备的非连续方法有很多，彼此也存在一定的差异，了解这些差异对正确选择数值分析方法和计算程序具有指导性意义。Peter Cundall 和 Roger Hart 对世界上主要的非连续力学数值计算方法和程序进行归纳，主要分成如下几类(朱焕春，2009)：

(1)离散元法：显示差分求解，块体可以是刚体也可以是变形体，接触面可以变形，代表性程序包括 TRUBAL、UDEC、3DEC、DIBS、3DSHEAR 和 PFC。

(2)Modal 法：当块体为刚体时与离散元法相似，当块体为变形体时两者之间存在差别。与离散元法相比，Modal 法更适合于散粒体问题，但在动力条件下存在缺陷，代表性软件为 CICE。

(3)非连续变形分析(DDA)：认为接触面为刚性，块体可以为刚性体也可以是变形体，由于求解方法的不同，不允许接触面发生压缩嵌入，代表性程序为 DDA，难以模拟动块体的共同作用和动力作用。

(4)动量转化法：假设接触面和块体均为刚性体，当块体发生接触碰撞时，动量在相互接触的块体之间发生转化，可模拟接触面的摩擦行为。

(5)极限平衡法：与离散元法相比，这类方法多采用矢量分析方式，多忽略块体运动和块体系统内接触状态变化以后力学关系的改变，即不考虑应力重分布。通常情况下块体被认为是刚体，块体理论、矢量稳定分析都属于这类方法。

图 6.3-1 汇总了上述 5 种不同非连续方法的基本功能，图 6.3-1(a)单元格表示给定方法的某项功能，空白表示无此功能或不存在这种情形，小实心圆圈表示该项功能较差，大实心圆圈则表示能量良好。图 6.3-1(b)列出了所考察的力学功能，包括对接触面可否变形、块体为刚体或可变形体等 10 个项目的正反两个方面，对应于图 6.3-1(a)中 a、b 两行，比如离散元中从不把接触面处理成刚性面，不是单方面地考察力的平衡关系，总是同时考察力的平衡和力与位移的关系，对应的两项单元为空白。

与离散元法相比，工程界广泛应用和人们所熟知的极限平衡法存在很多缺陷，具体包括：

①极限平衡法仅考虑力的平衡，不考虑力和位移的关系，因此不考虑介质本身的变形，计算中也不需要介质变形指标，如弹性模量和泊松比等；

②因为没有应力、应变计算，极限平衡分析忽略了岩体本构特征及其决定的岩体力学行为，比如应力重分布及其导致的变形和屈服破坏等；

③不考虑计算过程中结构面的张开等破坏行为，因此也不考虑破坏产生以后对其他块体的影响。

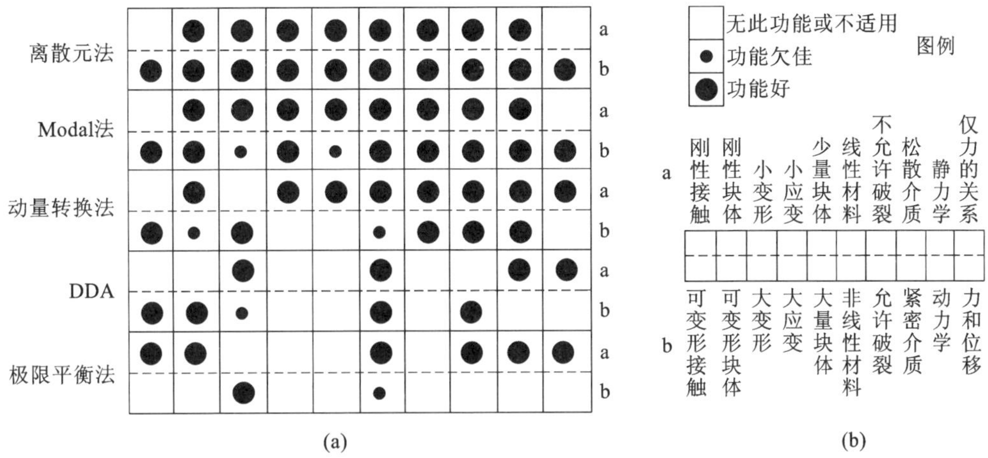

图 6.3-1 不同非连续方法功能比较(据 Cundall 和 Roger 1992 年成果)

6.3.1.2 三维离散元(3DEC)程序

离散元概念最早由 Peter Cundall 在 1971 年提出,它是一种非连续力学方法。与连续力学方法相比,离散元法同时描述连续体的连续力学行为和接触的非连续力学行为,以岩体为例,它是把岩体处理成岩块(连续体)和结构面(接触)两个基本对象,其中接触(结构面)是连续体(岩块)的边界,在对每个连续体力学求解过程中可处理成独立对象,即离散的概念,而连续体之间的力学关系通过边界(接触)的非力学行为实现。离散元法的主要创新在于采用合理的方式描述由接触和连续体构成的系统。

三维离散元程序中块体为任意多边形封闭组成的凸形块体,与二维离散元程序 UDEC 类似,具有凹边的块体由与之接触的凸边实现。三维离散元程序 3DEC 中块体之间的接触方式更多,包括面-面、面-边、面-点、边-边、边-点和点-点等 6 种方式,接触方式的多样化使得计算过程中的判断更加耗费时间,接触的力学关系即块体边界荷载作用方式也更复杂,如果计算过程中按传统的思路逐个块体进行搜索,则消耗的时间肯定也难以接受,要求程序设计中采用更有效的搜索方式。Peter Cundall 也因此为 3DEC 专门设计了一些行之有效的接触关系搜索和判断方法,比如为模型设置数学网格进行分区搜索,在接触的块体之间设置一个中间面,根据两个相互接触的块体落在中间面上的角点数目来判断接触关系,极大程度地节省了计算时间。

在离散元法被开创以后,现实中的主要问题是如何把离散元法的基本原理转化成有效的计算机程序,即对离散元的异议和疑虑主要是来自程序和开发程度过程中的方法,而并非离散元理论。自 1971 年 Peter Cundall 开创了离散元法后,在他的职业生涯中一直从事离散元法的研究,并且作为 Itasca 的首席软件工程师,主导开发并且陆续推出了成熟化的离散元商业软件 UDEC/3DEC、PFC2D/PFC3D。因此,就目前世界上的离散元程序产品质量和功能而言,无疑以 UDEC(1981)和 3DEC(1985)占据领先地位,处于世界前沿水平,其中的 3DEC 也是目前世界上唯一在工程界应用的商业化三维离散元软件产品。

6.3.1.3 3DEC 的块体计算方法

针对复杂块体问题的研究目标,一般应该揭示块体的潜在失稳模式、判断块体的安全裕度、实现块体破坏全过程的描述。在目前可供选择的数值方法体系中,由于针对岩体工程问题开发的 3DEC 已经成为世界范围内解决复杂岩体工程问题强有力的工具,在科学研究和生产实践环节中发挥越来越重要的作用,自然应该可以用于解决复杂的块体问题,成为解决此类问题的首选。

实际的岩石工程中单个块体发生破坏前到底可以发生多大的绝对位移值是不可能准确回答的问题,它与块体的尺寸有关,因此现实中块体破坏前的位移量可以在毫米量级到数米量级的范围变化。在自然界的一些潜在灾害地质体,如潜在滑坡体和潜在崩塌块体,一般都可以很普遍地观测到数百毫米量级的张开缝或更大的滑动变形,反映了岩体承受变形的能力。

而通过数值分析获得岩体安全系数直接法一般是通过不断降低岩体强度或增加岩体的自重(或者其他荷载)使岩体达到临界状态,得到安全系数,这两种方法分别称为强度折减法和容重增加法。采用这类方法无须事先假定滑动面的形状和位置,通过不断降低岩体的强度或增加岩体的自重,破坏将很“自然地”发生在边坡抗剪强度不能抵抗剪应力的位置,从而得到最危险滑动面及相应的安全系数。Duncan(1996)定义边坡安全系数可以为使边坡刚好达到临界破坏状态时,对岩土的剪切强度进行折减的程度。目前,强度折减法应用相对广泛,其表达式为

$$c' = c/K$$

$$\varphi' = \arctan(\tan\varphi/K)$$

与一般数值方法采用得出安全系数的方法一致,离散元法也可以对强度折减或者增加荷载来得出安全系数。不仅如此,由于离散元法视岩体为二元结构,因此可以分别对岩体和结构面的强度参数进行折减,以更加复杂的形式逼近工程实际问题,特别地,3DEC 在计算过程中可以自动识别接触,它包括离散块体之间接触关系的变化及其带来的力学关系的差别。比如当一个块体脱离某个块体与另一个块体发生接触时,程序能正确描述这一过程中该块体受力条件的变化。

既然离散元法在强度折减中能够实现对岩体变形破坏全过程的描述,其对失稳安全系数的获取方法显然与一般有限元方法有所差异。有限元一般以计算不收敛或者塑性区贯通为判据,针对复杂问题的安全系数值比较模糊,对于复杂岩体结构更是难以判断,而离散元中块体计算获得的位移变化趋势特征与传统上的连续力学计算结果可以显著不同,一个块体沿结构面发生破坏时,其外力的总和不等于零。以滑动破坏为例,滑动力大于阻滑力,根据牛顿第二定律可知,块体就会存在一个运动的加速度和运动速度。如果某个块体的速度和加速度不趋近于零,运算中的位移就不会趋于平稳,增加计算时间步骤后,运动位移量就会持续增大,如图 6.3-2 所示的 3DEC 计算得出的块体破坏过程。显然,这一特征可以非常直观地判断块体的稳定性,对于复杂块体研究具有独到的优势。

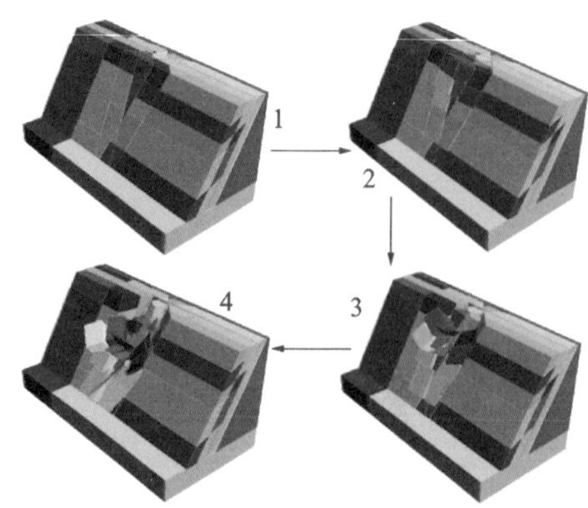

图 6.3-2 3DEC **块体稳定计算示例**

6.3.2 三维数值建模

6.3.2.1 计算模型

本次研究考虑了主厂房内规模较大的断层以及工程意义比较重要的断层，包括 F_{20}、F_{24}、F_{10}、F_{84}、f_{32}、f_{143}、f_{100}、f_{285}等。主厂房洞室内的块体是考虑了规模较大、典型且工程意义重要的 18[#] 块体和 19[#] 块体，这两个块体的体积都超过了 3 万 m^3，其稳定性是工程上非常关注的问题。两个块体的立体如图 6.3-3 所示，这两个块体的信息见表 6.3-1、表 6.3-2。

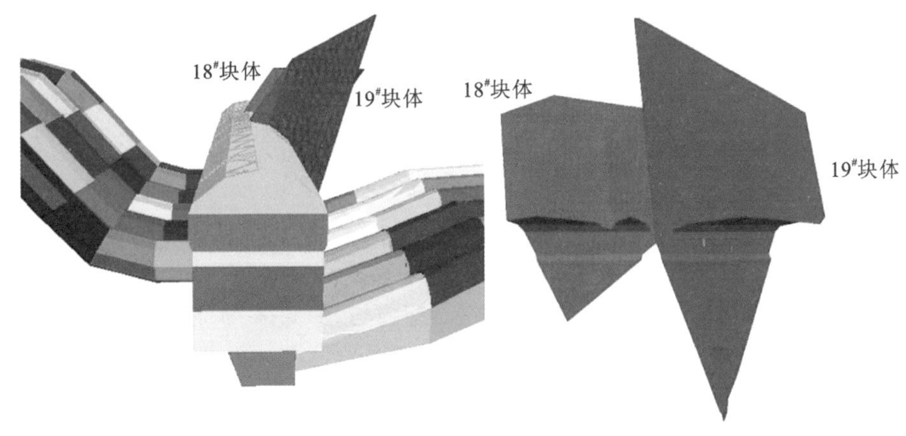

图 6.3-3 块体几何特征及其在厂房围岩中的出露关系

表 6.3-1 18[#] 块体的边界条件

<table>
<tr><th rowspan="2">块体</th><th colspan="3">边 界 条 件</th><th rowspan="2">几何信息</th><th rowspan="2">块体类型</th><th rowspan="2">定性判断</th></tr>
<tr><th>结构面</th><th>产状</th><th>地质描述</th></tr>
<tr><td rowspan="5">18#</td><td>F_{20}</td><td>245°∠70°</td><td>断面平粗</td><td rowspan="5">体积：34617m³
质量：92773t
长：42m
宽：34m
深：20m
面积：361m²</td><td rowspan="5">定位不完全切割（滑落型）</td><td rowspan="5">18# 块体的稳定性系数 K = 1.314，顶部假设的缓裂面的面积为 660m²。块体易力矩失稳发生转动</td></tr>
<tr><td>f_{143}</td><td>345°∠65°</td><td>断面不规则，风化加剧，构造岩为碎裂-碎斑岩，挤压呈片状</td></tr>
<tr><td>F_{84}</td><td>330°∠62°</td><td>断面不规则，风化加剧，构造岩为碎裂-碎斑岩，挤压呈片状</td></tr>
<tr><td>f_{32}</td><td>250°∠69°</td><td>断面平粗，断层带由 1～3 条面构成</td></tr>
<tr><td colspan="3">顶拱以上 20m 假设有缓倾角结构面切割</td></tr>
</table>

表 6.3-1 和表 6.3-2 中块体的稳定性系数是采用刚体极限平衡法计算得出的，未考虑围岩内的应力分布情况。对块体变形破坏类型的判断，也只是一种定性的粗略估计。

表 6.3-2　$19^{\#}$ 块体的边界条件

块体	边界条件			几何信息	块体类型	定性判断
	结构面	产状	地质描述			
$19^{\#}$	f_{32}	250°∠69°	断面平粗，断层带由 1～3 条面构成	体积：$35680m^3$ 质量：95622t 长：48m 宽：41m 深：100m 面积：$420m^2$	完全切割（滑落型）	$19^{\#}$ 块体的稳定性系数 $K=1.711$。块体侧易力矩失稳发生转动
	f_{100}	354°∠84°	断面不规则，风化加剧，构造岩为碎裂-碎斑岩，挤压呈片状			
	F_{24}	255°∠70°	断面平粗			
	f_{143}	345°∠65°	断面不规则，风化加剧，构造岩为碎裂-碎斑岩，挤压呈片状			

3DEC 能够综合考虑初始应力条件、开挖二次应力场、加固措施、块体失稳模式、块体应力重分布等环节合理评价块体稳定性，对保障块体稳定性满足设计要求具有确切意义。除此之外，详细探讨不同工况下块体结构面中的正应力，有助于深入对比并探讨采用不同计算方法得出的安全系数的实际意义，评价计算方法的适宜性。3DEC 计算模型见图 6.3-4、图 6.3-5。

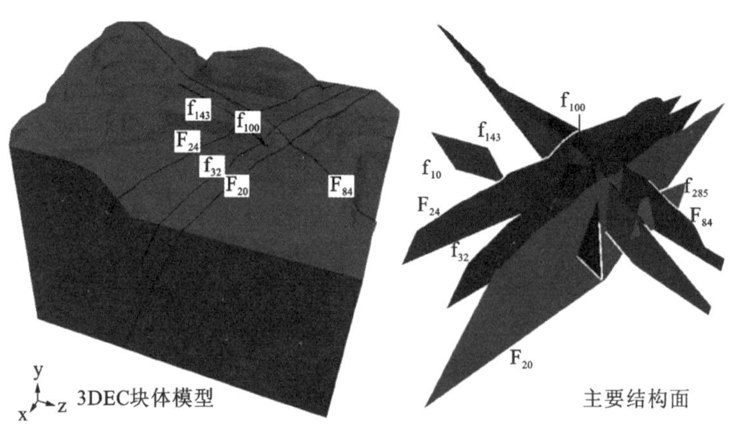

图 6.3-4　整体模型与主要结构面

6.3.2.2　计算参数取值

本次计算岩体采用的是 Mohr-Coulomb 准则弹塑性本构方程，块体的控制性结构面和虚拟的（$18^{\#}$ 块体顶部）结构面采用 Coulomb-slip 模型，参数见表 6.3-3 和表 6.3-4。

$$\left.\begin{aligned} f^s &= \alpha I_1 + \sqrt{J_2} - k = 0 \\ f^s &= \sigma - \sigma^t = 0 \end{aligned}\right\} \tag{6.3-1}$$

其中

$$\alpha = \frac{2\sin\varphi}{\sqrt{3}(3-\sin\varphi)} \tag{6.3-2}$$

$$k = \frac{6c\cos\varphi}{\sqrt{3}(3-\sin\varphi)} \tag{6.3-3}$$

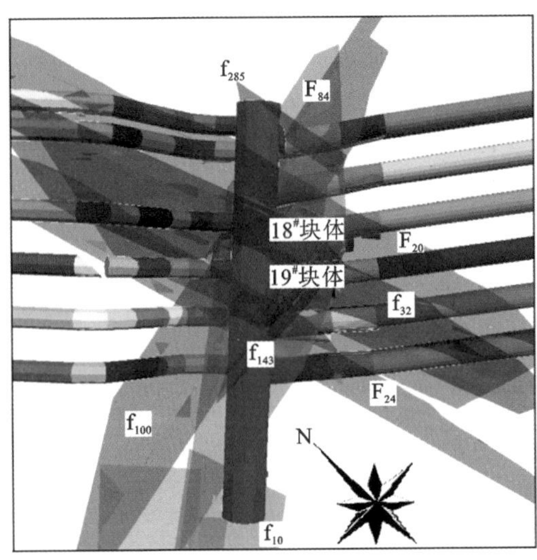

图 6.3-5 主要结构面切割关系及块体部位

$$\left.\begin{aligned} f^s &= \sigma_1 - N_\phi \sigma_3 + 2C\sqrt{N_\phi} \\ f^t &= \sigma - \sigma^t = 0 \end{aligned}\right\} \tag{6.3-4}$$

其中

$$N_\phi = \frac{1+\sin\varphi}{1-\sin\varphi} \tag{6.3-5}$$

表 6.3-3 岩体的物理力学参数

岩体类型	变形模量(GPa)	泊松比	容重(kN/m)	黏聚力(MPa)	内摩擦角(°)	抗拉强度(MPa)
花岗岩	30	0.2	27.5	2.0	58.5	3.5

表 6.3-4 结构面的变形和强度参数

结构面编号	法向刚度(MPa/m)	切向刚度(MPa/m)	黏聚力(MPa)	内摩擦角(°)
F_{24}	20	8	0.15	31
f_{32}	33.33	13.43	0.15	31
F_{84}	1	0.384	0.09	26.6
f_{143}	1.25	0.48	0.09	26.6
f_{100}	5	1.92	0.09	26.6
f_{285}	50	20	0.15	31
f_{10}	16.67	6.67	0.03	17.74
F_{20}	7.69	3.1	0.15	31
18# 顶部虚拟面	100	40	0.15	31

6.3.2.3 加固措施模拟

地下厂房的加固采用了预备应力锚索、系统锚杆、喷钢纤维混凝土结合的形式，由于本次研究以探讨大型块体的稳定性为目标，显然由于尺寸效应因素，预备应力锚索是需要重点模拟的加固措施。

图 6.3-6 所示为块体部位锚索模拟，预应力设计值均为 2500kN 级。锚索长度按设计及实际施工分为 20m、25m、30m 三个等级，基本上为端头锚固，锚固段长度为 8m，部分采用全黏结锚索；锚墩混凝土强度设计标准为 C35，砂浆设计强度等级为 M35。模型中锚索基本按照施工实际情况进行施加。边墙在岩锚梁部位增设两排 30m 长的端头锚索，在引（尾）水洞与主厂房交接处各采用一排对穿锚索，锚索沿轴向布置间距为 6m。

图 6.3-6 锚固结构单元的直接模拟

6.3.2.4 开挖过程模拟

模拟过程中考虑为重力场条件和应力场条件，以此按照实际工程的 10 个开挖步骤实行开挖，考察围岩变形特征并且与监测点的位移进行比较，同时复核锚索的受力特征，共同校核初始应力条件的合理性。

由于块体的稳定特征受开挖和应力状态影响，若块体不会在开挖过程中产生失稳，其稳定性以开挖后的应力状况为初始条件进行计算。分别在以重力场和综合应力场的开挖变形计算结果来进一步进行强度折减，获取大型块体的稳定性系数。

6.3.3 计算结果及分析

6.3.3.1 自重应力场条件下的开挖变形特征

(1)地下厂房整体开挖变形分布特征

图 6.3-7 所示为地下厂房开挖过程中的变形特征。由于初始应力考虑为自重场，侧压力系数约 0.35，因此，顶拱变形量级较边墙部位整体偏大。顶拱范围位移在 3～5mm，而边墙除受结构面影响部位外，基本在 3mm 以内。

由图 6.3-7 可见，岩体的非连续变形特征得到了直观的揭示，但由于数值模拟主要在块体部位的顶拱和下游边墙考虑了锚索单元，并未模拟系统锚杆对浅层岩体变形的制约，因此使得结构面的出露部位局部变形得过于显著。

图 6.3-8 所示为自重条件下研究块体的变形特征，可见块体与母岩整体呈协调变形特征，但在块体的剪出口或者尖部都有明显的大变形特征，最大位移量级达 10mm，这属于局部的非

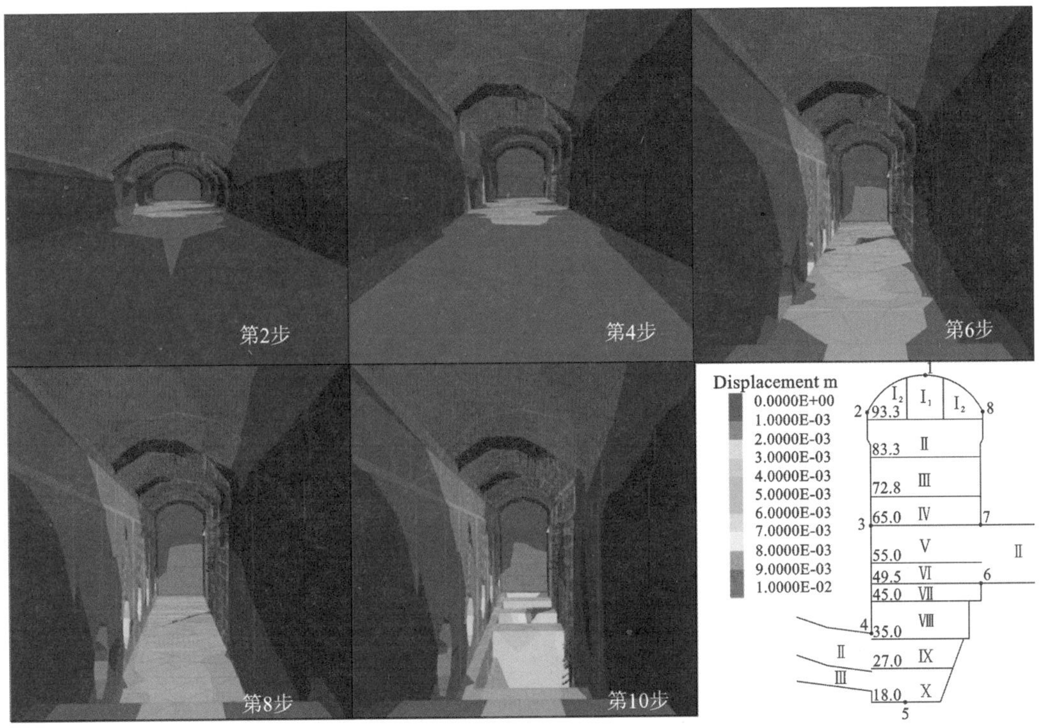

图 6.3-7 自重条件下的开挖变形特征

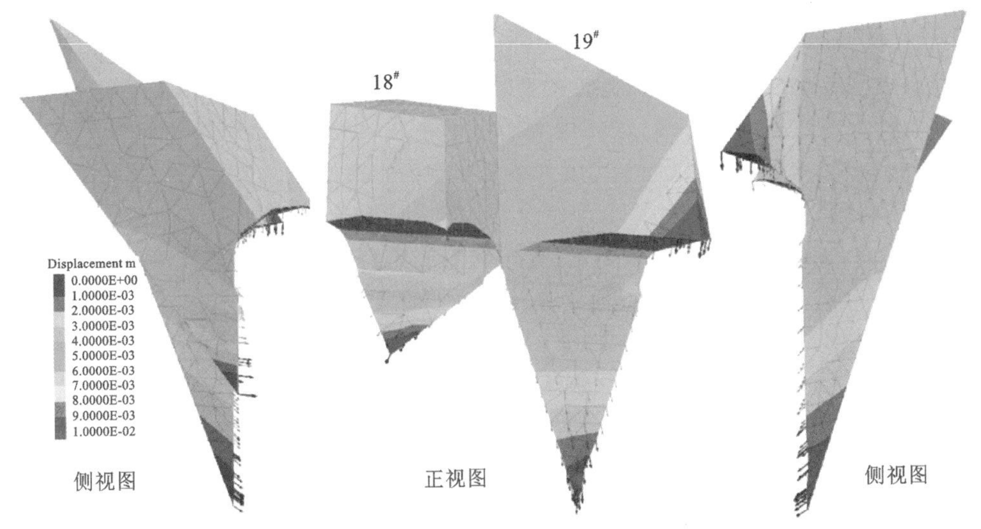

图 6.3-8 自重条件下的块体开挖变形特征

连续变形。

综合来讲,块体的变形差异较大,且主要表现为开挖变形特征,而不存在统一的下滑变形趋势,因此,可以初步估计以自重场为假定初始条件并且考虑块体在预应力锚固条件下具备较大的安全系数。

(2)块体的变形量级

地下厂房设置了多个位移监测的断面,取得的测量值见表 6.3-5。

表 6.3-5　变形监测成果

单位:mm

部位	高程(m)	1 号机	2 号机	3 号机	4 号机	5 号机	6 号机
上游拱端	98～102	−0.26	1.92	0.21	−0.78	7.42	5.92
上游边墙	86	3.57			6.53		
	76.74	−11.92			15.62		
拱顶	107～108	−0.46			0.35		1.93
下游拱端	100～103	−0.43	2.63	5.1	1.21	0.59	1.79
下游边墙	85～87	14.25	9.59	16.52	13.94	10.62	
	62～63	11.75			25.88		

监测资料表明:围岩变形受开挖影响,但开挖结束后变形基本稳定。此外,不同部位岩体还存在一定的变形差异,具体表现在:

①拱顶围岩变形在−0.46～1.93mm 之间。

②上游拱端变形在−0.78～7.42mm 之间,5 号、6 号机上游拱端产生变形较大,分别为 7.42mm 和 5.92mm,其余机组均在±2.0mm 以内。

③下游拱端产生变形在−0.43～5.10mm 之间,且多为拉伸变形。

④ 4 号机上游边墙高 86.0m 和 76.74m 的水平变形分别为 6.53mm 和 15.62mm,变形是由开挖引起的,变形随开挖深度增加而增大。

⑤下游边墙高程 85.0～87.0m 附近的变形较大,为 9.59～16.52mm,变形也是随开挖深度的增加而增大。高程 62.0～63.0m 边墙的变形也较大,1 号、4 号机分别为 11.75mm 和 25.88mm,变形较大的原因是靠近下部第六层开挖层面和断层层面上。

⑥厂房拱顶存在不稳定块体,6 套多点位移计的变形较小,在−1.21～1.56mm 之间。

实际工程中的位移监测仪器大多在开挖进行到一定程度才安装,岩体变形对开挖的响应是非常突出的,因此实测资料中不可避免地"损失"了部分位移,而且一些监测仪器如多点位移计和钻孔测斜仪因量程、量测位移方向、量测距离等问题,很难真实地获得节理岩体的实际最大位移。也就是说,监测位移一般只可能小于实际位移,认识这一点对正确理解计算成果是必要的。再者,水电工程建设中一般都比较好地进行了岩体开挖以后的支护,而且这种支护一般对岩体都具备足够的加固力,特别是系统锚索对限制了浅层岩体不良位移的发展。若数值模拟中未能考虑所采取的加固措施,计算的变形量级应当整体大于监测值。

综合以上实际监测与数值模拟中的结果,计算位移理应大于实际监测值。由于实际的围岩稳定受结构面影响是非常不均一的,因此,严格探讨监测点与计算点的一一对应不具备实际意义。但图 6.3-9 所示的监测到的最大位移基本上位于顶拱部位,最大值为 3.4mm,与监测到的位移分布(监测到的最大位移一般在边墙)及量级存在较大的差异。引起计算位移分布和量级与实际监测值存在较大差异的主要原因在于初始应力条件的考虑,将在随后的章节进行对比分析。

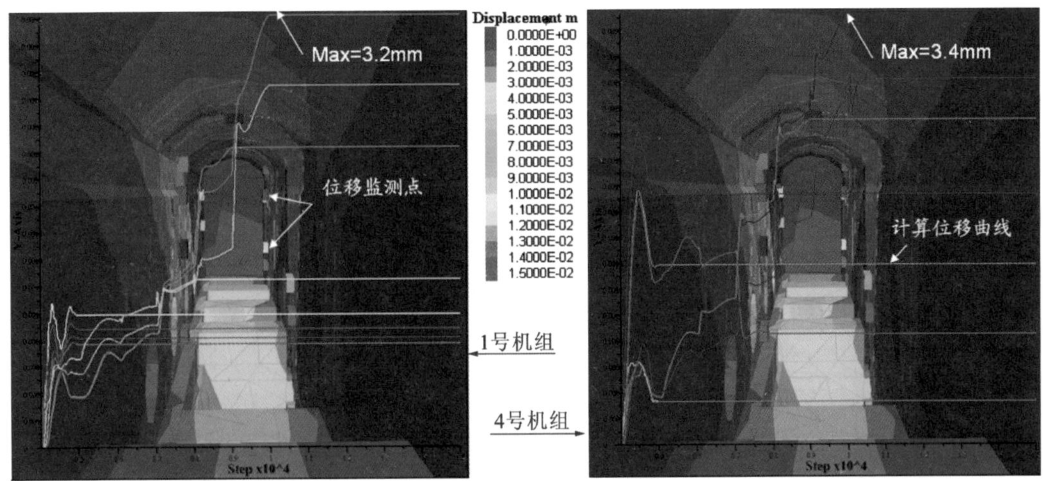

图 6.3-9　自重应力场条件下监测点位移量级特征

除了位移特征有悖于监测所得规律外，主厂房安装 30 台锚索测力计，实测预应力在 2118.3～2639.7kN 之间，总损失率在 4.2%～24.3%之间，平均总损失率为 11.61%，满足设计要求 15%。锚索预应力基本上在控制标准 2610kN 范围内。

但从计算结果(图 6.3-10)来看，锚索的变形也是顶拱部位大，锚索的预应力损失多在 0.2MPa内，与实际的锚索在边墙部位预应力损失较大且整体损失 11.61%左右不相符。

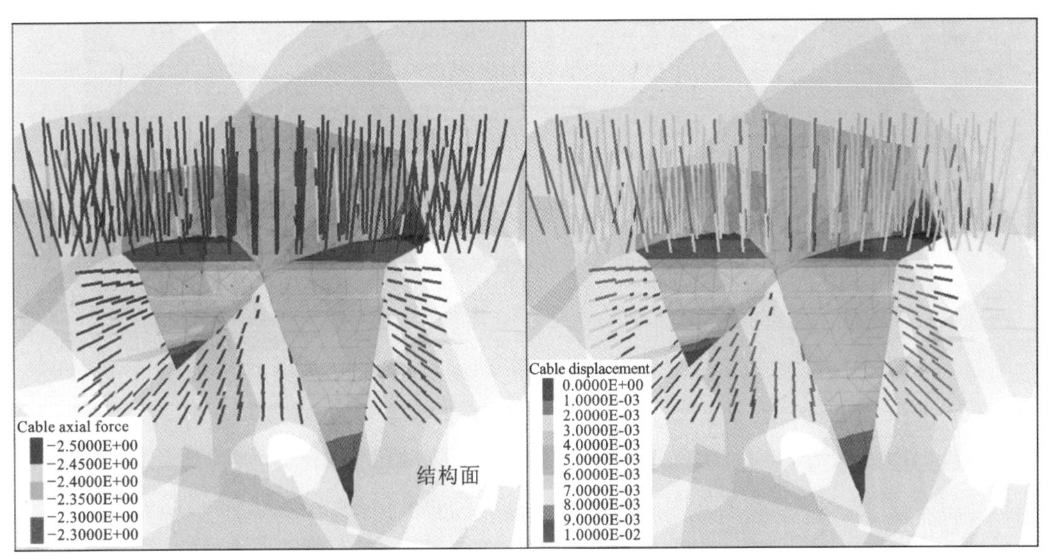

图 6.3-10　自重条件下的计算锚索应力分布

综合而言，自重应力条件下的开挖变形分布和锚索预应力损失等特征都与实际存在差异，需要对地应力条件进行研究。但是仅以自重场为基本条件的研究可以与常规的块体计算以及考虑地应力场条件的结果形成对比，有利于揭示块体失稳模式及安全裕度，因此，有必要继续以此开挖应力分布为初始条件来讨论块体的安全系数特征。

6.3.3.2　自重应力场条件下的块体稳定分析

(1)刚体的失稳模式

采用3DEC的强度折减法，逐渐降低结构面的强度参数直至块体失稳，可以得出块体的失稳模式和相应的安全系数。

如图6.3-11所示，在强度折减过程中，不平衡力逐渐增大，块体的位移也不断增大，直至折减系数大于1.5时块体处于临界状态，进一步折减即造成了块体的失稳下滑。由于3DEC能够在下滑后判断新的接触，因此当块体顶部接触到底部机窝后，可以形成新的接触关系，并使得块体能够重新自稳定下来，可见3DEC能够完全以完备的力学规则实现岩体破坏过程的仿真模拟计算。

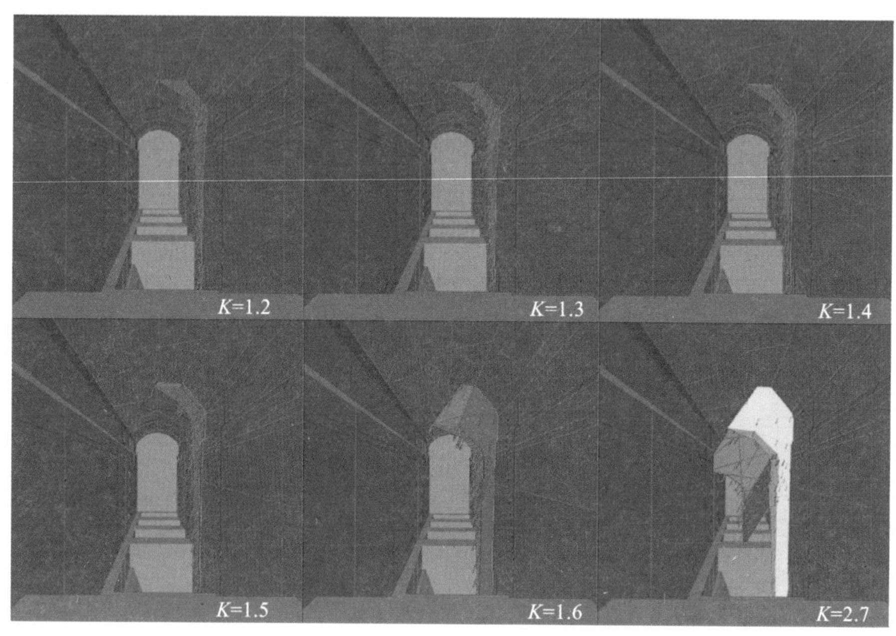

图6.3-11　自重条件下刚性块体的计算失稳模式

(2)刚体计算的安全系数

刚体模型的强度折减过程是影响因素最少、不平衡力和块体位移特征对应关系最为简单的情况。图6.3-12(a)所示的每一次的强度折减可能使得块体产生位移，在$K=1.55$时19#块体处于临界状态，进一步的强度折减造成了块体的最终失稳，而由于失稳块体能够产生新的接触后自稳，并且使得不平衡力降低，因此根据不平衡力和块体的位移特征即可判断块体的失稳，而这个过程对应的强度参数的相应折减系数即为离散元计算得出的安全系数。

图6.3-12所示获取的安全系数计算结果：19#块体在不加锚条件下的安全系数为1.55，而在加锚后的安全系数为2.23。18#块体在不加锚条件下的安全系数为2.53，在加锚条件下为3.2。18#块体安全系数大于19#块体的，而18#块体失稳下滑并且最终触底自稳需要更大的下滑距离，因此，监测到18#块体从失稳到最后自稳需要的空间距离(位移)也大于19#块体的。

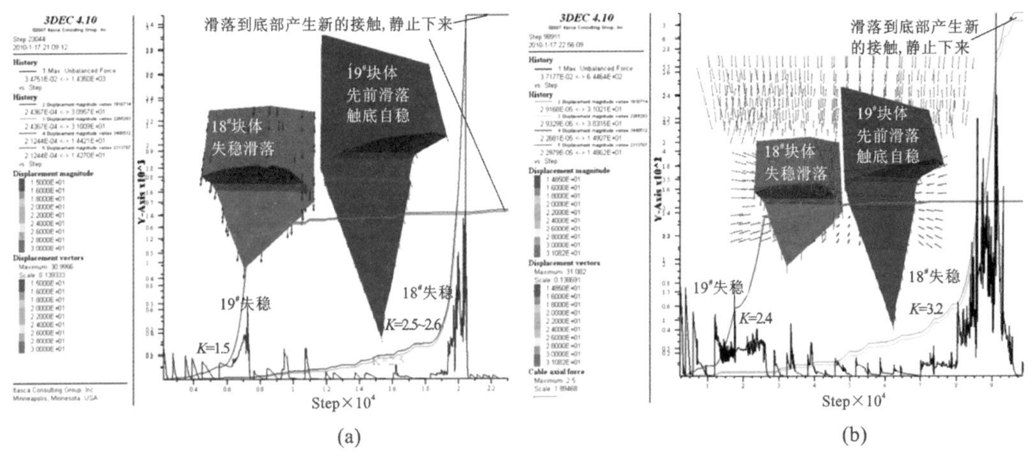

图 6.3-12　自重条件下刚性块体安全系数

(a)不加锚；(b)加锚

注：图中锯齿状线条为计算模型中的不平衡力，其他曲线为块体最高和最低高程点的位移量。

(3)变形体的失稳模式

图 6.3-11 和图 6.3-12 所示的块体失稳并且与机窝冲撞，块体的下部尖部并未产生变形，这显然是计算条件将块体视为刚体所致。将块体简化为刚体，事实上不能很好地反映块体在开挖过程中的变形特征和相应的二次应力分布，因此，也影响块体稳定计算的动态应力调整和实际的破坏模式与安全裕度。

图 6.3-11 和图 6.3-12 所示分别表示了开挖过程中围岩整体和块体的局部变形特征，以此变形条件为基础的强度折减，可以最终获得块体的破坏特征。毋庸置疑，变形体是更符合实际条件的计算方式。

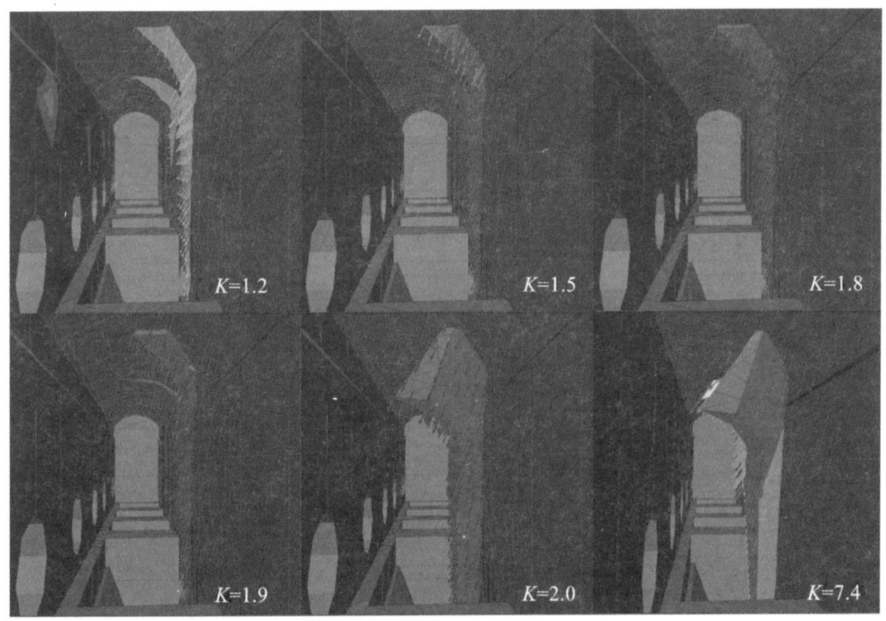

图 6.3-13　自重条件下变形块体的失稳模式

(4)变形体计算的安全系数

如图 6.3-14 所示,每进行一次强度折减后,19# 块体在不加锚条件下的安全系数为 1.91,而在加锚后的安全系数为 2.22。18# 块体在不加锚条件下的安全系数为 7.4,在加锚条件下为 10.2。18# 块体的安全系数显著大于 19# 块体,也远大于刚体计算得出 2 个块体安全系数的差异,这是由于 18# 块体位于顶拱区域,开挖过程中可以形成顶拱部位的应力集中,而变形体计算比简单的刚体计算更能够反映二次应力分布特征,因此安全系数大幅上升。

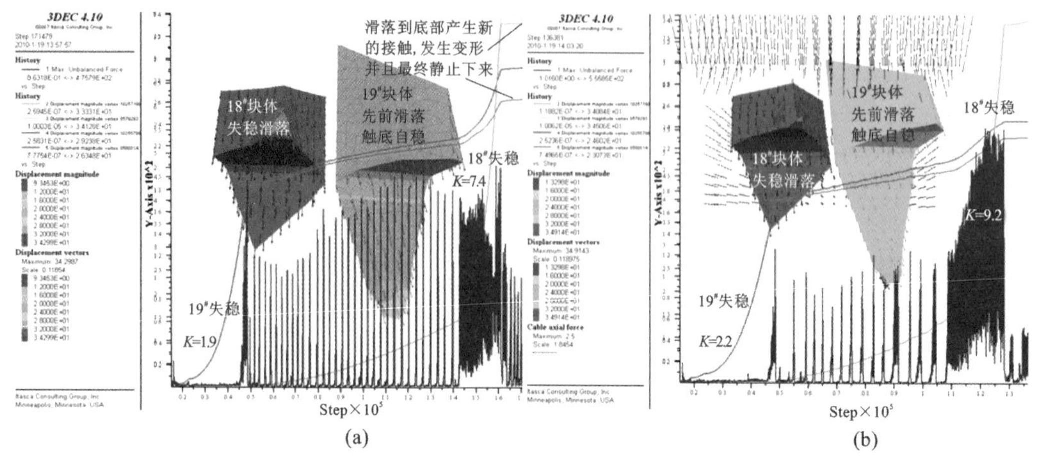

图 6.3-14 自重条件下不加锚(左)和加锚(右)的变形块体安全系数

(a)不加锚;(b)加锚

除了安全系数的差别外,变形体的强度折减过程不平衡力的变化相对较大,特别是在加锚情况下,块体要产生失稳,必须挣脱锚索单元对块体单元的约束作用,因此计算过程更为复杂,但结果更符合客观实际。

6.3.3.3 考虑地应力场条件下的开挖变形特征

由于自重条件下开挖变形分布规律、监测点的位移量级、锚索的应力损失幅度都与现实有较大差异,因此必须考虑地应力的作用。

在考虑地应力的影响后,可以预见由于侧压力系数的改变,结构面的应力条件将发生急剧变化,从而块体的安全裕度将可能发生质的变化,甚至导致块体稳定问题的消失,而以局部变形问题为主。相应地,这将成为影响工程决策的关键环节,也体现出现代数值分析所具有的实际工程价值。

(1)地应力的拟合

综合施工前进行的三次测量成果分析可知,地下电站区的地应力在水平方向受构造应力影响明显,在垂直方向呈现非线性分布,通过回归拟合发现最大、最小水平主应力场与深度呈现明显的二次多项式分布;垂直应力符合自重应力场分布理论。在厂房区最大水平主应力方向为 NW 向,倾角近乎水平。在厂房洞顶拱座所在高程的岩体中,最大水平主应力方向平均为 302°,与主厂房中心线成 78.5°夹角,最大与最小水平主应力差值为 3～5MPa;拱座至机窝段最大水平主应力为 11.2～12.25MPa,最小水平主应力为 7～9.05MPa。

为满足地下厂房围岩加固,特别是重要块体加固设计要求,科学地评价三峡地下厂房岩体中的应力水平及变化情况,关注施工开挖阶段中的岩体应力状态进行跟踪测量和分析,长江科学院以 3 号、4 号机组下游围岩为测量重点，布置 5 个钻孔进行地应力测量，见图 6.3-15 及表 6.3-6，其中具有代表性的有：

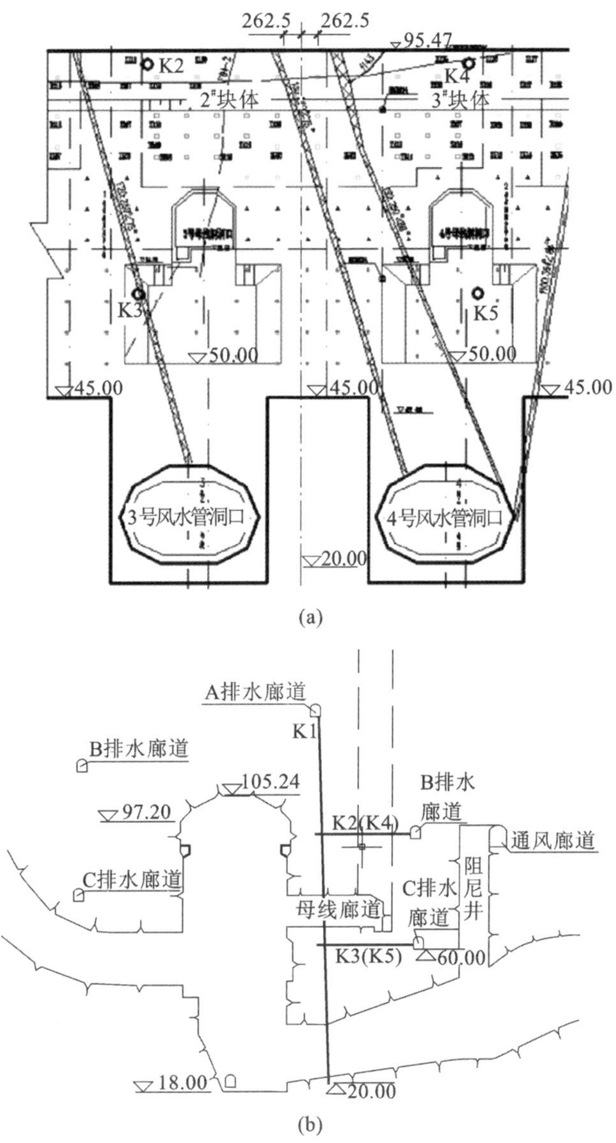

图 6.3-15 施工期补充地应力测孔的布置示意图

①下游边墙铅直孔 K1：为宏观了解厂房下游边墙岩体目前的应力状态以及 18# 或 19# 块体所处的正应力状态，拟利用主厂房下游高程 125m 和 93m 的排水洞，在 3 号和 4 号机组分缝部位附近布置一个 K1 铅直测孔，钻孔穿过 18# 或 19# 块体，孔深约为 110m，孔径均为 91mm。

②4 号机组段应力测量布置：针对厂房下游边墙 19# 块体稳定性分析与评价，利用主厂房下游高程 93m 和高程 60m 排水洞，在 4 号机组部位下游边墙布置 2 个与 3 号机组相同的水平测孔 K4、K5。测孔轴向垂直于厂房轴线，孔深 20～25m，孔径 91mm。

表 6.3-6　施工期地应力测值

测孔编号	测深(m)	最大水平主应力 SH(MPa)	最小水平主应力 Sh(MPa)	自重应力 Sz(MPa)	侧压系数 λ=SH/Sz	最大水平主应力方位角(°)
K1	27.4	4.27	3.87	2.36	1.81	N71°E
	35	4.05	3.15	2.57	1.58	N68°E
	49.5	5.4	4.6	2.96	1.82	N54°E
	52.9	5.93	4.43	3.05	1.95	N33°W
	62.6	6.13	5.73	3.31	1.85	N38°W
	75.2	5.75	4.65	3.65	1.58	N65°E
	79	5.79	5.19	3.75	1.54	N78°E
	102.4	8.22	6.22	4.38	1.88	
	105	7.85	6.15	4.46	1.76	N86°E

测孔编号	测深(m)	钻孔横截面最大主应力(MPa)	钻孔横截面最小主应力(MPa)	钻孔横截面最大主应力产状
K3	7.1	5.89	3.83	136°/226°/59°
	10.6	4.5	3.9	
K4	8.7	4.5	4	136°/226°/38°
	11.2	3.3	2.9	
K5	11.2	3.4	2.9	136°/226°/56°

综合来看，施工前期 2446 孔的地应力测试成果可拟合的应力比大致为 3.3∶2.4∶1.0，开挖后补充测量的应力比为 1.75∶1.45∶1.00，而自重条件下的初始应力比为 0.3∶0.3∶1.0。毫无疑问，初始应力条件的选择将极大地影响开挖变形分布特征，特别是结构面的应力特征，从而对块体安全系数评价造成直接影响。

(2)地应力场条件下的开挖变形特征

图 6.3-16 所示为地下厂房在地应力条件下的开挖变形特征，考虑初始应力为地应力场，最大主应力方向为近水平向，因此，计算得出边墙中部的位移量级最大，除了局部受结构面影响外，整体变形在 10mm，而顶拱多部位的变形都小于 2mm，与实际位移分布特征有良好的一致性。

特别是在地应力条件下，由于考虑水平应力量级的增大，边墙断层切割部位非连续变形特征也更为显著，但数值模拟主要以块体稳定为计算目标，未考虑全部的支护单元，因此，忽略系统锚杆对浅层岩体变形的制约作用，浅层结构面出露部位变形显著，这也恰好说明了当块体稳定问题不存在时，相应地会转化为局部变形问题，需要重点实施针对局部变形的锚固对策。

地应力场条件下，块体与母岩总体上协调变形，但在块体的剪出和尖部都有明显的大变形特征，最大位移量级达 20mm，见图 6.3-17。由于块体的变形差异较大，主要表现为开挖变形特征，不存在统一的下滑变形特征，可以初步估计：以地应力为假定初始条件并且考虑块体在预应力锚固条件下具备比重力场更大的安全系数。

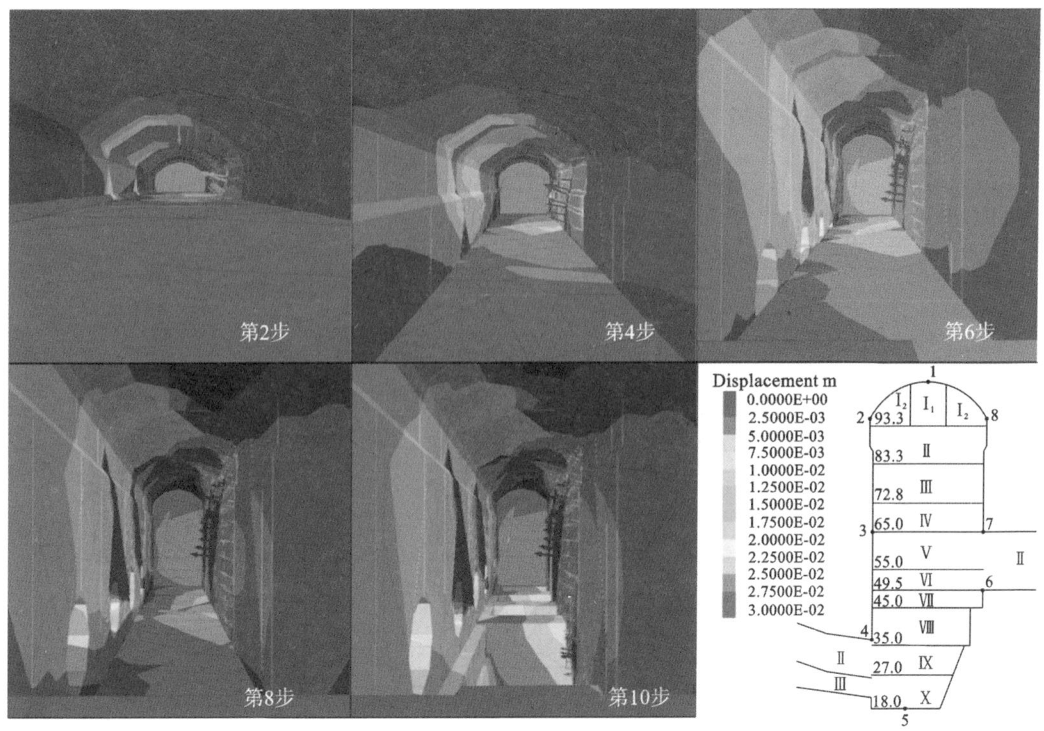

图 6.3-16 地应力条件下围岩的开挖变形特征

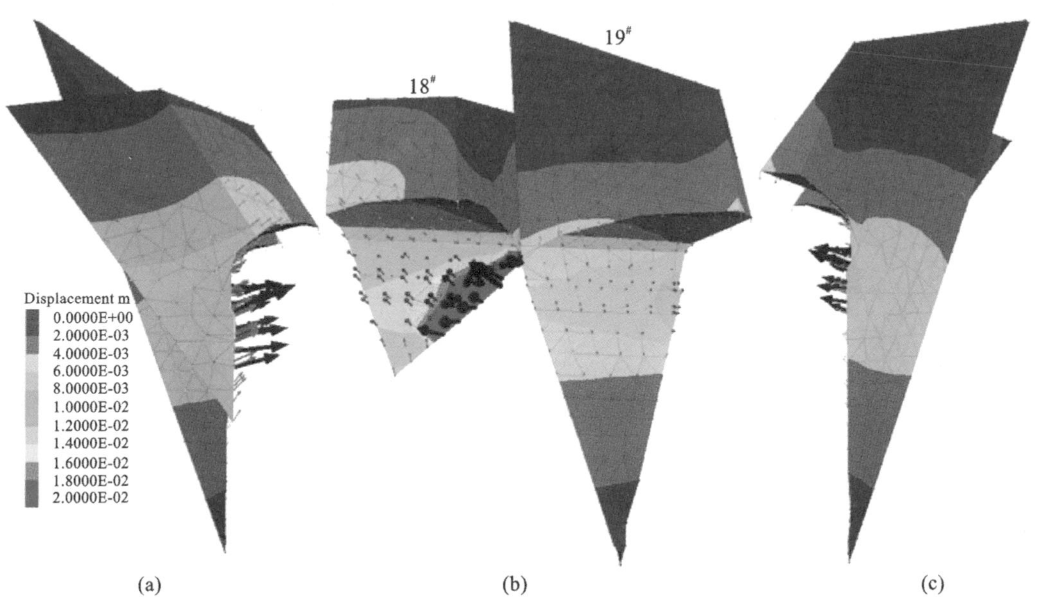

图 6.3-17 地应力条件下块体的变形分布特征

(a)侧视图;(b)正视图;(c)俯视图

(3)块体的变形量级

同样地,针对 1 号、4 号机组剖面,设置相应的位移监测点,获得围岩在考虑地应力场条件下的分步开挖与加锚后的位移特征，由图 6.3-18 可见边墙监测得到的最大位移量级在 12.7mm，与下游监测量级接近。

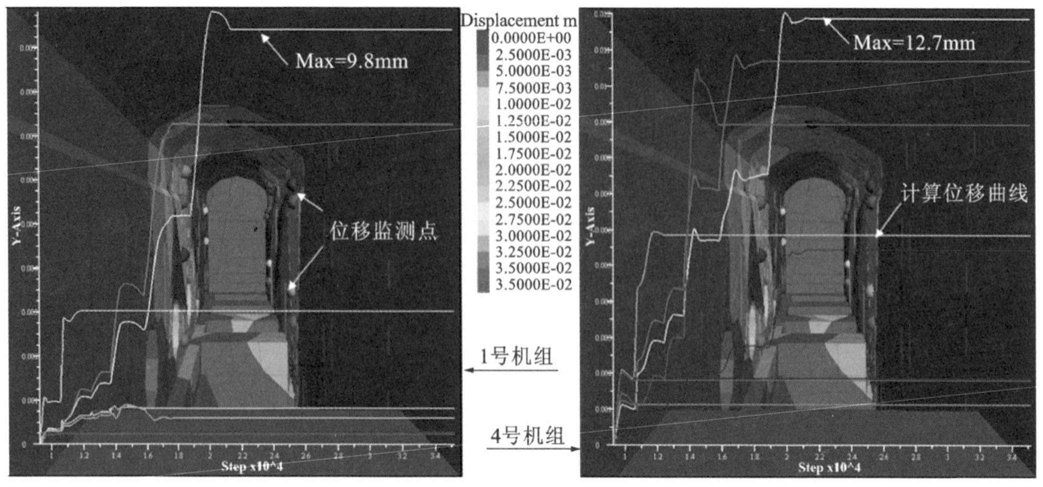

图 6.3-18　地应力条件下的监测点计算位移特征

除位移特征与监测结果有良好的一致性外，图 6.3-19 所示计算的锚索应力一般在 2100～2500kN 之间，与实测预应力在 2118.3～2639.7kN 之间而总损失率在 4.2%～24.3%接近，说明了加固模拟的合理性。

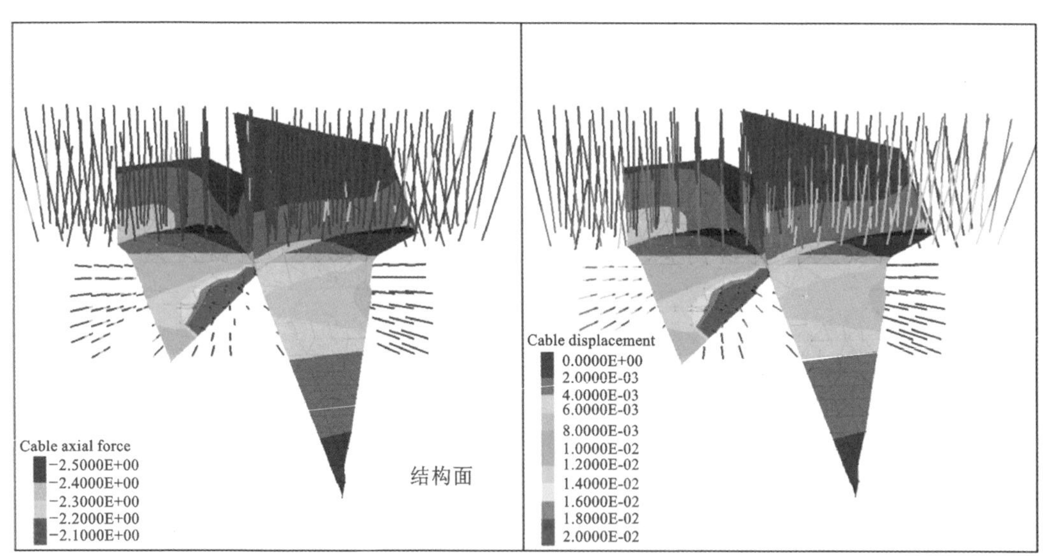

图 6.3-19　地应力条件下的计算锚索应力分布

6.3.3.4　考虑地应力场条件下的块体稳定分析

(1)刚体计算的失稳模式

考虑地应力条件下的刚体计算所得的块体失稳模式如图 6.3-20 所示，由于水平向地应力分量的成倍增大，块体的稳定系数整体增大，并且块体在失稳后保持较大的水平速度，从而在水平位移上也较自重时的大。

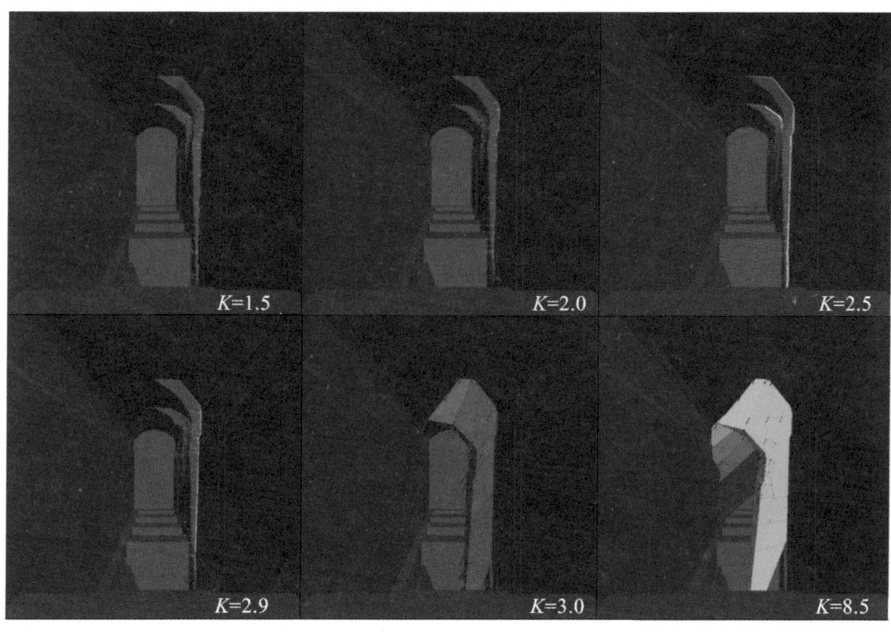

图 6.3-20　地应力条件下的刚性块体失稳模式

(2)刚体计算的安全系数

图 6.3-21 所示是考虑地应力条件下刚体的计算成果,19# 块体在不加锚条件下的安全系数为 2.97,而在加锚后的安全系数为 3.57。18# 块体在不加锚条件下的安全系数为 8.5,在加锚条件下为 12.5。18# 块体位移顶拱应力集中区域不像 19# 块体位于边墙卸荷区域,因此,在考虑地应力条件后,18# 块体的安全系数成倍增大,不存在块体稳定问题。

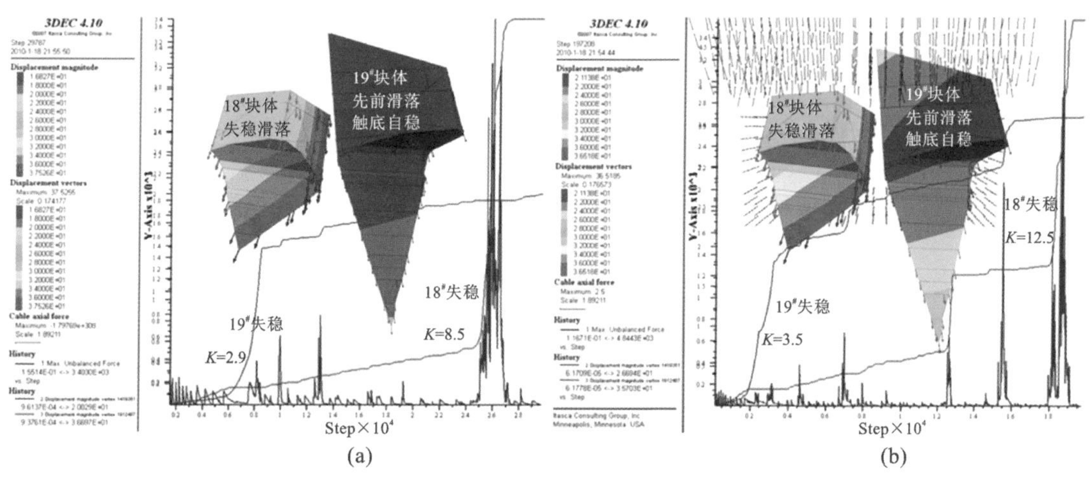

图 6.3-21　地应力条件下的刚性块体安全系数

(a)加锚;(b)不加锚

(3)变形体计算的失稳模式

图 6.3-20 和图 6.3-21 所示反映出了水平地应力增大造成的安全系数的整体增高,同时也反映了块体的整体失稳模式,如由于水平向最大主应力方向与块体的下滑方向有一定夹角,也造成

了块体失稳过程中的偏转。但是由于简化假设成刚体，块体的下部尖部并未产生变形，这从侧面说明了刚体模型不能良好反映块体在开挖过程中的变形特征和相应的二次应力分布。

图 6.3-20 和图 6.3-21 所示分别表示了开挖过程中围岩整体和块体的局部变形特征，以此变形条件为基础的强度折减，可以最终获得块体的破坏特征，如图 6.3-22 所示，除了在参数降低一个数量级后局部的单元出现奇异外，计算得出的失稳模式与刚体的接近。

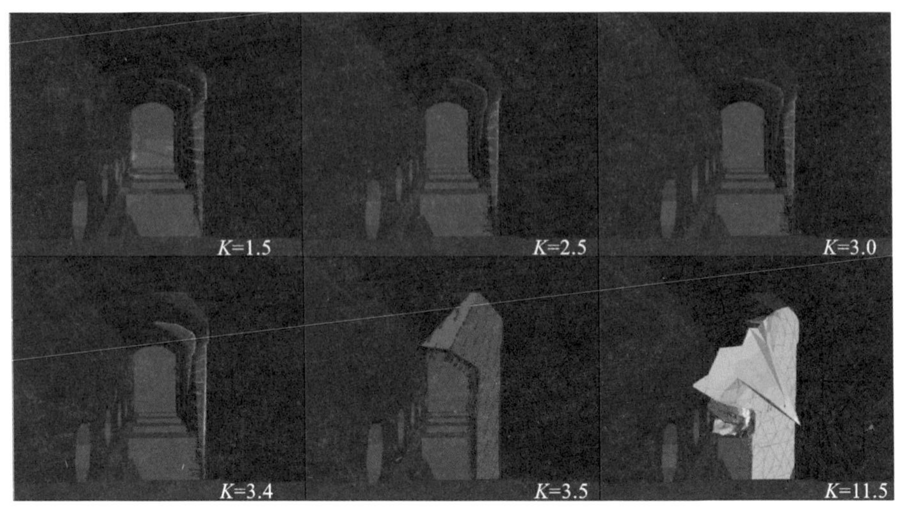

图 6.3-22　地应力条件下变形块体失稳模式

(4)变形体计算的安全系数

图 6.3-23 所示表明每进行一次强度折减后，特别是在加锚情况下，块体要产生失稳，必须挣脱锚索单元对块体单元的约束作用，因此计算过程更为复杂，但结果更符合客观实际。计算结果表明：19# 块体在不加锚条件下的安全系数为 3.46，而在加锚后的安全系数为 4.79。18# 块体在不加锚条件下的安全系数为 11.6，在加锚条件下为 16.4。18# 块体的安全系数显著大于 19# 块体，也远大于刚体计算得出的 2 个块体安全系数的差异，这是由于 18# 块体位于顶拱区域，开挖过程中可以形成顶拱部位的应力集中，而变形体计算比简单的刚体计算更能够反映二次应力分布特征，因此安全系数大幅上升。

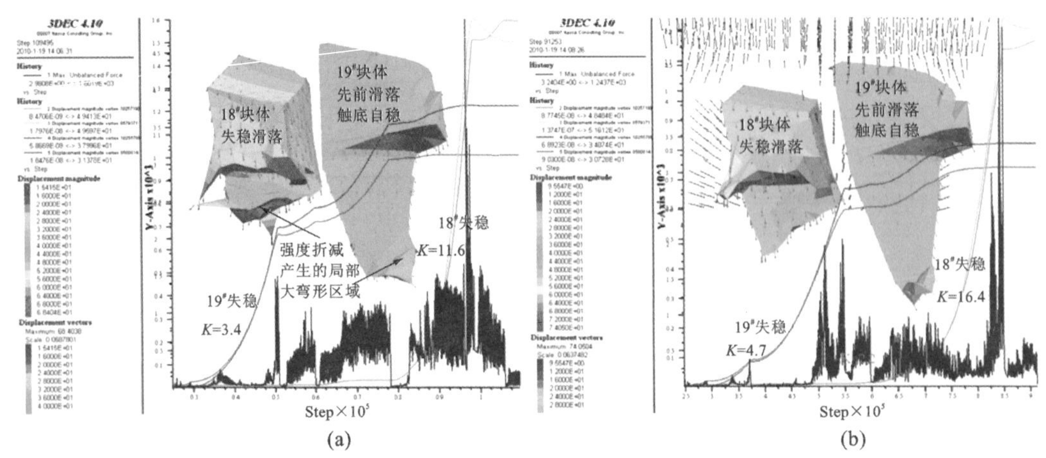

图 6.3-23　地应力条件下的变形块体计算安全系数

6.3.3.5　不同工况计算结果的综合比较

(1)3DEC 计算的安全系数

综合不同的计算条件的安全系数如表 6.3-7 所示。

表 6.3-7　块体安全系数计算汇总

计算块体		自重场条件(折减 C、f 值)	地应力场条件(折减 C、f 值)	刚体极限平衡法(不加锚)
18#	刚体	2.53	8.50	1.314
	刚体加锚	3.20	12.5	
	变形体	7.40	11.6	
	变形体加锚	10.2	16.4	
19#	刚体	1.55	2.97	1.711
	刚体加锚	2.23	3.57	
	变形体	1.91	3.46	
	变形体加锚	2.22	4.79	

对比不同计算方法和不同工况的计算结果可得出如下规律：

①18# 块体刚体自重应力场条件的稳定性系数为 2.53，远大于刚体极限平衡法的稳定性系数 1.314；19# 块体刚体自重应力场条件的稳定性系数为 1.55，与刚体极限平衡法的稳定性系数 1.711 比较接近。这是由于 18# 块体位于顶拱应力集中区，开挖形成的二次应力场对该块体的稳定起到了非常有利的作用。

②变形体计算得出的安全系数一般大于刚体的，这是由于变形体划分出单元，能够进行良好的二次应力分布，不存在一个大面失稳(即整体失稳)的可能。

③考虑地应力条件的情况下，侧压力系数成倍增大，下滑力基本保持不变，因此，安全系数大幅提升。这说明了地应力的作用有利于块体稳定的定性判断，也是实际的机理所在。

④顶拱部位的 18# 块体位于洞室开挖后的顶拱应力集中区，二次应力调整后，结构面方向的应力值增大，而切向应力降低，即有利于块体稳定。因此，18# 块体的安全系数大于边墙部位 19# 块体的。

因此，在考虑地应力条件的情况下，18# 和 19# 两个块体均不需要采取任何加固措施就能满足安全要求。

(2)结构面的应力及变形特征

表 6.3-7 所示只是给出了计算所得安全系数的一般规律，实际上可以从控制性结构面的法向应力和剪切应力比条件来判断不同条件下的稳定特征。

图 6.3-24 所示为自重条件下初始平衡状态的结构面应力分布，该图说明结构面上的法向应力大部分在 0.75MPa 内，而切向应力多在 0.5MPa 内。在洞室开挖以后，图 6.3-25 所示为自重条件下开挖变形后的结构面二次应力分布，结构面的切向应力没有明显增加，甚至在边墙应力区有所降低，但结构面的法向应力却明显增大，特别是处于顶拱区域的 18# 块体的控制性结构面，其法向应力从 0.75 增大至 1.5MPa，这也是开挖后 18# 块体安全系数较大的根本原因。

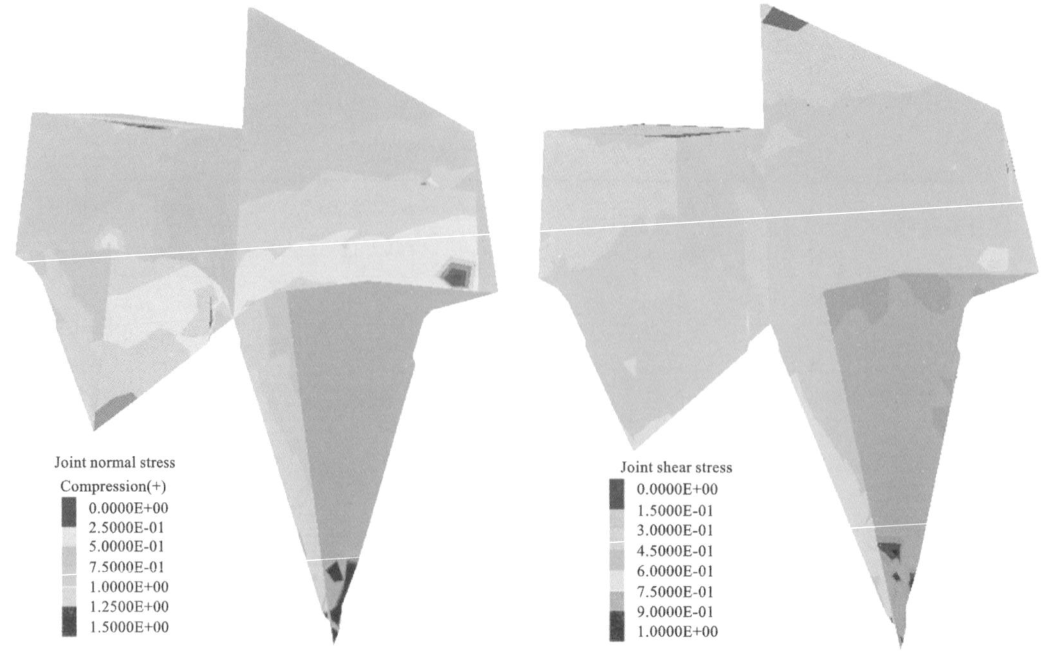

图 6.3-24　自重条件下初始平衡状态的结构面应力分布

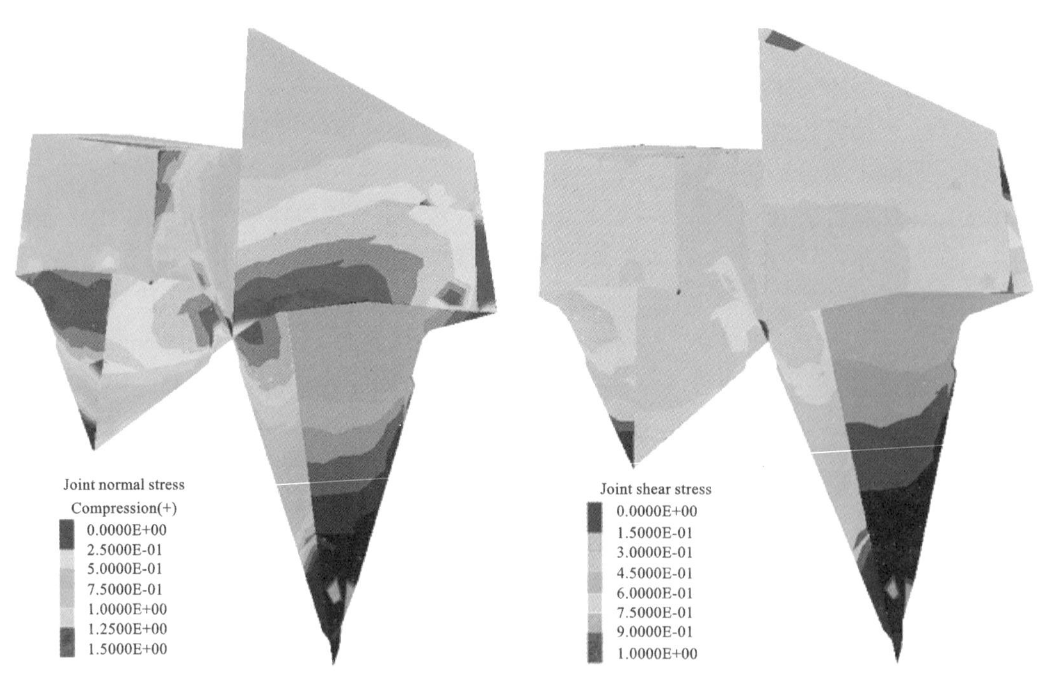

图 6.3-25　自重条件下开挖变形后的结构面二次应力分布

图 6.3-26 所示为地应力场条件下开挖变形后的结构面二次应力分布，说明在考虑地应力条件后，结构面上的法向应力成倍增大，一般在 3MPa 的水平，而由于 NNE 向受挤压（与地应力测量所得最大主应力方位一致），局部应力达 6MPa，而剪应力一般维持在 1MPa 内，这就是考虑地应力条件引起安全系数大幅增高的直接原因。

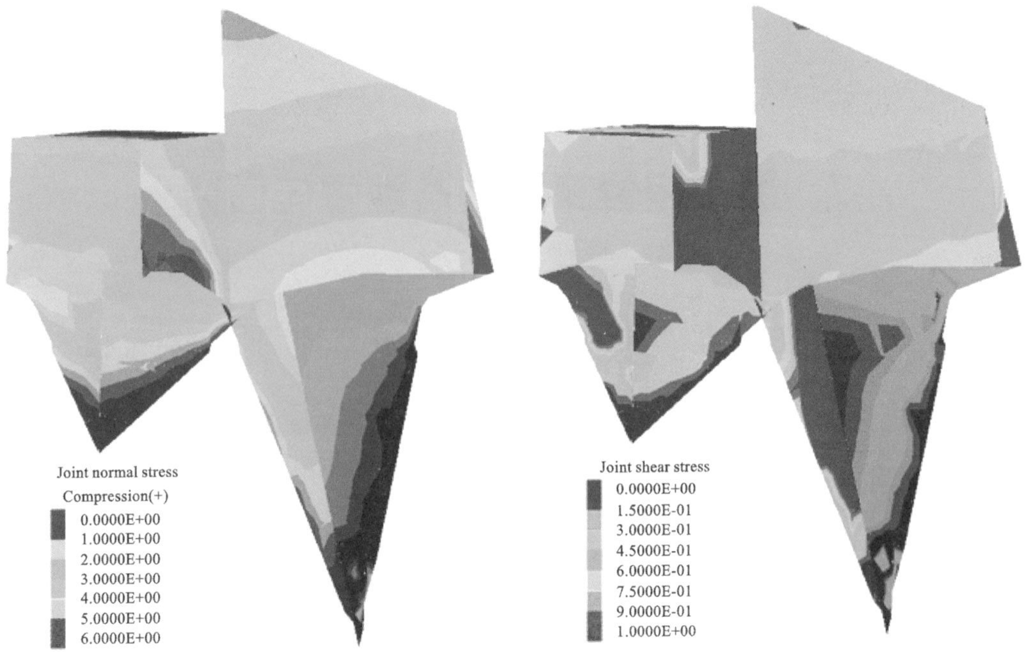

图 6.3-26 地应力场条件下开挖变形后的结构面二次应力分布

7 施工过程块体动态勘察与研究

7.1 块体研究为核心的标准化施工地质工作流程

为有效研究解决主厂房大型洞室围岩块体问题，建立一种科学合理、信息化的施工地质研究工作机制至关重要。根据洞室分层分部开挖揭露地质信息，对围岩地质条件，特别是主要工程地质问题进行分析、预报、追踪研究、再分析，包括根据现场应力、应变等监测信息进行再分析的动态施工地质工作过程，是地下结构工程地质研究的重要特点及动态修正和优化围岩支护设计的重要基础。

三峡地下电站主厂房施工期，随着工程进度充分研究和动态修正各类地质控制条件，及时预测预报确定性块体和半定位块体。根据主厂房分层分部开挖过程，依托研发的仪测成像可视化地质编录方法＋洞室围岩块体三维搜索及稳定性计算程序，实现围岩块体动态搜索、预测、预报到确定块体稳定性分析并及时提出工程处理措施建议，形成了一套合理、快速、高效的标准化施工地质工作流程，为地下电站施工期信息化设计与施工提供了技术支撑。

根据三峡地下电站主厂房工程实践总结完善的标准化施工地质工作流程，见图 7.1-1。

主厂房由上至下分为Ⅰ～Ⅹ共 10 层进行开挖。自主厂房第Ⅰ层顶拱中导洞开挖后，分析预报顶拱主要块体 2 个，体积 90～850m^3，并对 F_{84} 断层破碎带易与其他结构面组合形成不利稳定块体、局部洞段 NNE 向长大中缓倾角裂隙较发育、花岗岩脉及裂隙密集带等完整性较差岩体对顶拱围岩稳定不利等地质问题进行超前地质预报；随后主厂房第Ⅰ层中部及两侧扩挖，先后分析预报了下游边墙和顶拱联合大型块体，即 18# 和 19# 块体（分别包含下游边墙勘察期分析预报的 2# 和 3# 部位），到最终完成主厂房顶拱 52 个确定性块体（含部分次级块体，不包括下游边墙延伸至顶拱的 1#～6# 块体）分析预报。根据主厂房顶拱开挖揭露地质条件，及时提出将顶拱原设计的系统锚索优化为针对重点块体的随机锚索加固建议，并得到采纳，不但节约工程投资数千万元，还缩短了施工工期。

主厂房第Ⅰ层开挖支护完成后，自上而下进行第Ⅱ～Ⅹ层开挖，开挖过程重点仍是对勘察预报下游边墙 6 个块体边界条件进行追踪研究，在 6 个块体边界条件基本吻合情况下，督促施工单位按照设计要求对块体自上而下进行加固处理，同时分析预报开挖揭露新的半定位和确定性块体，及时提出加固处理措施建议，确保了施工过程安全、顺利和主厂房围岩稳定。分析预测上下游边墙、左端墙等部位规模大小不等块体共 53 个。

最终主厂房预报块体 105 处，总体积约 14.84 万 m^3，实现了施工全过程零安全生产事故，并节约了大量工程投资。

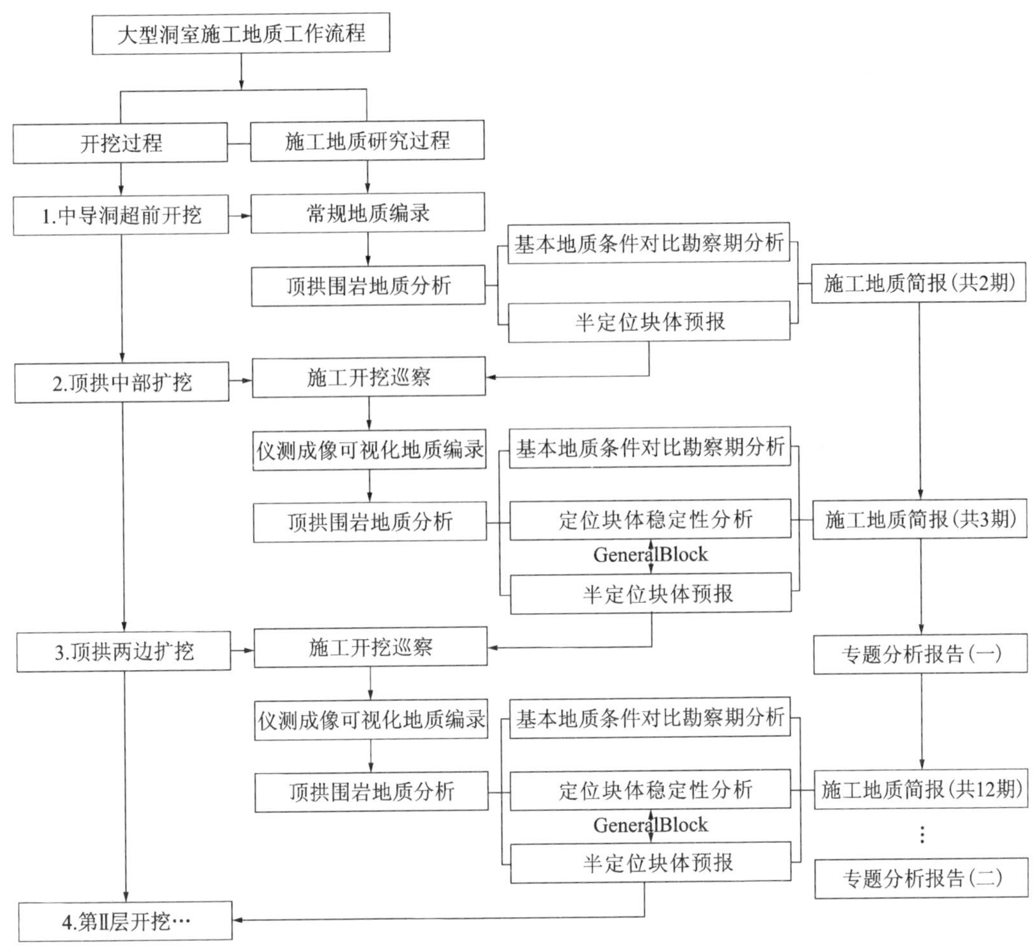

图 7.1-1　大型洞室标准化施工地质工作流程

7.2　大型洞室施工期顶拱围岩块体研究

对于裂隙化硬质岩体中的大型地下洞室,块体的稳定无疑是最为关键的工程地质问题之一。由于岩体中结构面的随机性及洞室顶拱部位大型勘探手段难以实施,使得这类问题往往无法在施工期之前得到彻底解决。在三峡地下电站前期的各勘察阶段,通过大量的勘探及科研工作,对于主厂房下游边墙上由断层构成的大型块体的边界条件及稳定性有了较为明确的结论,对于顶拱块体问题仍只能进行定性和半定位分析,基本结论认为顶拱开挖临空面大、围岩断裂结构面较发育、存在千方级大型块体、对顶拱局部围岩的稳定极为不利。

问题的解决有赖于施工期根据实际开挖揭露情况进行快速准确的分析、预报和再分析,及时发现、及时支护,并动态地修正和优化块体支护设计。依据三峡地下电站主厂房顶拱分部分序开挖过程,建立动态的信息化施工地质工作流程,采用新研发的 GeneralBlock 三维块体分析程序,对顶拱揭露块体进行快速的搜索定位和稳定性分析,为顶拱支护及动态支护设计及时提供理论依据,保障了施工过程的安全及连续性[20]。

7.2.1　中导洞开挖后的超前地质预报

地下电站主厂房第Ⅰ层顶拱范围的开挖采用中导洞先行，然后进行中部扩挖，再上、下游侧部开挖。中导洞基本沿厂房中心线布置，洞形为圆拱直墙形，洞径宽 8m、高 6.5m，底板高程 93～95.8m，沿轴线顶板高程 99.5～102.3m，距厂房中心线顶板 3～5.8m，导洞布置形式见图 7.2-1。

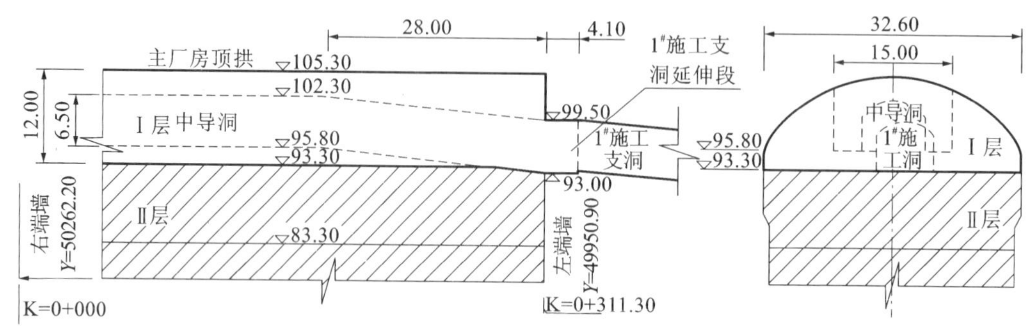

图 7.2-1　主厂房第Ⅰ层中导洞布置形式示意图

根据中导洞开挖揭露地质条件，先后两次以施工地质简报形式预报顶拱块体 2 个，体积为 90～850m³，并对 F_{84} 断裂破碎带易与其他结构面组合形成不利稳定块体、局部洞段 NNE 向长大中缓倾角裂隙较发育、花岗岩脉及裂隙密集带等完整性较差岩体对顶拱围岩稳定不利等地质问题进行超前地质预报。

(1) 7# 块体

在导洞桩号 0＋255～0＋283 洞段出露长大中倾角裂隙 T_{67}，产状 110°∠37°，出露长度达 30m，其向右端墙方向及上游侧方向必定有一定的延伸长度，厂房顶拱开挖成型后，其与断层 f_1（335°∠48°～54°）、f_3（266°∠68°）将形成底部大、顶部小的四面锥形块体，体积约 90m³，若裂隙 T_{67} 继续向右端墙方向延伸并交于断层 F_{20}（245°∠70°），即 T_{67}、f_1、F_{20} 将形成类似形状、规模更大的块体，体积将达到约 800m³。块体规模主要取决于裂隙 T_{67} 的规模，需及时进行锚固处理。

(2) F_{84} 断层破碎带及与其他结构面的不利组合

断层 F_{84} 在导洞桩号 0＋193～0＋210 洞段出露，断层主断带宽一般为 1～2m，在导洞下游边墙其影响带出露宽度达 10m，带内裂隙发育，岩体完整性较差，顶拱断层上盘缓倾角裂隙（100°∠20°～35°）密集发育成带，带内岩石被切割成薄板状，断层破碎带及缓倾角裂隙密集带顺延至厂房顶板，对顶板局部稳定极为不利，可能产生掉块及一定规模的塌顶，其规模主要受构造带规模控制，建议及时喷混凝土支护。

勘察期间曾预测断层 F_{84}、F_{20} 与缓倾角裂隙性断层 Tf_4（产状 358°∠27°）在厂房顶拱构成半定位块体，经导洞揭露验证，F_{84}、F_{20}、f_5、f_6、f_{32} 在平面上将厂房顶拱岩体呈四面切割，由于 F_{84} 上盘及 F_{20} 断层两侧岩体中缓倾角裂隙较发育，该块体可能形成完全切割，对顶拱稳定极为不利。若 Tf_4（钻孔揭露高程 103.80m，导洞未揭露到）具较大规模，与前述四面切割体组成完全切割，块体体积约 850m³，该块体待厂房顶拱开挖后进一步证实。

(3)花岗岩脉 γ_6

导洞桩号 0＋156～0＋164 洞段分布有细粒花岗岩脉（γ_6），岩脉产状不稳定，上游边墙产状为 270°∠60°～70°，下游边墙产状为 160°∠20°～30°，与围岩多呈紧密接触。脉体内中倾角裂隙密集发育，将岩石切割成薄板状，下游边墙上岩体以镶嵌状结构为主，顶板上为次块状夹镶嵌结构，岩体块度小，该岩脉延伸至厂房顶板，对顶板的局部稳定不利，可能产生掉块及小范围坍顶，建议及时喷混凝土支护。

(4) 8# 块体

桩号 0＋150～0＋162 洞段发育有不利结构面组合形成的底部大、上部小的四面锥形块体，组成结构面分别为 f_{10}(60°∠54°)、T_{245}(338°∠64°)、T_{274}(290°∠60°)，块体体积约 240m^3，建议及时进行锚固处理。另外，断层 f_{10} 与 F_{24}(250°∠65°)走向基本一致，反倾，下游侧有断层 f_{143}(345°∠65°)切割，目前在上游侧未发现切割面，若存在与 f_{143} 近乎平行的长大结构面切割，将形成不利块体，待厂房顶拱开挖过程中验证。

(5)中缓倾角结构面

厂房顶拱上的不稳定或潜在不稳定岩体主要是由顶拱上的中缓倾角结构面切割形成的，因此在厂房开挖过程中若出现这种结构面，应及时对其切割岩体进行清挖、锚固等处理，并密切注意其与其他结构面组合形成规模较大的块体，以便及时进行锚固等处理。

中导洞桩号 0＋120～0＋130 洞段连续发育有 6 条长大缓倾角裂隙或裂隙性断层，产状为倾向 81°～129°，倾角 28°～35°，在洞内出露长度为 10～20m。这些缓倾角结构面延伸至厂房顶拱时将对顶拱局部稳定不利：一是在厂房顶拱出露处形成薄层岩体，开挖过程中易产生掉块；二是易与其他结构面组合形成不稳定或潜在不稳定块体。目前，由于导洞洞宽为 8m，揭露范围有限，还不能确认上述中缓角裂隙能否构成块体，如桩号 0＋40 处分布的 Tf_{326} 裂隙性断层与 Tf_{349} 构成薄层状岩体，若在导洞上游侧分布顺洞向切割面将有可能构成块体。

中导洞桩号 0＋150～0＋311.30 局部洞段勘察期依据勘探钻孔揭露的缓倾角裂隙性断层确定的在厂房顶拱上形成的半定位块体，由于中导洞顶离厂房顶还有约 3m 距离，目前在导洞内未发现该系列缓倾角断层，但不能排除其在以上岩体中分布，因而还不能排除这些半定位块体的存在，还有待随后厂房开挖过程中进行追踪研究。

(6)局部洞段岩体完整性稍差对厂房顶拱稳定的不利影响

中导洞桩号 0＋115～0＋150 洞段岩性主要为细粒闪长岩包裹体，岩体中断裂构造较发育，局部裂隙密集发育成带，岩体块度相对偏小，以块状及次块状结构为主，局部为镶嵌结构，从整体上看，该洞段岩体完整性稍差，且局部较差。该洞段地质情况基本反映了相应桩号主厂房顶拱的地质条件，因此，该洞段厂房顶拱开挖成型后，可能存在较多的不稳定或潜在不稳定岩块，应加强清撬和随机锚固，并应及时进行系统支护后喷混凝土处理，以防止反复爆破开挖振动造成顶拱局部掉块等不利现象出现。

7.2.2 关键块体动态分析及支护设计示例

以顶拱 9# 块体及 14# 块体的分析为例，块体分布及组合情况见图 7.2-2。

(1)9# 块体

块体构成边界断层 F_{84}、F_{20}、f_{32} 为勘察期已查明的长大断层，该块体属前期预报半定位块体。中部开挖后，新揭露的裂隙性断层 Tf_5、Tf_{12} 组合构成顶切面，为定位(确定性)块体，体积为 3786m^3，可能破坏形式为滑落式(双滑面 F_{84}、F_{20})，为确保块体的稳定，设计对块体进行稳定性复核后布置了 11 束、长度 20～35m、2500kN 级预应力锚索进行加固；厂房下游边顶扩挖

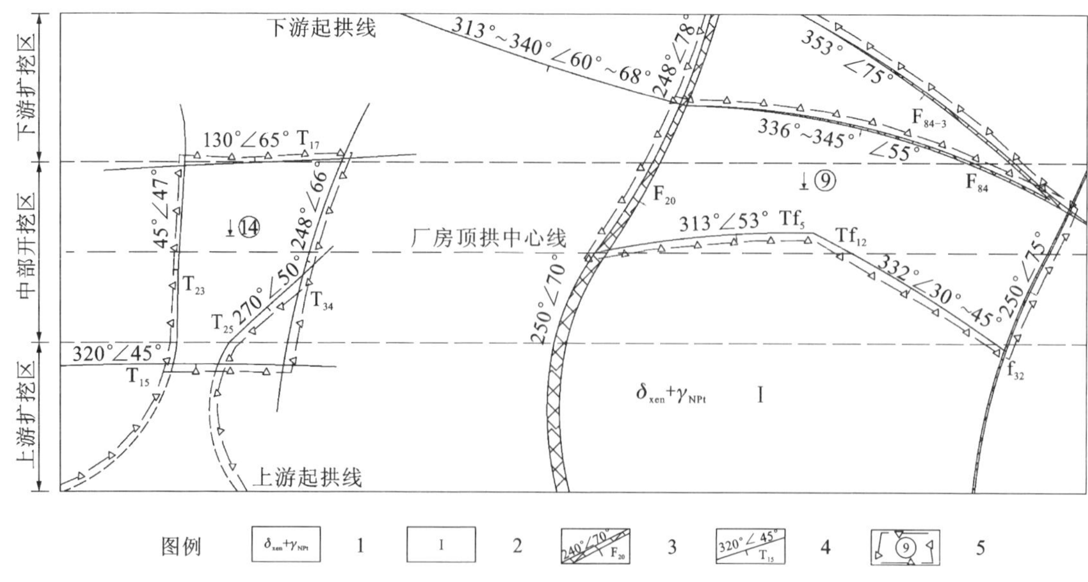

图 7.2-2 主厂房顶拱块体动态性分析预报示意图

1—前震旦系闪长岩包裹体和闪云斜长花岗岩混合岩带；2—微风化带；3—断层、编号及产状；4—裂隙、编号及产状；5—块体范围线及块体编号

后，新揭露断层 $F_{84\text{-}3}$ 与 F_{20}、f_{32}、Tf_5、Tf_{12} 构成规模更大的块体，体积增大为 5364m^3，中部开挖预报块体变为次块体，据此设计对该块体又增布 3 束、长度 25～35m、2500kN 级预应力锚索进行加固。

(2)14$^\#$ 块体

14$^\#$ 块体为中部开挖后根据裂隙 T_{17}、T_{23}、T_{25}、T_{34} 组合情况预报为半定位块体，上游边顶区的边界条件尚不能完全确定，根据地下电站断裂发育特征判断该块体一定会形成，先按裂隙 T_{23}、T_{25} 顺延并在上游边墙上模拟与边墙面一致的结构面组合构成，块体体积为 739m^3，可能破坏模式为坠落式，据此布设了 11 束、长度 20m、2500kN 级预应力锚索进行加固。由于该块体为坠落式块体，稳定性差，要求块体中部区域锚索未实施前不得进行上游边拱的扩挖。上游边拱开挖后揭露 NE 向裂隙 T_{15}，与 T_{17}、T_{23}、T_{34} 构成完全切割块体，体积减小为 584m^3，设计据此对布置在上游边顶区尚未实施的 2 束锚索予以优减。先期实施的加固措施防止了块体在上游边拱开挖临空后可能的坠落破坏，保证了施工安全。

块体的分析、支护设计充分体现了信息化的动态过程。

7.2.3 顶拱围岩块体基本特征

(1)块体发育程度及分布特征

块体发育与否，除与结构面的发育程度及组合情况（含与洞室的组合关系）密切相关外，在较大程度上也取决于开挖临空面的大小。根据现场判断及 GeneralBlock 软件搜索分析确定了主厂房顶拱共发育块体 52 个（不包括在施工开挖过程中被清除或随机锚杆加固处理的随机小块体），块体总出露面积约 5480m^2，占顶拱开挖临空面的 43%，总体来看，块体较为发育。

构成块体的结构面主要为前述围岩中最发育的三组结构面，从块体在顶拱的分布情况（图 7.2-3）看，块体主要分布在 1 号～5 号机组段，原因在于该洞段发育有主厂房区规模相对最大的几条断层，如 NNW 向的 F_{20}、f_{32}、F_{22}、F_{24} 及 NE～NEE 向的 F_{84} 断裂带，这些大的断层及伴生结构面为块体尤其是大型块体的形成提供了有利的边界条件。由此说明，在进行块体搜索时应充分掌握优势结构面和关键结构面。

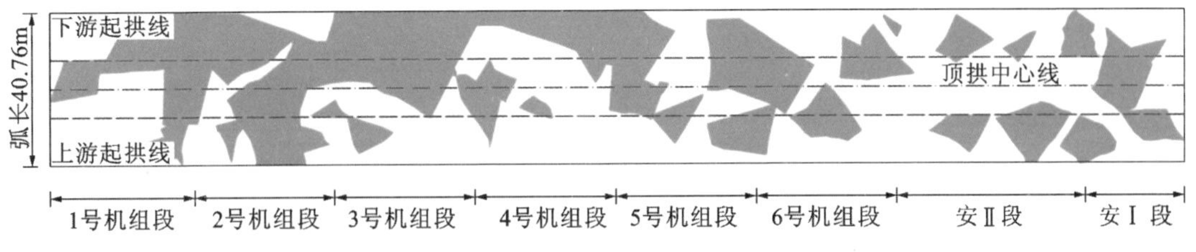

图 7.2-3 主厂房顶拱块体分布迹像示意图

(2)块体规模

块体规模大者体积达万方级，小者为几十方，大致分为以下几个类别：

①万方级块体：为顶拱与边墙联合构成块体，共 2 个块体，占块体总数的 3.7%；

②千方级块体：体积一般为 1030～2595m^3，最大为 5365m^3，共 11 个，占块体总数的 20.4%；

③百方级块体：体积为 103～947m^3，一般为 110～622m^3，共 30 个，占块体总数的 55.5%；

④数十方级块体：体积为 20～90m^3，共 11 个，占块体总数的 20.4%。

(3)块体稳定性及加固处理建议

根据 GeneralBlock 程序及块体分析软件(KT)计算并结合设计专业复核成果，共 27 个块体为不稳定或潜在不稳定块体(稳定系数小于安全控制标准)，需结合系统锚杆增布预应力锚索或加强锚杆等予以加固处理。厂房围岩中的不连续面以硬性结构面为主，块体的变形失稳具有一定的突发性，针对不利稳定块体的加固必须体现及时性、准确性和有效原则。

(4)块体实施的加固措施

坠落式及旋落式块体采用悬吊式原则加固，滑落式块体按其稳定系数进行加固，并满足相关规范规定的地下洞室块体稳定安全标准。针对前述不稳定或潜在不稳定块体，设计共布置了 115 束预应力锚索，个别块体采用在系统锚杆内插加强锚杆加固。

7.2.4 顶拱块体模式归纳研究

洞室顶拱由于其特殊的临空和应力场条件，块体的构成及破坏有一定的特殊性。基于关键块体理论及立体几何学基本理论，从块体空间几何构成结合变形破坏方式，将三峡地下电站主厂房大型洞室顶拱块体构成模式归纳为(1)锥形坠落体；(2)斜锥形、楔形及柱形滑落体；(3)条形旋落体这三种基本模式，包括 12 种典型的基本单体和演变组合块体模型[28]。

1)块体变形破坏的力学方式

从洞室顶拱块体的受力状态分析，块体变形破坏力学模式主要为坠落式、滑落式及旋落式三种(图 7.2-4)，其中滑落式根据滑面数又分为单滑面和双滑面两种。

2)块体的几何模型

块体几何模型主要取决于构成结构面的产状及组合形式。由于岩体中结构面方向上的多样性和随机性，使空间镶嵌块体外形同样具有多样性及多变性。但结构面一般具有统计学上的分组性和优势性，也就决定了某一洞室顶拱块体几何外形具有某种优势和代表性模型。就可动块体而言，其几何模型需呈临空端大、埋藏端小的可滑落的锥体、楔体、柱体及演变组合实

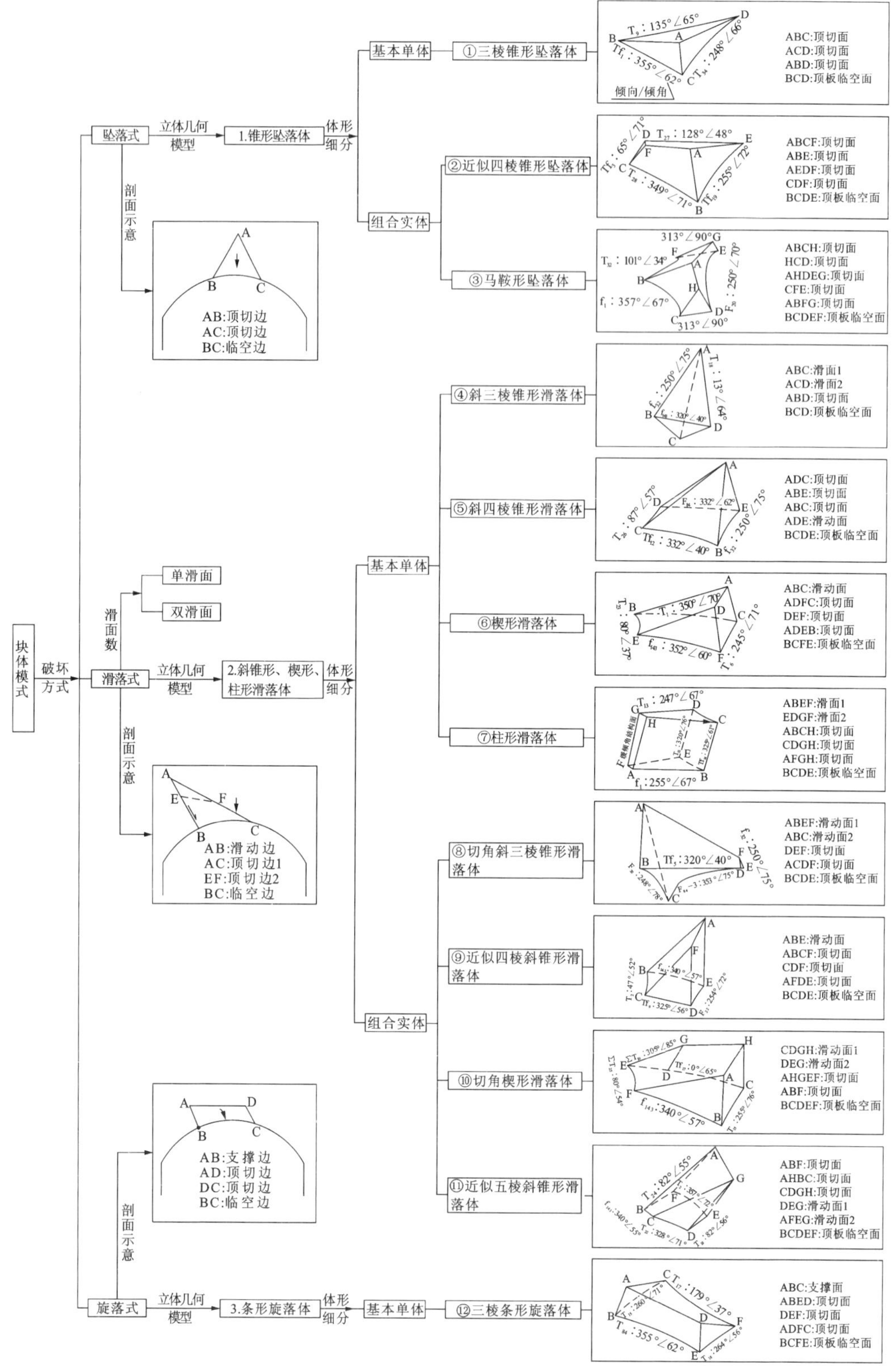

图 7.2-4　主厂房顶拱块体模式归类框图

体模型。根据三峡地下厂房顶拱块体几何模型特点，将其概括为三棱锥体、四棱锥体、楔形体、柱体、锥台体等基本单体和组合体构成实体，组合构成可简要概括为近似单体及将单体切角移植构成两种形式。

3)块体模式

(1)锥形坠落体

由互为反倾的 3～5 条结构面组合切割构成底大顶小的锥形或近似锥形悬空块体，基本单体主要为三棱锥体，演变体可简化为三棱锥体经切除 1 个或 2 个棱角构成的近似四棱锥体、五棱锥体，代表性块体构成见图 7.2-4。该类块体分布在顶拱中部。

(2)斜锥形、楔形、柱形滑落体

由 3～5 条结构面组合切割形成底大顶小的四面～六面且主轴呈倾斜状的锥体、楔体、柱体及演变实体，基本单体包括斜三棱锥体、斜四棱锥体、楔体及柱体，演变体包括切角斜三棱锥体、近似斜四棱锥体、近似斜五棱锥体、切角楔体。各实体模型构成见图 7.2-4，在厂房各部位均有分布。

(3)条形旋落体

由 4～5 条结构面组合切割形成似长条形块体，长轴方向结构面反倾，短边方向结构面同倾，相对于下部结构面对块体有支撑作用，块体重心临空，产生绕支撑端的拉裂旋落式破坏，厂房顶拱主要有三棱条形块体，其构成见图 7.2-4，具有随机分布且不甚发育的特点。

7.2.5 研究小结

(1)对于大跨度地下洞室，顶拱围岩的稳定关系使施工过程顺利和安全。三峡地下电站主厂房围岩为裂隙化硬质岩体，开挖后易产生块体，对局部围岩的稳定不利。依据顶拱分部分序开挖支护过程，采用信息化施工地质工作流程，运用三维块体分析程序 GeneralBlock，对开挖揭露断裂结构面组合构成块体进行快速搜索定位和稳定性分析，研究结果如下：顶拱揭露可动块体共计 52 个，其中有 11 个为不稳定块体，16 个为潜在不稳定块体，需及时加固处理。研究成果为解决顶拱块体问题并进行动态的修正和优化块体支护设计提供了可靠依据，保证了顶拱施工安全及围岩长久稳定要求，从厂房顶拱围岩(含针对块体的)应力-应变监测成果看，应力量级不高，位移变形小于 3mm 且趋稳定，表明顶拱围岩及局部块体是稳定的；顶拱块体的研究流程和方法对类似工程具有参考价值。

(2)随着现代工程设计理论及施工技术的不断进步和发展，地下洞室规模越来越大，形成的临空条件越来越不利，如何在复杂多变的地质条件下快速搜索洞室顶拱存在的不利稳定块体，是施工地质工作的核心任务之一。通过对三峡地下电站主厂房顶拱块体构成模式的归纳总结，较完整地建立了洞室顶拱块体构成的空间概念及模型，对类似裂隙岩体洞室顶拱施工地质工作具有重要的指导和借鉴作用。

(3)从块体构成部位看，三峡地下电站主厂房存在跨越顶拱与边墙的大型块体，在类似工程中应重视这方面的研究和预报工作。

(4)通过对主厂房顶拱科学的地质研究，以及对围岩地质条件的准确把握，设计部门对主厂房顶拱围岩支护设计实现了两次大的优化，一是对大部分洞段的系统锚杆由 12m 张拉锚杆和 9m 砂浆锚杆分别优化为 9m、6m，二是对顶拱间距 6m 方格形布置的系统预应力锚索优化为针块体加固的随机锚索，且在块体加固设计中根据块体边界条件的具体变化情况进行了增减优化，最终节约锚索 193 束，经济效益和社会效益显著。

7.3 主要块体施工期追踪研究

7.3.1 主厂房下游边墙前期预测 1# ～6# 块体施工验证

前期勘察查明了主厂房下游边墙 6 个块体，对施工开挖过程进行了追踪研究。综合对比看，施工开挖揭露前期预测的 1# ～6# 块体(表 7.3-1)，部分块体的规模及稳定状态与预测的基本相同，部分块体的边界延续性变差或结构面产状发生一定变化，6# 块体边界未在底部交汇，其稳定性变好。

表 7.3-1 施工开挖揭露主厂房下游边墙块体特征简表

块体编号	边界构成	块体特征				
		体积(万 m^3)	最大高度(m)	顺水流方向最大宽度(m)	边墙内最大埋深(m)	最低点出露高程(m)
1#	f_{285}、f_{10}、F_{84}	1.00	31.88	43.00	23.84	73.42
2#	F_{20}、f_{10}^{dz}	1.36	48.74	43.40	37.07	56.56
3#	f_{100}、f_{32}	1.07	59.47	43.40	29.00	45.83
4#	f_{57}、F_{24}	0.74	59.33	34.93	25.89	45.97
5#	f_{58}、F_{24}	1.98	59.33	48.25	33.27	45.97
6#	f_{205}、F_{22}	f_{205}向右下延伸，未相交				

7.3.2 主厂房 18# 、19# 大型块体稳定性分析

边墙和顶拱块体并不是孤立分开的，根据主厂房顶拱开挖揭露和前期勘察资料，利用 GeneralBlock 程序搜索在下游边墙 2# 和 3# 块体部位可能构成顶拱和边墙联合作用的块体，即 18# 和 19# 块体。

18# 块体属于定位不完全切割块体，在顶拱以上 20m 假设缓倾角裂面切割情况下块体体积达到 3.46 万 m^3，其中包含了下游边墙 2# 块体(图 7.3-1)；19# 块体基本属于断层级组合完全切割块体，块体体积达 3.57 万 m^3，其中包含了下游边墙 3# 块体。18# 块体在顶拱范围内体积约 2.1 万 m^3，19# 块体在顶拱范围内体积约 2.5 万 m^3。

通过对主厂房围岩二次应力场数值模拟计算并参考类似工程围岩二次应力场特征表明，主厂房在开挖过程中以及开挖完成后顶拱处于受压状态，且顶拱附近最大主应力 σ_1 倾伏角近水平或呈小角度，方向也与厂房轴线呈大角度相交，由于 18# 、19# 块体主要部分(分别约占块体总体积的 60.8%、70%)深埋于厂房下游侧顶拱内，因此这种应力状态对两块体稳定是有利的。

从块体应力状态和断裂面本身所具有的特点看，18# 、19# 块体是有一些有利稳定因素可以挖掘的，如断面(NEE 向断层 f_{143}、f_{100})起伏状态以及洞室开挖后围岩二次应力场的影响等，通过对这些有利因素的分析探讨，以便能对其进行量化表述，并在块体加固设计中予以合理利用。

18# 、19# 块体主要控制性结构面 F_{20}、f_{32} 等 NNW 向断层总体较平直，而 f_{143}、f_{100} 等 NEE 向断层呈张性或张扭性，断面呈起伏状。为此，对断层 f_{143}、f_{100} 在勘探平洞及厂房顶拱的起伏情况进行了取样统计和分析，分析结果认为：主厂房在开挖过程中及开挖完成后顶拱均处于受

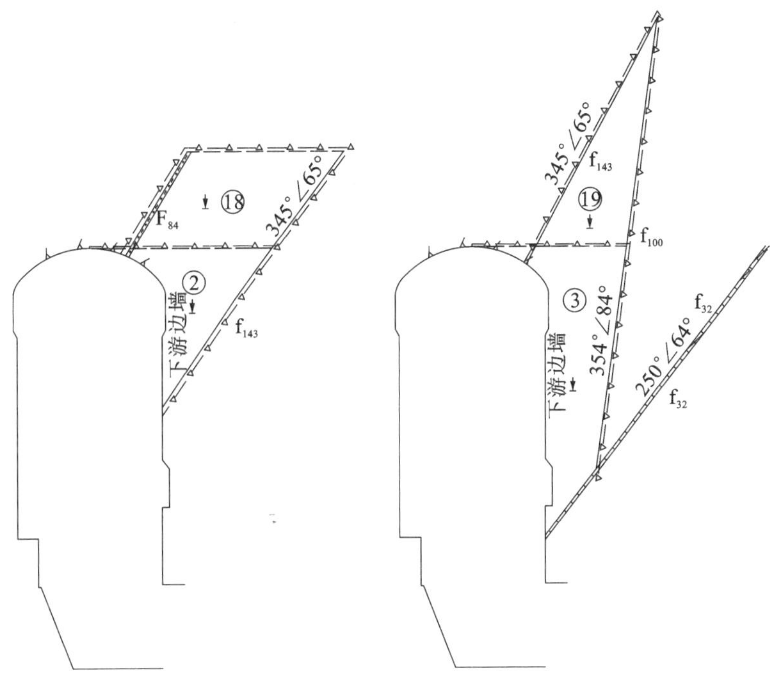

图 7.3-1 主厂房 18#、19# 块体边界构成剖面示意图

压状态，控制性 f_{143}、f_{100} 断面存在的起伏度可提供 2.8%～16%抗剪断岩体强度，实际计算时考虑 2%～5%弱风化岩体强度(断层两侧岩体一般呈弱风化特征)，据此计算块体稳定性是否满足要求；加之其下部包含下游边墙 2#、3# 块体控制性结构面完全开挖揭露中间存在长岩桥，对块体的稳定更为有利。

7.4 主厂房施工开挖揭露块体特征与加固措施

主厂房施工开挖揭露块体共 105 个(包含部分次级块体)，其中顶拱 52 个(未包括下游边墙延伸至顶拱的 1#～6# 块体)，占块体总数的 49.5%；下游边墙 26 个，占总数的 24.8%；上游边墙 23 个，占总数的 21.9%；集水井右端墙 3 个，占总数的 2.9%；左端墙 1 个，占总数的 0.9%。

7.4.1 块体规模

105 个块体大小不一、形态各异，规模大者体积达 3 万多 m^3，小者 10 余 m^3，总体积约 14.84 万 m^3(不包括各次级块体及 6# 块体)。其中：

(1)万方级块体：8 个(含次级块体)，占块体总数的 7.6%，合计体积约 10.01 万 m^3，占总体积的 67.5%。

(2)千方级块体：块体体积一般为 1030～2595m^3，最大为 6430m^3，共 16 个，占块体总数的 15.2%。千方级块体合计体积约 3.11 万 m^3，占总体积的 21%。

(3)百方级块体：块体体积一般为 103～622m^3，最大为 947m^3，块体个数共 55 个，占块体总数的 52.4%。百方级块体合计体积约 1.61 万 m^3，占总体积的 10.8%。

(4)数十方级块体：其余块体体积为 13～90m^3 不等的小型块体，共 26 个，占块体总数的 24.8%，合计体积约 0.11 万 m^3，仅占总体积的 0.7%。

7.4.2 块体破坏模式

根据块体的组合形式、块体形态及与厂房的临空关系，将块体可能产生破坏的形式分为坠落式、滑落式及旋转破坏三种方式。其中坠落式、旋转破坏主要产生于厂房顶拱，而滑落式是厂房区块体较典型的破坏形式，顶拱大部分与边墙块体多属于滑落式块体。

(1)坠落式块体：为完全悬空体，由互为反倾的结构面组合切割形成底大、顶小的锥形块体，共7个块体，占块体总数的6.7%；块体总体积3167m^3，分布面积1242m^2，占顶拱面积的9.8%。坠落式块体在厂房顶拱径向的深度不超过11m。

(2)旋落式块体：块体呈长条形，在短边一侧有支撑面存在，其他方向悬空。支撑面小，块体重心临空，块体由于力矩失衡而沿支撑端产生旋转破坏，共有4个块体，占块体总数的3.8%；块体总体积659m^3，分布面积367m^2，占顶拱面积的2.9%。旋转破坏块体在厂房顶拱径向的深度不超过8m。

(3)滑落式块体：可沿单面或双面产生滑移破坏，顶拱块体重心未临空。为厂房区块体最典型破坏形式，共94个，占块体总数的89.5%。

7.4.3 块体稳定性

块体稳定性分析主要采用GeneralBlock和KT软件进行。坠落式和旋转破坏式块体按完全悬空体考虑(未作计算)，块体开挖后还未失稳主要因为结构面间存在一定联结力作用，但其只应作为安全储备。其他滑落式块体稳定性计算结果如下：

(1)顶拱共19个块体稳定性较差或稳定性系数低于安全标准(依据设计部门规定，安全稳定系数取值一般为1.5，重要块体为2.0)，块体总体积约59746m^3，在顶拱出露面积约2939.5m^2，约占顶拱总面积的23.16%。

(2)下游边墙共10个块体稳定性较差或稳定性系数低于安全标准，块体总体积约68143m^3，在下游边墙出露面积约3710m^2，约占总面积的19.87%。

(3)上游边墙仅1个块体稳定性系数低于安全标准，块体体积1467m^3，出露面积约394m^2，约占总面积的2.73%。

(4)右端墙集水井附近发育3个块体稳定性系数低于安全标准的，块体总体积约2293m^3。

(5)其他块体稳定性较好，稳定性系数高于安全标准。

7.4.4 块体加固措施

主厂房洞室围岩基本成洞及稳定条件较好，考虑到洞室规模巨大，在无支护条件下，主厂房下部塑性破坏区较大，且下游边墙分布6个规模较大的块体，施工期也揭露到较多的不利随机块体，为了改善围岩应力状态、提高围岩的整体稳定性，对下游边墙1#～6#块体进行专门的预应力锚索加固处理，对施工期揭露的块体，根据块体稳定状况，结合厂外围岩排水、围岩系统支护，增设锚杆、锚桩、预应力锚索等一系列工程加固处理措施。

(1)围岩系统支护

围岩系统支护措施包括系统锚杆和系统锚索。

①系统锚杆：所有开挖面均布置系统锚杆(受施工工期等因素影响，局部地段施工期进行了优化)，其间距一般为1.5～3m，长度为6～9m，分为张拉锚杆和砂浆锚杆。

②系统锚索：上游边墙布置6排系统锚索，锚索排距、间距一般为6m；下游边墙布置11排

系统锚索，锚索排距一般为4.5m，间距为6m；顶拱原布置的系统锚索优化为针对块体布置随机锚索加固。另外，主厂房左端墙及27号机组段上覆岩体厚度较薄，为洞跨的1.4～1.8倍，亦增布锚索加固处理。

(2)下游边墙1#～6#块体加固

设计部门根据对主厂房下游边墙1#～6#块体稳定复核成果，主要采取预应力锚索加固的处理方案，所有加固锚索预应力均为2500kN。其中1#块体共布置了43束，2#块体共布置了20束，3#块体共布置了35束，4#～6#块体共布置了105束。考虑到1#块体规模大、稳定性差，且处于岩锚吊车梁的受力部位，除采取预应力锚索加固外，还采取了对块体内性状较差的f_{10}断层沿断层走向加阻滑键来进行混凝土置换加固处理，置换面积为50m²，置换长度约22m。该阻滑键在主厂房开挖之前施工完成。

7.5 主厂房围岩应力-应变监测及评价

7.5.1 围岩变形监测及评价

(1)监测布置

围岩变形是地下电站重点监测项目，在主厂房各机组段及安装场段各布设了1个、共计7个变形监测断面，其中1#块体所在1号机和3#块体所在4号机作为重点监测断面。主厂房区典型围岩变形监测布置见图7.5-1。另外，针对开挖过程中揭露的顶拱较大块体和交叉洞口处进行了专门的监测。

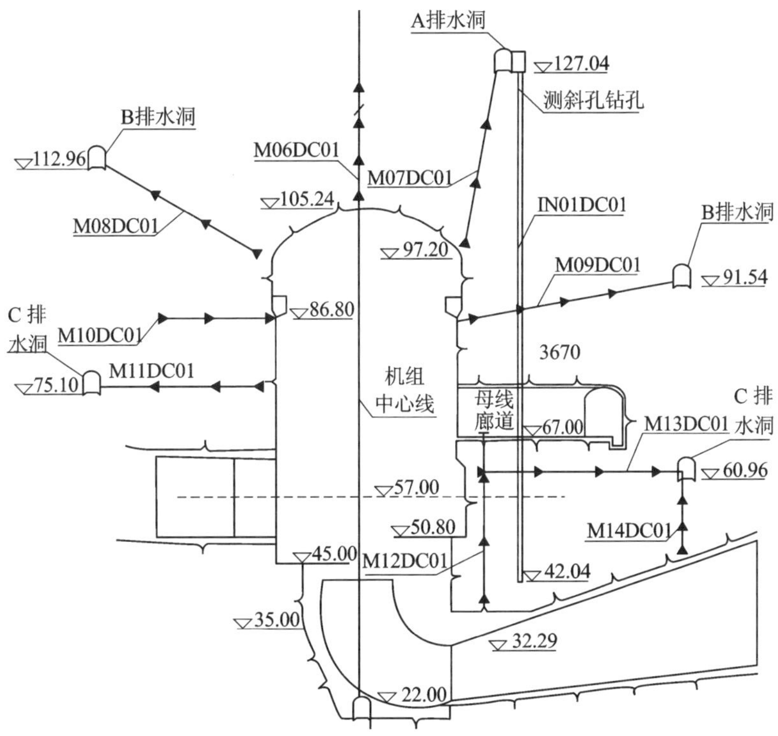

图7.5-1 主厂房典型围岩变形监测布置断面图

围岩变形监测共布设了45支多点位移计，其中17支布设在主要块体上。1号机顶部多点位移计利用地面钻孔埋设，测孔深53.5m，其他多点位移计测孔深9～36m。主要监测断面上的27支多点位移计在主厂房开挖之前利用已开挖的排水洞和地面先埋设就绪，以便观测到主厂房开挖全过程的围岩变形；施工期针对厂房16个块体布设了17支多点位移计进行监测。

(2)监测结果及评价

根据《地下电站厂房工程及首批机组启动验收安全监测资料分析报告》(2011年4月)，多点位移计实测位移、位移值统计见表7.5-1～表7.5-3。

表7.5-1 主厂房多点位移计实测位移

编号	部位	起测时间	最大位移(mm)	2008-1-15位移(mm)	2012-9-30位移(mm)
M15DC01	1号机主厂房左端墙72#块体	2005-11-15	−1.3	−0.8	−0.9
M01DCDG	1号机拱顶1-1#块体	2005-11-6	1.63	0.6	1.5
M02DCDG	1号机拱顶14#块体	2005-10-29	−1.5	−1.2	0.1
M06DC01	1号机拱顶16#块体	2005-2-28	−2.2	−1.7	−1.2
M07DC01	1号机下游拱端16#块体	2005-2-28	−1.7	−1.0	0.3
M08DC01	1号机上游拱端	2005-2-28	−1.9	−1.5	0.2
M10DC01	1号机上游边墙	2006-6-14	4.2	3.3	3.6
M11DC01	1号机上游边墙	2006-6-3	2.18	1.9	2.1
M01DCZB	1号机上游边墙	2008-10-14	2.4	—	1.7
M09DC01	1号机下游边墙1#块体	2005-12-8	15.41	13.5	14.7
M13DC01	1号机下游边墙	2006-11-24	12.01	9.9	11.2
M02DCZB	1号机下游边墙尾水洞口上部	2007-10-17	5.9	5.2	4.6
M12DC01	1号机母线洞与尾水管间，铅直	2007-8-26	1.3	1.3	0.2
M14DC01	1号机C排水洞，铅直，尾水管扩散段顶部	2006-11-24	0.9	0.4	0.3
M03DCDG	2号机拱顶7#块体	2005-11-12	−0.9	−0.8	4.0
M03DC02	2号机上游拱端	2005-2-28	2.79	1.9	2.4
M02DC02	2号机下游拱端	2005-2-28	3.0	1.7	2.3
M01DC02	2号机下游边墙	2005-12-7	11.0	7.3	10.5
M04DCDG	3号机拱顶9#块体	2005-11-13	2.2	−0.7	1.8
M05DCDG	3号机拱顶9-2#块体	2005-11-28	1.0	0.7	0.5
M04DC03	3号机上游拱端	2005-2-28	0.8	−0.6	—
M02DC03	3号机下游边墙2#块体	2005-12-7	16.8	11.2	15.8
M03DC03	3号机下游拱端2#块体	2005-11-16	5.51	3.0	5.4
M06DC04	4号机拱顶	2005-5-24	1.1	0.6	0.61

续表 7.5-1

编号	部位	起测时间	最大位移(mm)	2008-1-15位移(mm)	2012-9-30位移(mm)
M08DC04	4 号机上游拱端	2005-2-28	1.4	0.8	1.0
M10DC04	4 号机上游边墙	2006-5-13	7.11	5.7	6.9
M11DC04	4 号机上游边墙	2006-6-1	16.44	15.2	16.3
M03DCZB	4 号机上游边墙	2008-10-14	−0.6	—	0.2
M07DC04	4 号机下游拱端 3# 块体	2005-5-29	2.1	1.0	1.0
M09DC04	4 号机下游边墙 3# 块体	2005-12-7	15.17	9.3	14.7
M12DC04	4 号机母线洞与尾水管间,铅直,3# 块体	2007-1-18	3.5	2.7	3.1
M13DC04	4 号机下游边墙,3# 块体外侧	2006-11-24	26.2	22.3	24.5
M04DCZB	4 号机下游边墙尾水洞口	2007-10-19	9.4	3.4	8.9
M14DC04	4 号机 C 排水洞,铅直,尾水管扩散段顶部	2006-11-24	3.3	1.7	2.9
M03DC05	5 号机上游拱端	2005-7-11	8.1	7.6	7.8
M01DC05	5 号机下游边墙	2005-12-7	10.7	8.7	9.3
M02DC05	5 号机下游拱端	2005-5-25	1.6	1.0	0.7
M02DC06	6 号机拱顶	2005-12-3	2.16	1.9	2.1
M04DC06	6 号机上游拱端	2005-7-11	6.31	5.4	6.3
M03DC06	6 号机下游拱端 5# 块体	2005-6-10	2.0	0.6	1.6
M04DCAN	安Ⅱ上游岩锚梁处	2006-5-19	3.31	1.2	3.0
M05DCAN	安Ⅱ下游岩锚梁处	2006-5-18	−2.1	−1.4	0.22
M01DCAN	安Ⅰ拱顶	2005-11-24	−2.1	−1.9	0.1
M03DCAN	安Ⅰ上游拱端	2005-7-12	−1.3	−1.3	0.2
M02DCAN	安Ⅰ下游顶端	2005-6-10	−1.8	−0.7	0.8

表 7.5-2 多点位移计实测主厂房各部位最大位移

部位	拱顶位移(mm)	拱端位移(mm)	上游边墙位移(mm)	下游边墙位移(mm)
1 号机 1—1 断面	−2.2	−1.9	4.2	15.41
2 号机 2—2 断面		3.0		11.0
3 号机 3—3 断面		5.51		16.8
4 号机 4—4 断面	1.1	2.1	16.44	26.2
5 号机 5—5 断面		8.1		10.7
6 号机 6—6 断面	2.1	6.31		
安Ⅰ7—7 断面	−2.1	−1.3	3.31	−2.1

表 7.5-3 主厂房多点位移计不同范围最大位移值测孔数的统计

位移范围(mm)	＜5	5～10	10～17	＞17
测孔个数(个)	31	6	7	1
所占比例(%)	68.9	13.3	15.6	2.2

多点位移计实测变形表明：

①各多点位移计实测最大位移 26.2mm，其中拱顶处最大位移－2.2mm(开挖之前起测)，位于 1 号机拱顶；顶部拱端处最大位移 8.1mm，位于 5 号机上游拱端 M03DC05；上游边墙最大位移 16.0mm，位于 4 号机引水隧洞口上部 M11DC04；下游边墙最大位移 26.2mm，位于 4 号机 3# 块体母线廊道下部 M13DC04。45 个测孔中最大位移在 5mm 以内的测孔有 31 个，约占 69%，5～17mm 测孔有 13 个，约占 30%，仅 1 个孔位移超过 17mm。图 7.5-2～图 7.5-11 所示为厂房区多点位移计典型位移过程线图。

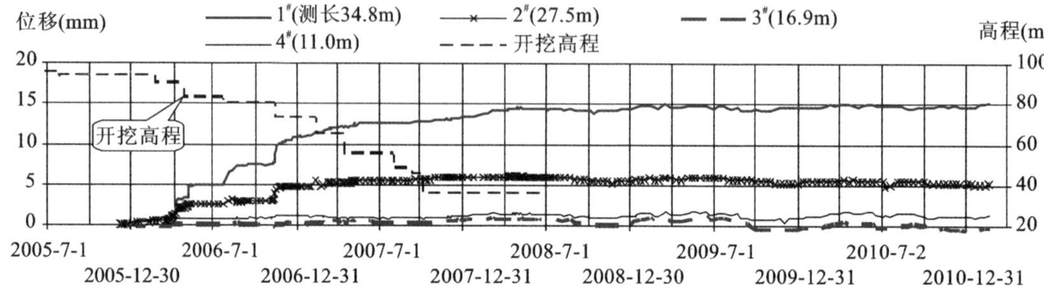

图 7.5-2 1 号机下游边墙高程 92.70m 处 1# 块体 M09DC01 位移过程线

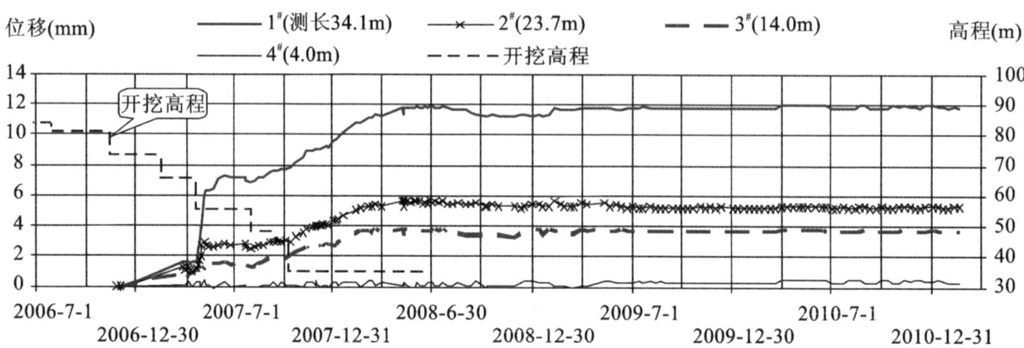

图 7.5-3 1 号机下游边墙高程 62.46m 处 M13DC01 位移过程线

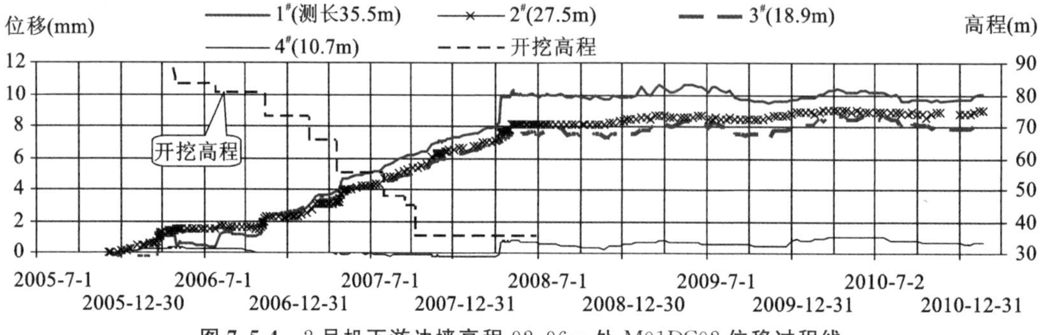

图 7.5-4 2 号机下游边墙高程 92.96m 处 M01DC02 位移过程线

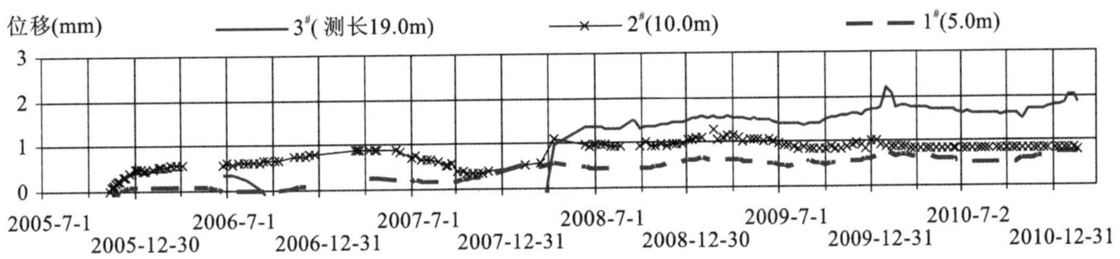

图 7.5-5　3 号机顶拱 9# 块体 M04DCDG 位移过程线

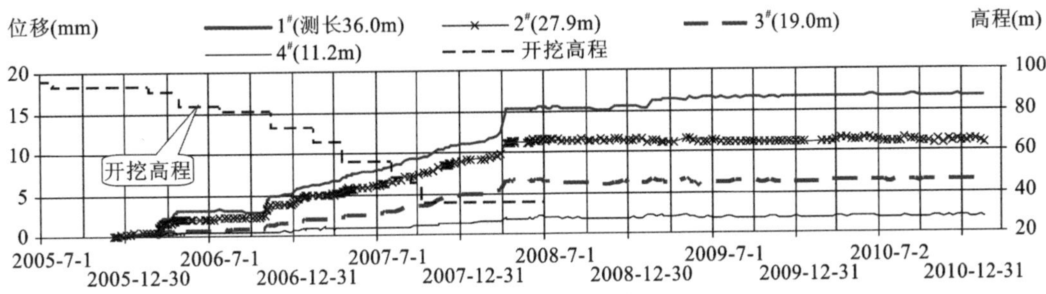

图 7.5-6　3 号机下游边墙高程 93.22m 处 2# 块体 M02DC03 位移过程线

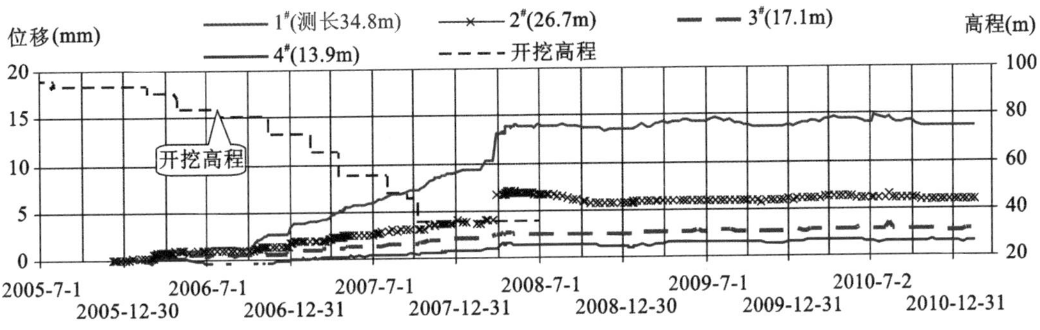

图 7.5-7　4 号机下游边墙高程 93.40m 处 3# 块体 M09DC04 位移过程线

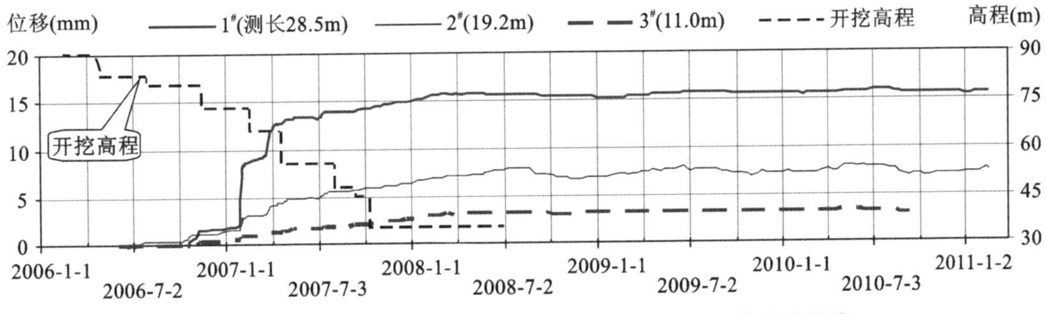

图 7.5-8　4 号机上游边墙高程 76.15m 处 M11DC04 位移过程线

② 45 个测孔中位移超过 5mm 测孔共有 14 个，其中下游边墙 9 个，上游边墙 2 个，拱端 3 个。上、下游边墙交叉洞口附近的 5 个测孔最大位移在 6～26mm 之间。

③ 45 个测孔中有 17 个测孔布设在拱顶及下游边墙主要的块体上，其中 1 号机下游边墙 1# 块体上的 1 个测孔最大位移为 15.2mm；3 号机下游边墙 2# 块体上的 2 个测孔最大位移分

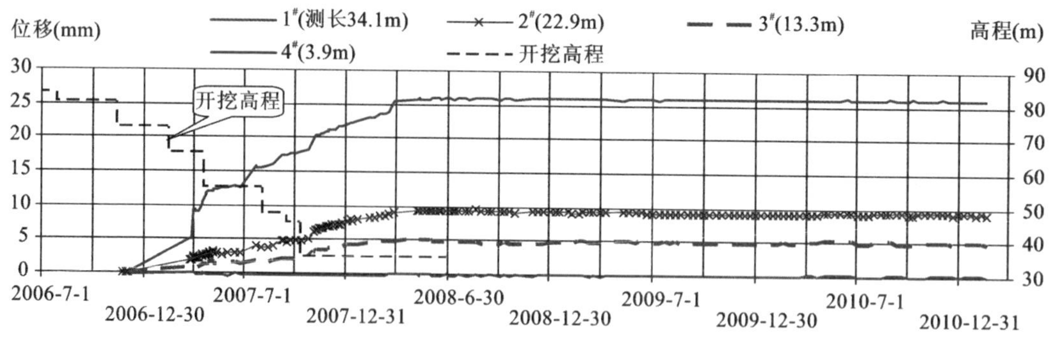

图 7.5-9　4 号机下游边墙高程 62.03m 处 3# 块体 M13DC04 位移过程线

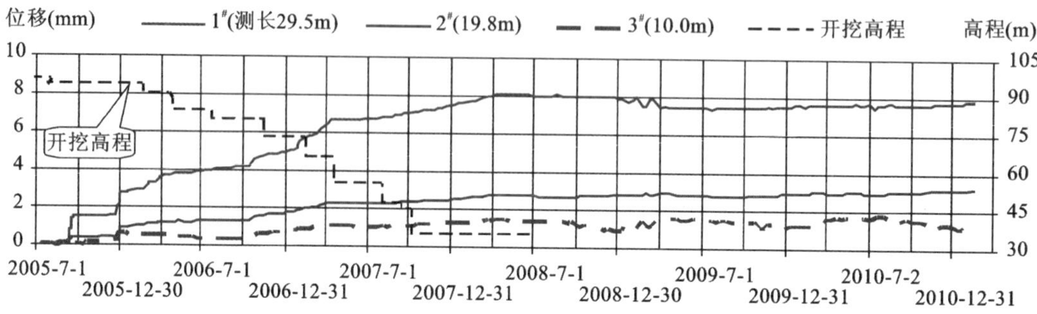

图 7.5-10　5 号机上游拱端高程 113.28m 处 M03DC05 位移过程线

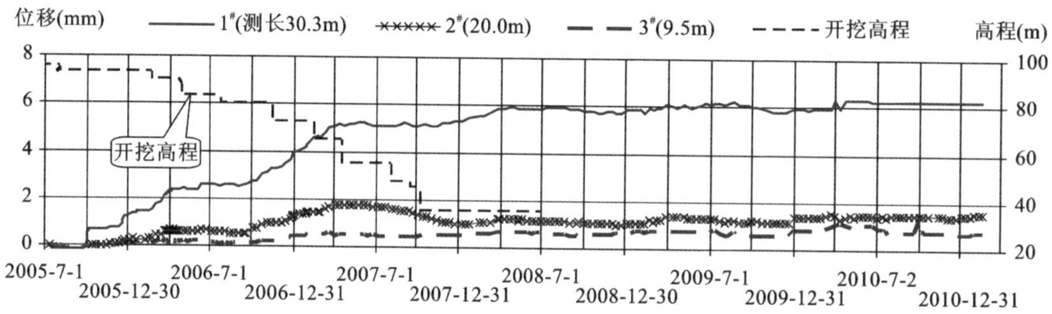

图 7.5-11　6 号机上游拱端高程 113.02m 处 M04DC06 位移过程线

别为 16.8mm 和 5.51mm；4 号机下游边墙 3# 块体上的 4 个测孔最大位移在 2.1～15.17mm，M13DC04 前期设计布置于 3# 块体内，实际位于 3# 块体外侧，且距母线洞竖井及交通廊道较近，该测点最大变形量达 26.2mm，位移主要发生在施工期，2008 年 7 月后测点位移均没有明显变化；拱顶 6 个块体、厂房左端墙 7-1# 块体及其他边墙块体上 9 支多点位移计最大位移在 2.2mm 以内，均较小。块体上 17 个测孔最大位移超过 5mm 的有 6 个，均在厂房下游边墙的 1#、2# 和 3# 块体上。

④从实测位移过程看，位移主要发生在 2008 年 7 月之前主厂房及近厂房尾水隧洞、母线洞竖井开挖过程中，之后各测点位移没有明显变化，变形是收敛的，表明洞室开挖及支护后包括块体在内的各部位围岩是稳定的。

三峡地下电站采用了合理的开挖和支护措施，有效地限制和减小了围岩变形。仿真计算表明，厂房围岩边墙变形大于拱顶，但变形值不大，一般部位为 20～30mm，断层出露部位可达 50～70mm。实测变形与计算成果比较吻合。

7.5.2 锚索锚固力监测

针对主厂房围岩加固支护锚索(2500kN 级，超张拉 2750kN)布设了 44 台锚索测力计，以监测锚索锚固力的变化及围岩稳定情况。这些测力计布设在主要断层、块体部位及交叉洞口附近。监测结果表明：

(1)实测锚索锁定预应力损失率约在 15.8%以内，平均锁定损失率为 7.6%；实测锁定锚固力在 2213～2976kN 之间，平均锁定锚固力为 2560kN。

(2) 2011 年 2 月 21 日，实测 41 台完好锚索测力计锁定后锚固力的损失率在－5.4%～21.3%之间，平均为 5.9%，实测锚固力在 1959～2745kN 之间，平均锚固力为 2405kN。41 个测点中有 7 个测点的锁定后锚固力损失率在－6%～0 之间，30 个测点的锁定后锚固力损失率在 0～15%之间，约占 73%，仅 4 个测点的锁定后锚固力损失率在 15%～22%之间。

(3)41 台完好锚索测力计中 20 台布设在拱顶及下游边墙的 15 个块体上。2011 年 2 月 21 日，这 20 台锚索测力计实测的锚固力在 1959～2640kN 之间，平均锚固力为 2341kN，相应力锁定后的损失率在－1.3%～19.3%之间，平均为 6.9%。典型锚固力过程线见图 7.5-12。

(4)预应力损失主要发生在安装之后的 6 个月内及 2008 年 7 月之前主厂房及近厂房尾水隧洞、母线洞、竖井开挖过程中，之后锚固力基本稳定。总的看来，包括块体在内的围岩在洞室开挖及支护后是稳定的。

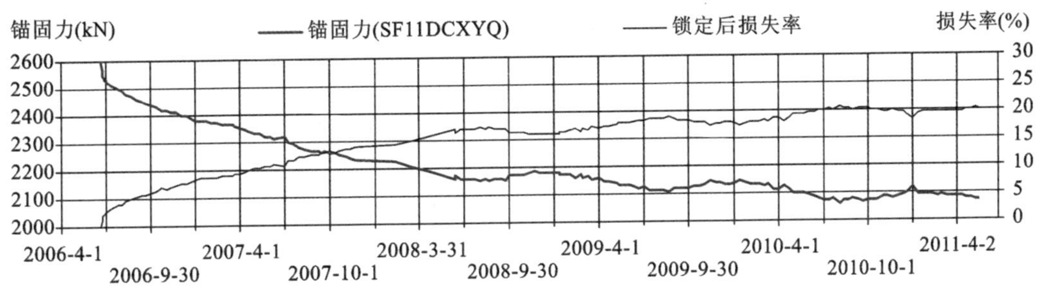

图 7.5-12 下游边墙高程 95.45m 锚索测力计 SF11DCXYQ 锚固力过程线

7.5.3 锚杆应力监测

针对主厂房围岩加固支护系统锚杆及块体、交叉洞口附近和尾水管间保留岩墩的加固支护锚杆布设了 110 支锚杆应力计。监测结果表明：

(1)最大应力在 100MPa 以内的锚杆应力测点约占 70.9%。12 个测点的应力超过仪器量程 200MPa，其中 1 个测点位于拱顶块体上，1 个测点位于上游拱端，10 个测点位于尾水管间保留岩墩部位。总的看来，交叉洞口附近及保留岩墩等卸荷充分的部位锚杆应力较大。

(2)顶拱 16 个块体上共安装了 43 个锚杆应力测点，除 5 号机顶拱 22# 块体上 R35DCDG 最大应力达 217MPa 外(2007 年 9 月之后失效)，其他测点最大应力均在 100MPa 以内，平均最大应力约为 34MPa。22# 块体上的另外 3 支锚杆应力计最大应力分别约为 14MPa、47MPa 和 25MPa，应力均较小。1 号机左端墙 7-1# 块体上的 2 支锚杆应力计最大应力分别约为 109MPa 和 85MPa。1 号机下游拱端 1# 块体同一根锚杆上的 3 支锚杆应力计最大应力分别约为150MPa、64MPa和23MPa。4号机下游边墙3#块体上的6支锚杆应力计最大应力在68～173MPa之间，平均最大应力约为106MPa。以上顶拱及下游边墙19个块体上共计布设了54支锚杆应力计，这些锚杆应力计的测值均在块体支护及洞室开挖结束后基本稳定。典型锚杆应力过程线见图7.5-13。

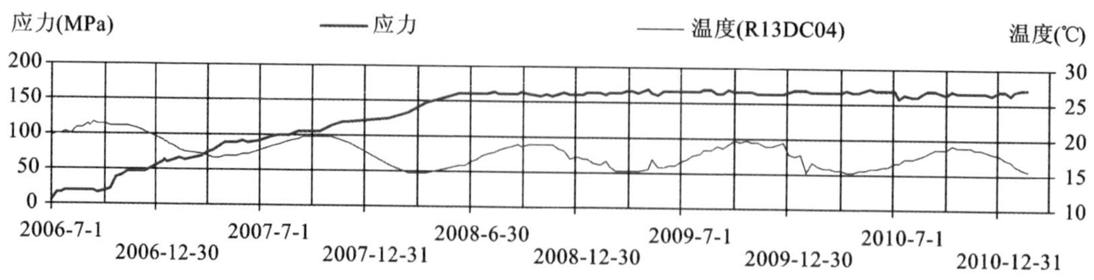

图7.5-13　4号机下游边墙高程86.80m 3#块体锚杆应力计R13DC04应力过程线

(3)尾水管间岩墩上共布设有23支锚杆应力计，其中10支最大应力超过200MPa，其应力增长主要在安装后6个月内，之后大部分测点应力基本稳定，最迟也在2008年4月之后稳定，说明尾水管间保留大岩墩虽然卸荷较充分，但加固后仍然是稳定和安全的，岩墩有效减小了主厂房全断面开挖高度，限制了边墙变形。

7.5.4　关键块体稳定性监测评价

主厂房左端墙72#块体(右侧与1#块体相连)、下游边墙1#～6#块体(体积均大于1万m^3)及顶拱上的16个块体规模较大或潜在不稳定性块体施工期针对性地布设了17支多点位移计、21台锚索测力计和54支锚杆应力计观测其变形稳定和支护结构受力情况，以便综合分析块体的稳定状况。

综合监测结果表明：

(1)截至2012年9月30日，下游边墙1#、2#和3#块体的最大变形分别为15.41mm、16.8mm和15.17mm，2008年4月之后变形测值均是稳定的。其他块体最大变形均在2mm以内，块体支护后变形不明显。

(2)块体上锚索测力计实测锚固力1959～2640kN，平均锚固力2341kN，相应锁定后损失率在−1.3%～19.3%，平均值为6.9%，2008年7月之后锚固力均基本稳定。

(3)块体上53支完好锚杆应力计实测应力在171MPa以内，平均值为44MPa，2008年6月之后测值均是稳定的。

块体上多点位移计实测变形、锚索锚固力及锚杆应力在支护及开挖结束后测值均是收敛的，表明各块体均是稳定的。

参考文献

[1] 邓声君，陆晓敏，黄晓阳. 地下洞室围岩稳定性分析方法简述[J]. 地质与勘探，2013，49(3)：541-545.

[2] R E Goodman，G H Shi. Block Theory and Its Application to Rock Engineering [M]. Englewood Cliffs，NJ：Prentice-Hall，1988.

[3] 刘锦华，吕祖珩. 块体理论在工程岩体稳定分析中的应用[M]. 北京：水利电力出版社，1988.

[4] 刘军，谢晔，柴贺军，等. Unwedge(2.35)程序在分析块体稳定性中的应用[J]. 工程地质学报，2002，10(1)：78-82.

[5] 杨火平，曹伟轩，柳景华. 水布垭地下厂房系统关键工程地质问题研究[J]. 人民长江，2007，38(7)：7-9.

[6] 中国长江三峡集团公司，长江勘测规划设计研究有限责任公司，长江科学院，等. 三峡地下电站关键技术研究报告[R]. 2012.06.

[7] 肖诗荣，宋肖冰. 三峡工程右岸地下厂房围岩稳定性研究[A]. 新世纪岩石力学与工程的开拓和发展——中国岩石力学与工程学会第六次学术大会论文集[C]. 2000：698-701.

[8] 成都理工学院工程地质研究所，长江水利委员会三峡勘测研究院. 长江三峡工程大跨度地下厂房围岩稳定性研究[R]. 1999.10.

[9] 邬爱清，徐平，徐春敏，等. 三峡工程地下厂房围岩稳定性研究[J]. 岩石力学与工程学报，2001，20(5)：690-695.

[10] 肖诗荣. 三峡工程地下厂房围岩关键块体研究[J]. 水文地质工程地质，2005(3)：15-18.

[11] 李冬田，陈云长. 隧洞摄影施工地质编录方法探讨[J]. 工程地质，1996(1)：40-45.

[12] 熊忠幼，胡瑞华. 边坡摄像快速地质编录[J]. 水力发电，1998(2)：27-29.

[13] 李冬田，滕红燕，李青禾. 隧洞摄影施工地质编录的 DTI 方法[J]. 水利水电科技进展，2000(1)：39-40，62.

[14] 李浩，张友静，华锡生. 洞室摄影地质编录原理及其精度[J]. 武汉大学学报：信息科学版，2002，27(6)：578-581，590.

[15] 高改萍，阎利，杨岚，等. 摄影测量在洞室围岩地质编录成图中的应用[J]. 人民长江，2002，33(6)：54-56.

[16] 曾俊才，宋殿海. 施工地质编录新方法研究[J]. 水力发电，2002(11)：20-23.

[17] 许强，黄润秋，巨能攀，等. 边坡岩体块体稳定性分析系统的开发与研究[J]. 工程地质学报，2001，9(4)：339-344.

[18] 于青春，陈德基，薛果夫，等. 裂隙岩体一般块体理论初步[J]. 水文地质工程地质，

2005(6):42-48.

[19] 于青春,薛果夫,陈德基. 裂隙岩体一般块体理论[M]. 北京:中国水利水电出版社,2007.

[20] 王家祥,陈又华.三峡水利枢纽地下电站主厂房施工期顶拱围岩块体研究[J].工程地质学报,2008,16(2): 529-535.

[21] 王家祥,叶圣生,王德阳,等.三峡地下电站尾水洞槽挖洞间岩墩稳定性分析[J].人民长江,2007,38(9): 66-68.

[22] 成都理工大学,长江水利委员会三峡勘测研究院.三峡地下电站主厂房开挖二次应力场特征及对围岩稳定性和加固措施影响研究[R].2007.

[23] 长江勘测规划设计研究有限责任公司,长江三峡勘测研究院有限公司(武汉).大型地下洞室工程工程地质关键技术研究子题4——二次应力场作用下的洞室块体稳定性研究结题报告[R]. 2012.

[24] 黄达,黄润秋,王家祥. 开挖卸荷条件下大型地下洞室块体稳定性的对比分析[J].岩石力学与工程学报,2007,26(增2):4115-4122.

[25] 黄达,黄润秋,张永兴. 三峡工程大型浅埋地下厂房围岩变形特征及机理研究[J].水文地质工程地质,2010,37(2):42-48.

[26] 黄达,黄润秋,张永兴. 三峡工程地下厂房围岩块体变形特征及稳定性分析[J].水文地质工程地质,2009(5):1-7.

[27] 黄润秋,黄达,宋肖兵.卸荷条件下三峡地下厂房大型联合块体稳定性的三维数值模拟分析[J].地学前缘,2007,14(2):268-275.

[28] 王家祥,叶圣生,周质荣,等. 三峡地下电站主厂房顶拱块体模式及加固对策[J].人民长江,2007,38(9): 63-65,68.